造光者

晶片戰爭中最神祕的關鍵企業
微影巨人 ASML 制霸未來科技賽局的崛起之路

FOCUS: THE ASML WAY
Inside the Power Struggle over
the Most Complex Machine on Earth

馬克‧海因克 Marc Hijink ——著

洪慧芳——譯

獻給家父
他總能將所思所想付諸實現

目錄

序文　星空　　　　　　　　　　　　　　　9

第一部　好構想，爛計畫

01	重複曝光機	28
02	行動派	31
03	飛黃騰達	38
04	漏水的帽子	43
05	Mega 傳承	49
06	4022 網絡	54
07	南方的合作夥伴	59

第二部　重量級客戶

08	移山	67
09	印鈔機	73
10	學習快手	80
11	鐵腕鄧恩	85
12	收購風波	90
13	兩大搖錢樹	97
14	日本的復仇	102
15	蔡司的智慧	107
16	活生生的生命體	114
17	護理大軍	121

第三部　打造不凡

18	無形的壟斷	131
19	液滴不可靠	136
20	三劍客	143
21	喬安的手	151
22	陰與陽	157
23	他們不會回家	167
24	與張忠謀同行	174
25	從未存在的相機	181
26	月球上的高爾夫球	188
27	一點巫術	194

第四部　鎂光燈下

28	先開槍，再瞄準	223
29	重商精神	230
30	華府的箝制	241
31	任務代號未定	252
32	大灑幣	267
33	五角大廈的恐慌	277

第五部　成長的煩惱

34	唇亡齒寒	293
35	歡迎來到5L地獄	301
36	先看清楚細則	309
37	我家後院免談！	321
38	拼圖的一塊	334
39	布令克定律	343
40	迴避右側	352

| 後記　ASML之道 | 360 |
| 謝辭 | 372 |

序文

星空

樂團示意場控人員調暗燈光，今夜最神奇的時刻即將開始。

「請大家打開手機的燈光好嗎？」

一瞬間，全場每個角落的手機都亮了起來，無數光點在人群中搖曳，彷彿繁星點點，整個空間化作一片璀璨的星空。

如果樂團能讓全球所有的智慧型手機同時亮起來，那景象會有多迷人。將近七十億支手機！（全球85％的人口都有一支手機。）這個數字可以讓你體會本書要介紹的這家公司規模有多大。不過，無論你現在的想像如何，請再想得更大一些，星空還能再更浩瀚無際。想像這個樂團讓全球每個裝置中的每顆晶片都亮起來。

讓我們一起打開所有的光！

所有的晶片都亮起來了：所有筆記型電腦、Wi-Fi 路由器、手機基地台中的晶片。世界上所有的汽車、紅綠燈、洗衣機、智慧型手錶、耳機、咖啡機、相機和電視螢幕中的晶片。所有的資料中心、工廠、醫院、機場塔台、飛機、火車、發電廠、風力發電機中的晶片。巡弋飛彈的導航系統，以及負責攔截這些飛彈的雷達系統

中的晶片。破解新型傳染病毒的超級電腦，以及疫苗研發中心伺服器裡的晶片。

所有那些追蹤你的網路行為、執行搜尋指令、處理報稅、播放音樂和影片的晶片。還有那些預測天氣、計算你今天走了多少步、顯示未讀訊息數、甚至是定位你的女兒當下行蹤的晶片。當然別忘了，還有讓 ChatGPT 這類工具成為可能的 AI 晶片，ChatGPT 這個聊天機器人掀起了全球對人工智慧的熱烈討論。

最後，記憶體晶片也亮起來了。無限的數位記憶庫，儲存著你過去十年、二十年的所有電子郵件、應用程式、相片和影片。單位從 KB 到 MB，再從 MB 到 GB，之後又從 GB 到 TB 的巨量資料。

如今，刪照片或清理信箱似乎都變得無關緊要了——反正這個世界有足夠的晶片可以儲存你所有的資料，不是嗎？

矽時代的無聲推手

每年，英特爾（Intel）、台積電（TSMC）、三星（Samsung）等製造商生產數以億計的晶片，每顆晶片上都有數十億個開關，這些半導體是矽晶圓上的微型結構。矽晶像沙子一般的原始狀態看起來毫不特別，但經過處理後就能改變導電性，讓它能夠控制電流的開關——也就是「0」與「1」之間的轉換。晶片產業的發源地「矽谷」正是因這種獨特的材料而得名並聞名全球。

如今，絕大多數的晶片都是由一家公司生產的機台製造出來的：艾司摩爾（ASML）。然而，你可能無法想像，四十年前，這家荷蘭公司只有四十名員工、一台實驗設備，以及一份看似希望渺

茫的商業計畫。他們完全沒料到自己的發明會在現今年產值逾六千億美元的產業中扮演關鍵角色。

市場的需求仍在持續攀升。預計到 2030 年，晶片產業的營業額將突破一兆美元。屆時，ASML 的年營收可望從 2024 年的 284 億歐元翻倍成長，達到四、五百億，甚至（以最樂觀的預測來看）衝上 600 億歐元。

截至 2024 年，這使 ASML 成為歐洲最有價值的高科技公司。ASML 在十六個國家，有超過六十個據點，總計四萬兩千五百多名員工。這個跨國企業只有一個目標：維持它在微影成像設備（台灣俗稱曝光機）市場的絕對主導地位。這些機台是晶片製造商用來生產晶片的超複雜設備，ASML 不僅囊括了 90% 以上的供應量，在最頂尖的技術上更是壟斷市場。這些機台與其說是「機器」，不如說是「系統」。它的規模到底有多大呢？光是運送 ASML 最先進的一套設備到晶片廠，就需要動用七架波音 747 飛機。這些龐然大物體積驚人，卻極為精密脆弱。機台的各個部件都需要特製的金屬保溫箱，確保那些敏感的設備全程維持在精確的溫度。

但這個機台究竟是什麼，又是如何運作的？簡單來說，曝光機的功能是把精密的圖案轉印到感光矽晶圓上。基本上，它就是一台超精密的投影機，以極快的速度，在同一片晶圓上重複投射相同的影像數十萬次。經過一步步、一道道的曝光，逐漸在晶圓上形成滿滿的晶片。最終，每顆晶片都包含數十億個微小的積體電路。這個精密的製程可能需要幾個月的時間才能完成。每顆晶片都是由數百層不同的結構堆疊而成，每一層都必須完美對齊。即使是最細微的偏差，也足以導致整條生產線上的晶片全數報廢。在一瞬間（或者

說機台一次閃光之間），價值數十萬美元的產品就可能變成一堆毫無價值的廢矽。

延續摩爾定律的奇蹟

這種機台可投射的光線越精細，就能在相同的面積上塞入越多的電晶體（晶片中的微型電子開關）。電晶體越多，晶片的運算速度就越快、效率越高、功能越強大。早在 1960 年代，晶片製造商英特爾的共同創辦人高登・摩爾（Gordon Moore）就密切關注這個趨勢。他注意到一個重複出現的規律：大約每兩年，一顆晶片上能容納的電晶體數量就會增加一倍。多年來，摩爾雖調整過預測，但這個趨勢已勢不可擋：它啟發了全世界的科學家與工程師的想像力，後來通稱為「摩爾定律」。隨著算力與數位儲存變得更便宜、更節能，晶片的應用範圍也不斷擴大：從電腦與伺服器，到手機與無線設備，再到幾乎所有設備的感測器。無論摩爾定律是自然法則、自我應驗預言，還是虛構的理論，最終的結果都一樣。

只要仔細觀察，你現在依然可以看到摩爾定律的蹤影：你口袋裡的手機雖然只要幾百美元，算力卻超過美國太空總署（NASA）首次登月任務的所有電腦的總和。2013 年，蘋果最快的筆電內建的中央處理器，包含十億個以上的電晶體。到了 2023 年底，這個數字已達九百二十億個。摩爾雖已離世，但他提出的定律依然適用。

隨著晶片上的電路越來越精細，製造它們的機台卻越來越龐大了。現代的曝光機是由十萬個以上的零組件所組成，這些零件必須精確協調、緊密配合才能運作。誠如《紐約時報》（*New York*

Times）在 2021 年形容的，「ASML 的機台是世界上最複雜的機器」，體積堪比一輛公車。

那個說法現在也已經過時，如今 ASML 最新系列的機台體積更驚人：堪比蒸汽火車頭，能把肉眼看不見的微光，以一奈米（百萬分之一公釐）的精準度對準目標。這款最新機種尚未完工，但首批機台已經售出，一台售價近四億歐元。然而，再多的規格與說明，都無法讓你真正體會親自到 ASML 無塵室、近距離觀察這些機台的震撼。光是各個模組的尺寸就令人嘆為觀止。數公尺高的金屬框架、閃亮的管線和導管、拳頭粗的纜線、重型磁鐵和精密的機電系統——感覺就像走進了科幻電影的片場，唯一的差別是：這樣的機台是真實存在的。

尼康（Nikon）和佳能（Canon）等競爭對手已竭盡全力，卻始終無法追上 ASML 的技術腳步。這導致晶片產業極其依賴這家位於荷蘭小鎮維荷芬（Veldhoven）的公司。在動輒耗資 150 億美元的晶片廠中，曝光機不僅是最重要的設備，更是其中最大的投資項目。這也是為什麼在 ASML 工作，向來以壓力大著稱。

隨著世界持續數位化，晶片需求也呈爆炸性成長——無論是為了能源轉型、降低工業污染、提升醫療照護，或開發更強大的武器。ASML 必須維持同樣高速的成長步伐。這表示它必須持續吸引及安置新人才，每月融入數百名新進人員，管理不斷擴張的物流系統以及由數百家供應商所組成的網絡，這些供應商必須為日益複雜的設備提供更多的零組件。如今的 ASML 本身，就是一台超級複雜的機器，管理難度高，更需要持續維護。這也提醒我們：即使是最複雜的科技，最終仍需要靠人來運作。

長久以來，ASML 就只是一家默默無聞的高科技公司，低調地運作，專注於開發近乎不可能的高科技設備。要完全發揮曝光機的效能，必須整合各種科學領域的技術，從光學、機電、物理到化學，再輔以需要龐大算力的複雜演算法。這些專業向來只吸引科學家和工程師，很難登上大眾媒體版面，直到政治人物介入，這家公司才開始受到矚目。

晶片產業的策略重要性難以言喻。自微處理器問世以來的六十年間，整個世界都仰賴晶片運作。它們是現代社會各個層面都不可或缺的資源。經歷了新冠疫情後，美國、中國、歐盟等國際強權，都更清楚地意識到：他們的繁榮與安全有多麼依賴晶片。晶片供應一旦短缺，影響立即顯現。

雲端戰爭在地表開打

在微軟設於荷蘭的資料中心裡，電腦發出整齊劃一的嗡鳴。在這片米登梅爾（Middenmeer）的海埔新生地上，成排機架上的伺服器吐出陣陣暖風，伴隨著奇特的嗡嗡聲迴盪不絕。走近細聽時，音調越發清晰，完美的高音 B。

「你聽到的是 GPU 的聲音，」維修人員解釋：「那是用來執行 AI 軟體的圖形處理晶片。」

在隔壁同樣擺滿伺服器的機房裡，這裡的音調降到了低音 E。放眼望去，整個空間充斥著電腦設備發出的嗡嗡聲。

光是這座資料中心，微軟每月就要汰換三千台伺服器，以全新設備替換舊機。這樣做代價不菲，卻是必要的預防措施：一旦這些

伺服器停擺，雲端服務就會中斷。這項服務需要使用者的信賴，使用者必須確信這個由超大型資料中心所組成的全球網絡（業界稱為超大規模公有雲業者〔hyperscaler〕）能夠全年無休地穩定運作。它們絕不許出任何差錯。

雖然名為「雲端」，但它實際上比你想像的更貼近地面。身為使用者的你，只看到螢幕上那個神奇的小圖示，以滑鼠輕點一下就能啟動遊戲、下載應用程式，或向同事狂發電子郵件。很少人會想到，這些其實都藏在荷蘭一片平凡無奇的海埔新生地上。長久以來，沒有人需要思考這些服務背後的真實面貌，一切都像往常一樣運轉，直到一個肉眼看不見的病毒讓全球停擺。

2020 年初，新冠疫情席捲全球。無論是否封城，都擋不住病毒的蔓延。邊境關閉，商店與公司行號被迫停業。在等待疫苗問世的同時，戴口罩及保持社交距離成了僅有的因應之道。

公共生活陷入停滯之際，數位世界仍持續運轉，但面臨了全新的挑戰。突然間，所有人都在家工作，都想同時開視訊會議，這導致微軟的雲端服務不時出現故障。Zoom、Teams 等原本鮮為人知的應用程式，因使用量暴增而備受關注。全球產生的資料量急速倍增，迫使微軟設在米登梅爾的資料中心不得不動用卡車，搬運數千台額外的伺服器。這是維持 Teams 會議運作的唯一方法。隨著額外的算力、記憶體、GPU 的加入，機房中那個高音 B 的聲調也越發響亮。

晶片需求的暴增，引發一連串始料未及的連鎖效應。不只資料中心的伺服器受到影響，筆記型電腦、螢幕、遊戲主機、Wi-Fi 路由器也被搶購一空，補貨速度遠遠追不上銷售速度。數十億學童與

員工被迫在家遠距上課或工作，不得不依賴網路連線。封城使全世界都窩在沙發上，Netflix 的觀看量飆升，遊戲伺服器超時運轉，而這一切服務都有賴雲端運算。

其他需要處理器、感測器、記憶體晶片的產業也出現短缺，汽車業受創最重。2020 年初，汽車製造商預期疫情會衝擊買車意願，紛紛縮減了晶片訂單，後來證明這是個重大錯誤。一旦市場開始復甦，汽車業發現他們其實需要更多的晶片，才能趕上從燃油引擎轉型為電動車的腳步。每輛新車都內建了上百顆處理器和數千顆獨立晶片，光是電子零件就占了整車生產成本的四成。那實在是縮減訂單的錯誤時機。

由於疫情已讓晶圓廠的產能滿載，汽車製造商的新訂單只能排在最後。晶片短缺的危機開始浮現。到了 2020 年底，數位儀表板、駕駛輔助系統、安全氣囊感測器的晶片都供不應求，生產線陸續停擺。豐田（Toyota）、福斯（VW）、日產（Nissan）、雷諾（Renault）、通用汽車（GM）——所有的車廠都不得不暫停部分生產。

想買新車要等一年以上，不然就只能退而求其次，選擇配備手搖窗戶而非電動車窗的車款。就像回到過去一樣，只能用人力來取代晶片。

疫情與地緣政治夾擊

在荷蘭的南部，ASML 接到一連串焦急的電話。2020 年底，馬丁・布令克（Martin van den Brink）剛在二十樓的辦公室，結束一

場與最大客戶台積電的視訊會議。對方傳達的訊息再清楚不過了：台積電非常不滿。

布令克是 ASML 的技術長，也是公司元老。身為 ASML 的首席策略家兼技術掌舵人，過去四十年來，他一直主導公司的發展方向。每當情況岌岌可危時，他就是眾人求助的最後靠山：他不只是公司危機處理的最高層，更是最受敬重的靈魂人物。

視訊會議的另一端是台積電的研發資深副總羅唯仁。疫情爆發後，他面臨一項棘手的難題：台積電肩負著供應全球半數處理器的重責；在最頂級的高階晶片方面，更須確保全球九成的供貨量。在這個供應短缺期，各國都意識到他們對台灣晶片生產的依賴，這種依賴關係導致國際局勢漸趨緊張。

台積電背負著來自全球的壓力，各國憤怒的政要都迫切希望本國的汽車業能夠恢復運轉：德國總理梅克爾（Merkel）曾致電要求加快對德國車廠的晶片供應；美國總統拜登（Joe Biden）也要求台積電優先供應美國車廠。而台積電這邊則是向 ASML 施壓，要求 ASML 協助擴充產能，而且要快！「布令克，我們需要提高生產力、更多機台、更大的產出，不然我們就完蛋了。」

對布令克來說，憤怒的晶片製造商他早就看多了。多年來他見證了晶片產業的大風大浪，早已見怪不怪。但這次不一樣，疫情徹底打亂了生產鏈，連 ASML 及其供應商製造曝光機所需的晶片都供不應求。晶片短缺已經演變成惡性循環。

ASML 也被迫改為遠距辦公。疫情爆發初期，這家荷蘭的科技巨擘緊急向微軟添購了兩萬個 Teams 帳號，好讓他們能夠支援全球的 ASML 技術團隊，繼續執行一項艱鉅的任務：維持五千台微

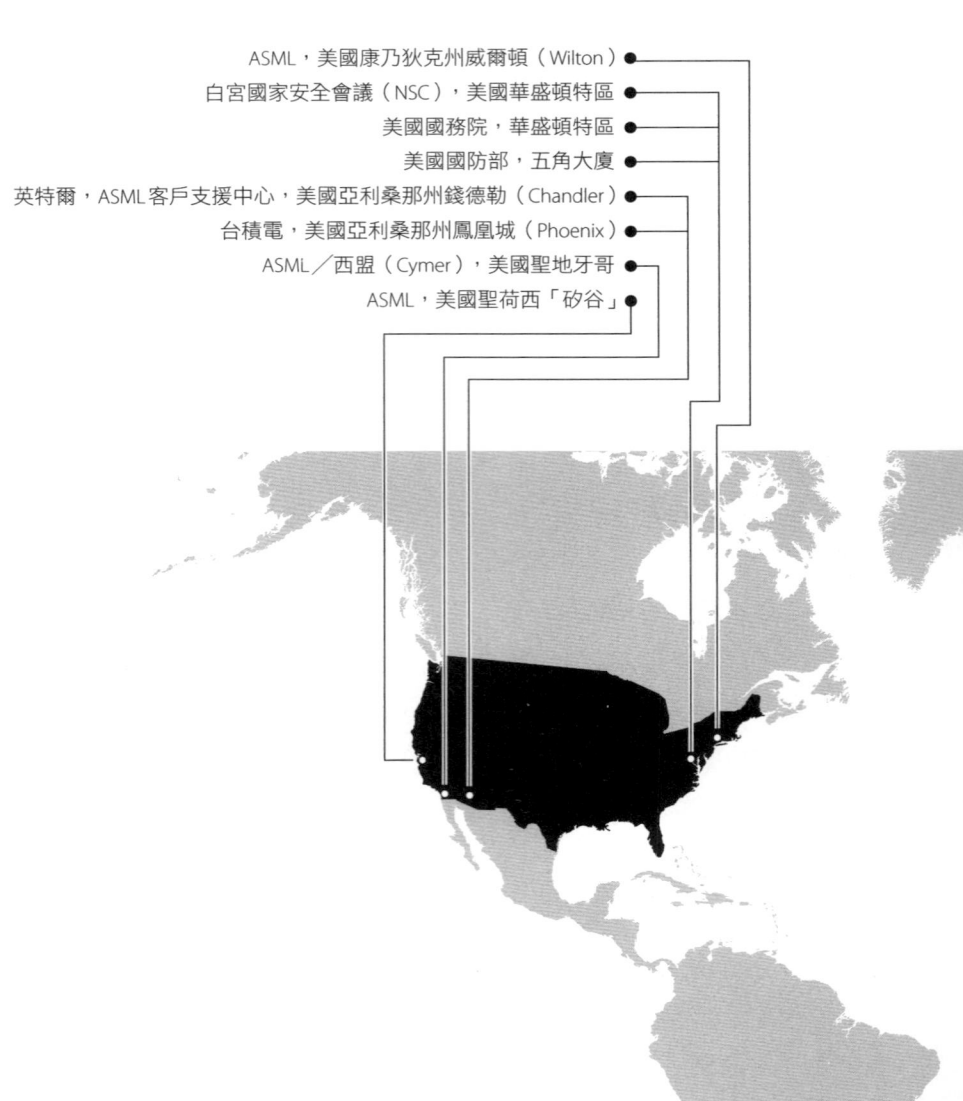

晶片戰爭全球關鍵地標
本書提及的所有半導體關鍵據點，一覽全球晶片供應鏈核心戰場

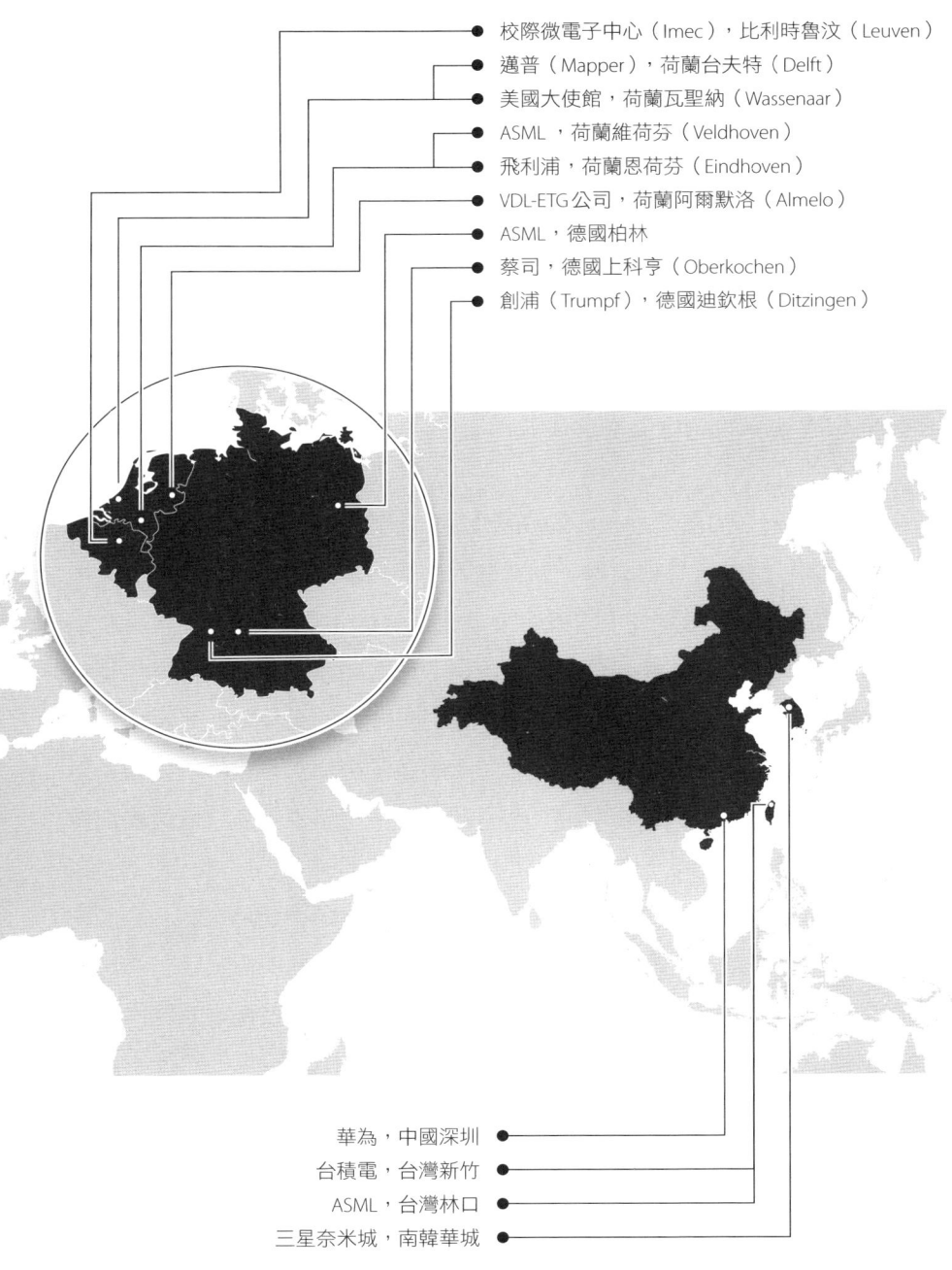

影系統的正常運轉。此時全世界才真正意識到,他們有多麼依賴這些機台所生產的晶片。每個人都需要這些機台持續不斷地運轉。

布令克至今依然很討厭開遠距會議,他說:「我需要知道你的感受、你的姿態、你的表情和眼神,我想要真正讀懂一個人。」

彼得・溫寧克(Peter Wennink)的辦公室就在布令克的對面。他在擔任十四年的財務長後,於 2013 年晉升為執行長,現與布令克共同擔任 ASML 的董事長。兩人性格迥異,但在領導方面相輔相成。誠如一位監事會成員所說的:「他們就像陰與陽,完美互補。」

長久以來,ASML 只需要因應自然法則。但自 2018 年起,ASML 發現它必須面對一個新挑戰:變幻莫測的地緣政治角力。這正是溫寧克大展長才的舞台,他是 ASML 的對外代表:對股東或政治人物而言,說到荷蘭小鎮維荷芬,他們首先想到的就是溫寧克那親切但堅定的握手。維持公司穩定,並帶領 ASML 度過地緣政治風暴的重責大任,都落在他肩上。這是一項永無止境的使命:他必須經常到美國華府遊說、在荷蘭海牙做策略規劃、赴歐盟總部做外交互動,還要一次又一次地帶領訪客參觀維荷芬。畢竟,ASML 已經不再是(套用 BBC 記者的說法)某個「默默無聞」的公司了,而是躍上全球頭條的焦點企業。

中國正緊追著西方世界的腳步。美國為了在技術上牽制中國,試圖阻止中國使用 ASML 的設備來建立獨立的晶片生產線。美國認為這攸關國家安全:在他們看來,中國生產的每顆晶片都可能用於軍事目的。面對這個生存威脅,美國決心在 AI 和精密武器領域維持領先地位。這使得半導體業別無選擇,只能配合這個政策。

雖然這項策略最初是由川普政府提出，但最終是拜登總統下令加強出口管制，以凍結中國的技術發展。然而，美國也明白，光這樣做還不夠。他們需要盟友也配合實施出口限制，尤其是荷蘭——也就是 ASML 的配合。

ASML 的極致專注

如今全球地緣政治的裂痕清晰可見，ASML 不得不審慎思考自己的立場。面對這種策略性的調整，沒有標準答案可循，一切抉擇都得自行承擔。

疫情暴露出西方供應鏈的脆弱本質。如今各界的目光都轉向台灣——這個緊鄰中國的島嶼，也是台積電的根據地。對台積電的依賴已成為全球科技業的致命弱點，美國和歐盟都對此深感焦慮。近年來，美國和歐盟都投入數十億美元在本土發展晶片廠，試圖降低這種依賴。

溫寧克深諳 ASML 在這場策略布局中的關鍵地位。光是 2023 年，全球的晶片製造商就計畫投資逾三千億美元興建新廠。ASML 參與了《歐洲晶片法案》（European Chips Act）的制定；台積電在亞利桑那州鳳凰城的新廠開幕時，溫寧克更是以貴賓身分出席，坐在前排觀禮。2022 年 12 月，第一台晶片設備進廠時，廠房的外牆上飄著一面「美國製造」的巨幅旗幟，讓這台龐然大物也顯得微不足道。

然而，談及自己在全球舞台上游走於兩大強權之間的角色，他卻輕描淡寫地說道：「沒有誰有多重要，只有職位帶來的重責大

任。」

在亞利桑那的沙漠中,當溫寧克與拜登總統及蘋果執行長提姆·庫克(Tim Cook,台積電的最大客戶)握手寒暄時,他對掛在脖子上的名牌把他的姓氏誤拼成「Wennick」毫不在意,「Wennick、Winnick……我看過各種拼法。」

美國媒體與政治人物似乎也不在意這個錯誤,但原因截然不同——因為他們壓根不認識這個人是誰。每個人看到這位神秘的高大男士與總統握手時,都困惑不解:「ASML?那是什麼公司?」

這本書是談 ASML 的故事。它講述兩位高階管理者如何在短短幾十年間,把公司帶向一個難以想像的巔峰。其中一位是布令克,他是技術奇才,設計出全球最精密的機台。他的管理風格強勢犀利,時而嚴厲盤問,時而雷厲風行地推動改革。

「布令克總是讓人不寒而慄。」溫寧克說,連他也花了好幾年才適應這種風格。

另一位是溫寧克。當溫寧克又在 ASML 總部接待一群政治人物時,布令克打趣道:「溫寧克最愛剪綵了。」他笑著說,深知自己不適合這種應酬的場合。他的個性太過直率,不適合交際。

身為非工程背景出身的科技公司領袖,溫寧克善於打理人際關係。他不僅成功駕馭了 ASML 獨樹一格的科技文化,更妥善經營了關鍵的供應商網絡。他就像一個核心樞紐,連結著各方脈絡,也因此他的一字一句都足以牽動這家科技巨擘的股價。他更策劃了一項創舉:說服各大晶片製造商共同投資,為 ASML 最重大的技術突破提供資金——那就是極紫外光(EUV)曝光機。正是這項創舉,讓摩爾定律得以在未來數年持續發揮作用。

短短四十年間，ASML 已發展成市場霸主，這家工業巨擘的擴張速度之快，就連它紮根的荷蘭小省也幾乎跟不上腳步。但 ASML 並不打算搬遷，反倒是其他人得設法跟上這個在自家後院崛起的科技巨人。ASML 向來習慣呼風喚雨，極少接受拒絕。

邁入 2024 年，ASML 正準備進入新階段。溫寧克與布令克的任期將屆，這兩位六十七歲、年薪相同（2023 年為 594 萬歐元）的領導人將在合約到期時卸任。雖然 ASML 多年來一直在幕後為接班做準備，但要找到接替他們的人才仍是一大挑戰。

溫寧克與布令克的個性南轅北轍，但透過無數次的會議、協商、出差，以及在維荷芬附近的坎皮納自然保護區（Kampina）的漫步交談，他們逐漸瞭解彼此。他們學會尊重彼此的不同，當兩人把強大的技能結合起來時，就形成一股無人能擋的力量。

他們攜手打造了這家公司，始終堅守一項核心信念：專注。正因為如此，公司才得以一次又一次地渡過危機，化險為夷。

因為在 ASML 的世界裡，專注就是一切。這個信念從創立之初就未曾改變。

第一部

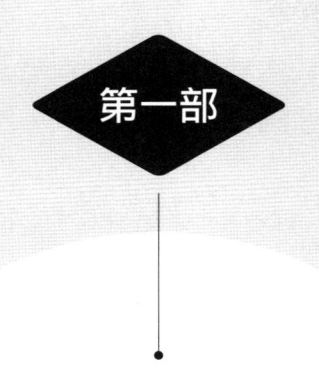

好構想，爛計畫

閃爍的燈光照亮了賓夕法尼亞大道。在六輛警用機車、八輛黑頭車、一輛救護車,以及一輛載滿武裝警察的巴士護衛下,美國第四十六任總統拜登在車內整理思緒。2023 年 2 月 7 日的晚間八點三十分即將來臨,這支戒備森嚴的車隊正護送著拜登前往國會,去發表國情咨文演說。車隊停下時,寒風呼嘯而過。演講時間到了。

出乎意料的是,拜登一開口就談到了疫情期間重創美國經濟的晶片短缺。「汽車變貴了,冰箱與手機也變貴了。」他一邊說,一邊以雙手的食指敲打著眼前的講稿。言下之意十分明確:別打美國汽車和冰箱的主意,更別碰我們的 iPhone。

「這種情況絕不能再發生了。晶片是我們發明的,但近幾十年來,我們失去了優勢。我們曾經生產全球四成的晶片,如今只剩一成。我們要確保供應鏈重返美國。」

他抬起頭說:「供應鏈要從美國開始。」

在華府的荷蘭大使館內,分析師正密切關注這場演說。當時美國正因為在領空擊落中國的間諜氣球而鬧得沸沸揚揚,拜登卻選擇先談論美國晶片產業的現況。那晚,荷蘭政府正急切地等待這場演講的簡報,因此分析師特別記下了時間:10 分 15 秒。總統用了這麼長的時間來談論美國晶片產業及其困境。換句話說,這個議題已然成為最高優先要務。

共和黨與民主黨的議員起立鼓掌,掌聲持續了 13.5 秒。拜登深諳這段歷史。畢竟,美國是這項技術的發源地。1947 年,貝爾實驗室(Bell Labs)發明了電晶體。1950 年代末期,傑克・基爾比(Jack Kilby)和羅伯特・諾伊斯(Robert Noyce)製作出第一批開

創性的積體電路。那是美國晶片產業的黃金時代,完全仰賴純美國製的微影製程。只可惜,盛世不再。在一家後來主宰微影技術市場的公司協助下,東方的競爭對手很快就迎頭趕上了矽谷。那家公司就是艾司摩爾(ASML)。

或者,套用國會山莊走廊上的說法,他們簡稱它為「**那家公司**」。然而,四十年前,**那家公司**尚未成形。當時,只有一個看似希望渺茫的好構想。

01
重複曝光機

　　史蒂夫・維特科克（Steef Wittekoek）已經記不清這是他第幾次寫下這些文字了。他嘆了口氣，為文章做了最後的潤飾。這篇〈晶圓重複曝光機的光學特質〉（Optical aspects of the Silicon Repeater）即將刊登在 1983 年 9 月的《飛利浦技術評論》（*Philips Technological Review*）上。這份創立於 1936 年的刊物，是由科學家親筆介紹飛利浦物理實驗室（Philips Natuurkundig Laboratorium，簡稱 NatLab）最新研發成果的園地。

　　維特科克在文中寫道，晶圓重複曝光機（Silicon Repeater）生產晶片的精準度和效率，遠勝於傳統的微影設備。基本上，它就是一台不斷重複動作的大型影印機，按部就班地運作。首先，它透過一個非常專業的鏡頭，把影像投射到塗有感光層的矽晶圓上。這片晶圓（又稱 wafer）會以最快的速度移動，逐步曝光，直到整片晶圓都印上所需的圖樣（亦即微型電晶體的圖案）。這台重複曝光機的調整與對焦也是全自動的，所以在運作速度與效率上，都比競爭對手的更好。

維特科克的論點很簡單：如果晶片產業想要突破現狀，更上層樓，這就是不可或缺的關鍵設備。當這位 NatLab 的頂尖科學家重讀自己對重複曝光機的「優異規格」所寫下的讚揚時，不禁對這個機台產生了一種難以言喻的親切感。飛利浦耗費十餘年心血，努力把這個構想轉化為優質產品。重複曝光機的最初版本可追溯至 1973 年，而那些成果都是建立在實驗室的研究員赫爾曼・范赫克（Herman van Heek）和海斯・包豪伊斯（Gijs Bouwhuis）兩年前的研發突破上。然而，目前為止，市場反應一片沉寂。

包豪伊斯是才華橫溢的光學科學家，名下累積了豐碩的專利成果。CD 播放器與較冷門的影碟播放器背後的技術，都是他開發出來的。二戰期間，他在荷蘭的最北端成長。當家裡的農場不再需要他幫忙時，他得以繼續求學。他的女兒皮恩（Pien）回憶道：「我爸為人謙遜，他覺得在 NatLab 工作就像一種興趣。他思考時總愛抽著煙斗，常惹得我媽不太高興。」包豪伊斯於 2016 年辭世，他在離世前不久與昔日的 NatLab 同事一起參觀了 ASML，最後一次親眼見證他們當年的研究興趣所催生出來的璀璨成果。

CD 播放器為飛利浦創造了空前的商業佳績，在往後多年成為家家戶戶必備的電器。但曝光機則是全然不同的產品，它不僅比 CD 播放器複雜得多，對大眾消費市場也毫無吸引力。對一家面臨衰退危機的電子巨擘來說，這樣的投資似乎怎麼看都不合理。

1970 年代初期，飛利浦有四十幾萬名員工，其中約有九萬人在荷蘭工作。身為傳統的企業集團，飛利浦所有的產品都是內部自行設計與生產。產品線涵蓋電視、收音機、醫療設備、家用電器、照明裝置。他們不只自己製造工業設備來生產這些電子產品，連操控

這些設備所需的積體電路也一手包辦。當時,這使飛利浦成為全球第二大的半導體製造商。然而,他們的晶片廠對現有的設備越來越不滿意。這些設備不僅速度太慢,生產晶片的良率也太低了。因此,NatLab 應工廠的要求,著手開發後來所謂的「晶圓重複曝光機」。

飛利浦的 NatLab 是一片讓科學家和發明家自由揮灑創意的樂土,吸引了許多頂尖技術專才。這裡很快就成為劃時代創新的搖籃,其地位堪比美國電信巨擘 AT&T 旗下享負盛名的貝爾實驗室。然而,NatLab 雖然不斷湧現新的構想與專利,但飛利浦整個組織彷彿是官僚主義的化身。在飛利浦推動任何新事物,都需要經歷難以想像的冗長討論與政治角力。這種經營模式與晶片產業講求快速創新的本質格格不入。在這個比拼速度的產業中,飛利浦根本沒有機會跟上競爭對手的腳步。

02
行動派

　　維特科克感覺自己就像在曠野中孤獨地吶喊。他知道重複曝光機（後來改名為「晶圓步進機」〔Wafer Stepper〕）的性能超越了美國競爭對手的產品。但在恩荷芬（Eindhoven）的飛利浦總部，公司正為其他事務焦慮不已。飛利浦的營業額過於依賴消費性電子產品，隨著索尼（Sony）、JVC、東芝（Toshiba）等日本企業的崛起，這家荷蘭的跨國企業陷入了困境。索尼正準備以隨身聽席捲全球市場時，飛利浦卻忙著大刀闊斧地精簡組織。他們的策略是：先把成本高昂的部門拆分出去，成立合資企業，再逐步出售這些事業的股份。

　　他們很快就鎖定了曝光機部門。1978年初，飛利浦萌生了為這項技術設立獨立分支的想法，這樣一來也可以把設備銷售給外部客戶。但管理高層對此興致缺缺──雖有模糊的構想，但沒有具體的計畫。只有科學與工業部門的副總維姆・特羅斯（Wim Troost）願意挺身而出。特羅斯本來就負責工業應用產品，他看出了這項技術的潛力，也願意接受挑戰。其他部門的高階管理者都認為，這項技

術完全是死路一條，根本是在浪費時間。

「特羅斯，別再浪費錢了。」他常聽到這樣的勸告。但這些話都無法動搖他，他已經下定決心。

初次見到特羅斯時，你會立即感受到他是來自另一個時代。特羅斯生於1920年代中期，在他成長的年代，第一批收音機才剛問世，股市即將面臨1929年的大崩盤，而第一次世界大戰仍被簡稱為「大戰」（The Great War）。

時光快轉至1980年代初期，就在特羅斯即將退休之際，他成了日後ASML這家晶片設備製造商的重要推手。若不是特羅斯，飛利浦可能早就完全放棄晶圓步進機的開發了。然而，即便他接手後，飛利浦分配給這項任務的預算依然少得可憐，使他難以展開工作。時至今日，他說到「budget」（預算）這個字時，中間那個g仍帶著濃濃的荷蘭腔，彷彿是來自遙遠過去的回聲。

2022年夏天，特羅斯打開家門歡迎我時，已近九十七歲高齡。他住在一座改建的農舍，在屋後安靜的庭院裡，他回憶起當年每天開車往返飛利浦工廠、穿梭在恩荷芬工業區一帶的日子。雖然體力已不復當年，但他的記憶依然清晰如昔。當年他翔實記錄那段歲月的手寫筆記，至今也依然完好無損。

特羅斯回憶起珀金埃爾默公司（PerkinElmer）來訪的往事。這家美國的微影系統龍頭，在1970年代憑藉著自主研發的設備，創下亮眼的營運佳績。到了1980年代初期，他們深受飛利浦NatLab的發明報告所吸引，特地派出十人組成的代表團到荷蘭考察。他們對所見所聞震驚不已，決定與飛利浦合作，卻始終沒收到任何回音。飛利浦完全沒有回應他們的提議。這種短視的作法，即使在四十年

後的今天，仍讓特羅斯惱火。他遺憾地說：「管理高層毫無遠見，對於潛在機會一無所知。」

特羅斯深知，只為飛利浦自家的工廠生產晶片機台，是永遠無法獲利的。基於這個考量，他遠赴亞洲與美國，試圖為 PAS 2000（飛利浦首款商用晶圓步進機）尋找潛在買家。當時飛利浦特別鍾情於「2000」這個數字，因為距離千禧年還有二十年左右，這個數字帶有一種未來感，他們希望這種感覺能為產品增色。畢竟，誰不想擁有一台「P2000 家用電腦」或「2000 放影機」呢？然而，事實總是趕不上品牌願景，這些飛利浦產品沒有一個持續生產到西元 2000 年。

PAS 2000 也不例外，只不過它的失敗原因顯而易見。這款步進機採用「油壓平台」設計，用液壓馬達移動承載矽晶圓的平台。但在生產晶片的精密控管環境中，油氣是大忌。無塵室必須保持絕對潔淨，怎能散發出修車廠般的油氣，所以這個機台根本賣不出去。

當時情況危急，亟需改變，NatLab 連忙開發使用電動馬達的步進機。他們很快就改版成功，研發出所謂的「線性馬達」裝置（因其來回運動方式而得名）。然而，這些馬達的開發成本卻節節攀升。荷蘭經濟部原本一直大力資助飛利浦的微影技術開發，但這時已達到資助的極限，並揚言飛利浦若不投入更多的時間與精力來完成開發，就要撤資。在四面楚歌之際，特羅斯的選擇所剩無幾。最終是經濟部自己提出了解決方案——何不與成功的荷蘭企業家亞瑟・戴普拉多（Arthur del Prado）合作呢？他的先藝公司（ASM International）也在研發晶片機台，而且剛在美國的那斯達克掛牌上市。他們是最理想的合作對象，能幫飛利浦渡過難關。

戴普拉多是荷蘭晶片產業的先驅，也是充滿傳奇色彩的企業家。他生於巴達維亞（今雅加達），少年時期曾被囚禁在日本戰俘營。幸運活下來後，他遠赴荷蘭攻讀化學和經濟學。1950 年代，他前往矽谷，後來成為美國半導體技術在歐洲的主要經銷商。到了 1970 年代，他的先藝公司開始製造垂直爐。這些機台可在晶圓上塗覆薄層，使其在微影機中曝光。晶片圖案在這個薄層上顯影後，蝕刻機就會使用氣體和化學藥劑來去除多餘的物質。接著，晶圓會在晶片廠中進行新一輪的製程，如此層層堆疊，最終形成包含電晶體和連接線路的晶片。

1983 年，戴普拉多在海牙獲頒「荷蘭年度企業家」時，經濟部特地安排特羅斯也出席那場活動。特羅斯認為，戴普拉多確實風采迷人，商業眼光也十分敏銳，但他仍有顧慮。先藝主要還是一家貿易公司，戴普拉多在董事會的層級並沒有足夠的人脈。對晶片製造商來說，曝光機是生產晶片的核心設備，購買決策關係重大，必須由最高層拍板定案。相關議題需送交董事會討論，而不是交由採購部門處理。尤其在採用新技術時，這點更為關鍵。

飛利浦拒絕了這筆生意，但戴普拉多與經濟部堅持不懈。戴普拉多已看出 NatLab 晶圓步進機的潛力，渴望參與其中。飛利浦這項頂尖技術可以讓他更接近自己的夢想：為晶片製造商提供完整的生產線，也就是說，提供把矽晶圓轉化為可用晶片的所有機台，掌握點石成金的能力。雖然這個夢想最終未能完全實現，但他與飛利浦成立合資公司的願望很快就達成了。

由於飛利浦找不到其他方式來拆分晶圓步進機的事業，與先藝合作成為唯一可行的出路。就這樣，特羅斯與他當時的上司喬治‧

德克魯夫（George de Kruiff）一司去拜會戴普拉多。合資協議不到一小時就談成了，雙方各出資 750 萬荷蘭盾（約合現今的 375 萬歐元），各取得合資子公司的一半股份。這家公司名為「先進半導體材料微影」（Advanced Semiconductor Materials Lithography），簡稱 ASM 微影（ASM Lithography）。

公司成立初期本來是以 ALS（Advanced Lithography Systems 的縮寫，亦即「先進微影系統」）為名，後來他們發現這個縮寫與一種嚴重的運動神經元疾病（俗稱「漸凍症」）同名，因此迅速改名為「ASM 微影」。1996 年後，公司正式更名為 ASML──這個名稱如今已在全球廣為人知，本書後續也將沿用。

1984 年 3 月，他們在恩荷芬簽約，但他們無暇慶祝，因為工作已迫在眉睫。特羅斯從原本負責晶圓步進機的飛利浦團隊中，直接挑選了四十名成員立即調職。不管他們是否願意，都必須加入這家合資企業，這個決定讓許多人十分不滿。

在飛利浦工作的工程師原本享有優渥的員工福利，包括六十歲就能領取全額退休金，還有子女教育補助。如今卻被迫調往一家新成立的公司，而且他們都擔心這家公司註定會破產。連維特科克也猶豫不決了，他要求 NatLab 提供兩年的回歸保證才願意轉調。這項條款最終獲得批准，但他始終沒有用上。

ASML 的行政部門開始進駐飛利浦恩荷芬廠區內的一棟臨時建築，技術團隊則在附近一座冷風頻頻吹入的廠房裡繼續工作。在這群員工之中，有兩位年輕工程師將主導 ASML 的未來發展：布令克和弗里茲·范霍特（Frits van Hout）。大家稱他們為「小夥子」，這兩個年輕人無暇理會那些悶悶不樂的同事，而是像其他新

晶片生產流程

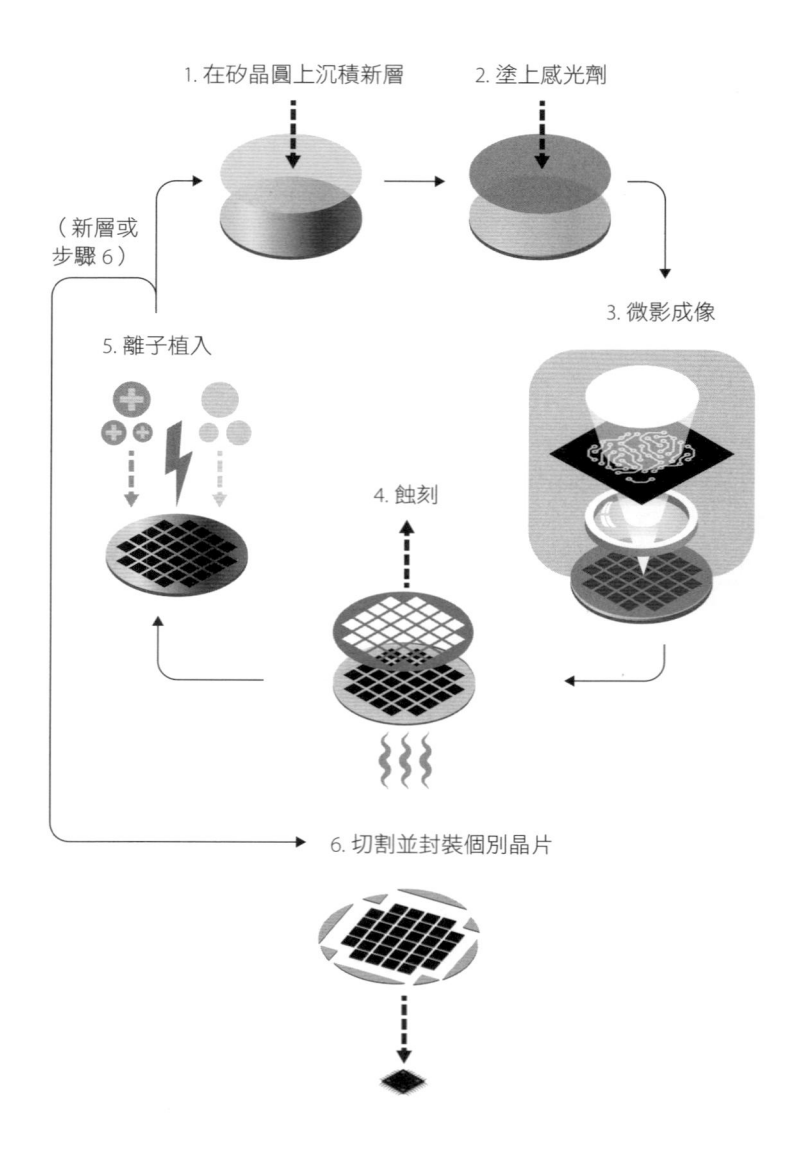

1. 在矽晶圓上沉積新層
2. 塗上感光劑
3. 微影成像
4. 蝕刻
5. 離子植入
6. 切割並封裝個別晶片

（新層或步驟 6）

加入的成員一樣，欣然接受挑戰，一股腦兒地投入新技術的開發。

范霍特是以 ASML 名義招募的第一位員工，布令克的情況則不同：1983 年底，他名義上仍屬於飛利浦的員工，十多年後才與 ASML 補簽正式合約。但到那時，簽正式合約只是形式而已，他早已是公司不可或缺的重要支柱。

這兩位年輕人是個奇特的組合：布令克是專攻區域供暖的物理學家，而范霍特則是專攻低溫物理學。然而，維特科克認為這兩位年輕人是絕佳搭檔。「布令克在技術方面有驚人的天賦，范霍特雖然也懂技術，但更擅長處理人際關係，他深諳人脈經營之道。」

隨著公司成立，特羅斯也正式退休，執行長一職是由他在飛利浦時期的同事賈特・斯密特（Gjalt Smit）接任。斯密特取得天文學的博士學位後，先後在 NASA 及歐洲太空總署（European Space Agency）工作，之後在電信公司 ITT 的荷蘭分公司擔任總經理。當他為了這個充滿風險的研究計畫而辭去穩定的工作時，同事都認為他瘋了。如今回首當年接下這個職位的時刻，斯密特也能理解他們的想法，他說：「ASML 從第一天起就是問題兒童。說實話，當時它看來註定失敗。」

斯密特與飛利浦之間長期維持著愛恨交織的關係。他對於在這家荷蘭電子公司裡學到的經驗充滿了感激，也很欣賞飛利浦的卓越技術，但他始終覺得公司的管理高層「過於政治化」。斯密特從來就無法適應這種文化，他想用不同的方法做事。

斯密特本人，就是個非常與眾不同的人。

03
飛黃騰達

「你猜這件大衣有幾年了？」

2023 年初，斯密特漫步在蒙特勒（Montreux）的海濱大道上，這裡離他在瑞士山區的住家不遠。一向注重穿著的他，這天戴著深色帽子，披著搶眼的義大利真皮大衣，衣襬幾乎及地。「這是我 1986 年在維也納買的，」他露出一抹得意的笑容，「我穿著它走進 ASML 的辦公室時，祕書嚇了一跳。」彷彿祕密警察來到了維荷芬。

斯密特向來不掩飾他對飛利浦經營方式的不滿，這點讓他在 1983 年與戴普拉多初次見面時一見如故。戴普拉多對飛利浦也沒有好感，因為當初先藝要採購晶片機台時，飛利浦也是愛理不理。他們兩人很快就培養了深厚的情誼，一拍即合。雖然這段關係後來破裂了，最終導致斯密特在四年後離職，但在這短暫的時光裡，他在 ASML 培養了一種贏家心態，為公司日後的發展奠定了基調。

從斯密特的興趣，我們更能看出他的商業敏銳度。斯密特是滑翔機飛行員。駕馭這種飛行器需要很好的洞察力，以及對突發氣流

的迅速反應——就像經營企業一樣。套用他的說法：「駕駛滑翔機時，你必須清楚知道你要往哪裡去。」這句話同樣適用於剛成立的ASML，而找出發展方向正是斯密特的責任。

上任後的頭幾個月，斯密特仔細盤點現況，並在飛利浦的內外展開對談，希望瞭解整體局勢。他發現，沒有人看好ASML這家公司能有一線生機，就連員工也不抱希望。一家微影設備製造商想在矽谷佔有一席之地，不僅需要果斷的組織運作，更需要近乎完美可靠的機台。建立這樣一家公司需要時間和金錢，但這兩樣當時都很缺乏。

然而，他也發現，業界標準的機台已達極限。要生產更精密的晶片，就需要技術上的重大突破。這種晶片不再只有數千個電晶體，而是有數十萬個，能夠執行更複雜的運算任務。唯一的問題是：製造這種晶片的曝光機，必須能投影出近一微米（千分之一毫米）寬的線條。沒有一家老牌的微影製造商擁有這項技術，但飛利浦有。然而，他們卻不瞭解晶片製造商對設備供應商的品質要求有多嚴格。

1984年5月底，斯密特飛往矽谷的核心地帶聖馬刁（San Mateo），去參加半導體的年度盛會SEMICON。英特爾、德儀（Texas Instruments）等晶片製造商，在此與珀金埃爾默、尼康、GCA等微影設備供應商會面。但沒有一家製造商對斯密特感興趣。他們覺得市場不需要再多一個競爭者，也不想聽ASML未來能為他們提供什麼。斯密特立即被冷落了。他們傳達的訊息是：「等你賣出五十台機器再來吧。」

斯密特大受打擊，隨即飛往亞利桑那州的先藝辦公室，他們應

該要負責在美國市場銷售 ASML 的機器。然而,他逐漸發現,先藝對微影製程的最新發展一無所知,這讓他越來越懷疑這個合作關係。更讓斯密特意外的是,先藝的管理高層也憂心忡忡,他們擔心 ASML 過於天真,可能犯下新手常有的錯誤。

當時的訊息很明確:市場上已有約十家公司激烈競爭,已經相當擁擠了。打從一開始,ASML 就顯得多餘。失望之際,斯密特拖著沉重的腳步,登上返回阿姆斯特丹的班機。他癱坐在座位上,考慮是否該就此放棄。畢竟,沒有人想帶領一家註定失敗的公司。他手握一瓶紅酒,漸漸進入夢鄉,任由思緒在腦中朦朧地飄盪。漸漸地,想法開始匯聚成形。

斯密特猛然驚醒,輕聲對自己說:「有了!」前進的道路豁然開朗。由於現有的廠商已在機器設備上投入巨資,他們必然會優先捍衛既有的地位。如果 ASML 推出的機台能夠配備更精準的對準系統、電動馬達、精密鏡頭,他們就能震撼市場,樹立其他公司難以企及的標準。ASML 掌握的技術突破正是他們需要的契機。但他們已經沒有時間可以耽擱了,這樣的設備必須盡快搶進市場。

市場即將重新洗牌。斯密特回頭去找先藝和飛利浦,請他們投資兩億荷蘭盾。這個金額遠遠超出合資企業原先的設想,但並非憑空而來。飛利浦之前曾向荷蘭經濟部申請同樣金額的資助。雖然當時未能取得這筆資金,但斯密特已成功說服監事會相信:ASML 會全力以赴,力拼第一。

身為飛行員的斯密特注意到,晶片機台產業與航空業有諸多相似之處。兩者都運用多元的科學專業來開發單一設備。然而,波音(Boeing)、空中巴士(Airbus)等飛機製造商為了專注於飛機的

整體工業設計，會向外採購大部分的零組件。ASML 迅速以此模式為營運方針。就像飛機一樣，微影機台也是小批量生產，目的是設計出能長期運作，把故障減到最少，同時發揮最大產能的機台。為此，機台需要持續的維護，行銷團隊也必須與工程部門密切配合，因為他們最了解客戶如何從機台創造出最大效益。

這個策略完全顛覆了飛利浦的做法。對 ASML 來說，當務之急是貼近客戶，並盡可能把生產外包給供應商。計畫獲准後，斯密特聘請了合益管理顧問公司（Hay）來建立組織架構。他也從美國延攬人才到維荷芬，幫這家荷蘭小公司培養矽谷風格。

斯密特在 ASML 培養了自由開放的企業文化，確保工程師有充分的空間找出技術問題的解方。他常把自己的管理方式比喻成 1970 年代荷蘭國家足球隊的「全攻全守」（total football）戰術。在這種戰術中，每位球員都能攻能守。目標很明確：無論你做什麼、怎麼做，最重要的是非贏不可。

ASML 的員工人數迅速成長。他們開始在各大專業期刊上刊登徵才廣告，招募新工程師。ASML 在維荷芬設立電話專線，讓應徵者直接與前飛利浦的專家對談。這些專家會親自說服每位來電應徵的人加入這家新創公司。這個策略相當成功，ASML 成功網羅了光學、機電、控制工程和軟體等領域的專家。他們也透過報紙尋找商業經濟人才與機台測試員，也就是所謂的「故障排除專家」。這家「立志成為全球領導者的超高科技公司」，對人才有強大的吸引力，應徵者絡繹不絕。幸好，對 ASML 來說，展現自信從來不是問題。

ASML 的首要目標是鎖定美國客戶。1980 年代，日本業者正逐

步蠶食美國半導體業者的市占率。這時試圖從佳能和尼康手中搶奪日本客戶,根本是不可能的任務。因此,ASML 著手把自己打造成一家美式風格的企業,以完善且反應迅速的服務部門為後盾。承諾提供強大的維修團隊,以確保工廠機台持續運轉,是博得客戶信任的關鍵。畢竟,設備每停擺一秒,都代表著金錢損失。

斯密特的樂觀很有感染力。雖然設計師必須在緊迫的期限內開發機台,但公司的層級架構極其精簡,員工也都全力投入。專案經理(那些負責把機台製造出來的人)獲得了很大的主導權。公司告訴他們,不必擔心經費:無論成本多少,重點是機台必須準時完成。

理查・喬治(Richard George)在飛利浦時期就參與開發晶圓步進機。他回憶起 ASML 這段草創時期,自己當時的心情是感到如釋重負。當時 ASML 湧入許多充滿熱情的新血,而斯密特也開始發布同樣樂觀的成長預測。喬治的團隊一下子擴增了兩百五十人,其中特別引人注目的是布令克。他回憶道:「布令克從一開始就表現得很出色。他花不到兩個月的時間,就用他的巧妙發明改進了晶圓步進機的對準系統。我只能說:『天啊,那構想簡直是天才。』」

機台是根據晶圓上已刻蝕的兩個小型網格圖案,來逐一對準每片晶圓。機台為晶片添加新層時,這些圖案(或稱標記)必須維持清晰可見以避免偏差。布令克想出了一個改良系統,可同時測量這兩個對準圖案。這使得機台的運行速度比競爭對手更快,而且偏差更少,他的創意立即獲得專利。這對公司來說意義重大。套用斯密特的說法:「ASML 的誕生,宛如宇宙大爆炸那樣從無到有,而布令克的加入,就像是上天的安排。」

04
漏水的帽子

　　1985年，剛從飛利浦拆分出來的ASML開始興建自己的總部大樓。不到一年，新大樓就在維荷芬的高速公路旁拔地而起，內部配備了製造機台所需的無塵室。當地政府為了創造就業機會，很快就核准了這家高科技公司的建案。但鄰近的恩荷芬和松恩（Son）兩鎮不太高興，他們向法院投訴維荷芬未取得必要的許可。然而，ASML等不及了，還是強行動工。

　　這座耗資三千萬荷蘭盾的總部大樓，充分展現了執行長斯密特的宏大願景。為了讓美國客戶有賓至如歸的感覺，大樓採用了矽谷的未來派風格。對一家新創公司來說，如此龐大的投資可說是相當大手筆。雖然當時的員工不需要配戴口罩，但為了確保工作環境的乾淨，必須統一穿著特製的防護衣。這種做法雖簡單，卻充分展現了公司的嚴謹態度。畢竟，在飛利浦時期，員工還可以穿著自己的防塵衣進入工作區域。

　　ASML的員工向來不愛繁文縟節。他們直接把第一棟大樓稱為「一號大樓」，接著完工的是「二號大樓」。至於第三棟大樓的名

稱，想必大家都能猜到。這種編號方式就像亞洲餐廳的菜單一般簡單明瞭。建築師羅伯‧范艾肯（Rob van Aken）更堅持，大樓外牆不要掛上公司標誌，因為他認為建築本身的設計特色，就足以讓人一眼認出這裡是 ASML 總部。

一號大樓如今已拆除，但在 1985 年，它的外觀曾是引人注目的風景。這座大樓彷彿是通往數位時代的門戶，在布拉邦省（Brabant）的田園風光中特別醒目。傾斜的白色牆面包覆著藍色鏡面玻璃，使這座金字塔形的建築更增添了幾分神祕感。每到夜晚，當地的孩童喜歡把這棟大樓想像成飛碟，那些奇異的光芒是熬夜奮戰的工程怪咖發出來的。范艾肯設計這個三角外型時，把它想像成一頂大帽子，覆蓋在生產區域與辦公室的上方，象徵它涵蓋了所有部門。然而，這個設計儘管充滿未來感，建築本身卻有瑕疵：這頂「帽子」會漏水。有時，最實用的科技不一定是高科技：每逢下雨，大廳裡還是可以看到用來接水的水桶。

一開始 ASML 就立志躋身國際頂尖行列，與美國的 GCA 和日本的尼康等當時的業界巨擘一較高下。在媒體前，斯密特展現出十足的自信。「在這個產業，只有一種經營策略可行：那就是瞄準第一名，你必須渴望得到金牌。如果一開始就告訴自己拿銅牌也可以，最後恐怕只能拿到第六名，那就完蛋了。」他在 1985 年 5 月接受荷蘭大報《新鹿特丹商業報》（*NRC Handelsblad*）訪問時說道。技術長尼可‧赫曼斯（Nico Hermans）也認同：「這聽起來也許狂妄，但我們確實遠遠領先競爭對手，我們就是高出一個層級。」

ASML 在多份電子雜誌上刊登了一則廣告，廣告標語是「傑

瑞，我們聽到了」，這個廣告讓他們在美國市場上打響了第一炮。這句話大膽又帶點挑釁，針對的正是晶片製造商 AMD 的老闆傑瑞・桑德斯（Jerry Sanders）。他不久前才公開抱怨美國的曝光機不可靠，還揚言要改用日本的機台。

但 ASML 這些高調的行銷活動，其實都只是在虛張聲勢。當時他們只有一台 PAS 2400，這台機器是為了向半導體業界展示，ASML 有比油壓驅動機台更好的產品而倉促組裝的。雖然精準度不如預期，但當時的廣告宣稱，PAS 2400 每小時可曝光九十片晶圓，是當時的最高紀錄。

這種大膽的策略奏效了。在維特科克的技術專長協助下，斯密特成功打進了 AMD。他們的努力總算獲得了回報：荷蘭團隊得到了與其他四家供應商一較高下的機會。這場比拼就像是微影技術的選美大賽，誰能展現出最優秀的機台，就能拿下訂單。

比賽當週，一位 ASML 的技術人員早已獨自抵達測試現場。他想在 AMD 的專家開始評測以前，先確認機器運作是否正常。沒想到，一開機就發現了一個令人尷尬的問題：電動馬達變形了，導致機台投影出來的晶片圖案全都歪了。這個機台看起來根本毫無勝算。

ASML 的團隊沒有告訴 AMD，就立即在維荷芬開始搶修行動。時間很緊迫，他們只有三十六小時能想出解決方案。隔天，ASML 的一位工程師飛往矽谷，改良版的馬達零件就裝在他的手提行李裡。深夜時分，ASML 團隊用「借來的」通行證潛入晶片廠，更換了馬達。這場機智的突襲成功了，機台順利運作，最終 ASML 也拿下了合約，並承諾在 1987 年前交付二十五個機台。

ASML 接著把目標鎖定在市場上僅次於頂級大廠的晶片製造商。這些廠商有競爭實力，但正在尋找降低成本又能擴大產能的方法。ASML 認為這種公司比較願意給新進的荷蘭業者機會，因為 ASML 承諾帶來更高的整體效益。英特爾或 IBM 等大廠不想拿市場地位冒險，所以很難說服他們放棄已經驗證可行的尼康或佳能曝光機。畢竟，日本晶片公司用這些機台來製造晶片一直很成功。

尼康和佳能以光學技術及高品質的相機聞名，他們有能力自行開發專用鏡頭。ASML 就沒這麼幸運了，他們必須向外尋找曝光機的核心組件：光學系統。德國的鏡頭專家蔡司（Zeiss）擁有 ASML 能找到的最佳技術，但蔡司不願供貨給一家默默無名的新創公司。更麻煩的是，若要生產 ASML 需要的超專業鏡頭，蔡司本身也得做額外的投資。德國人不敢冒這個險，他們只想銷售非客製化的產品。

為了展現對這款新機器的信心，飛利浦率先下了訂單。時程很緊迫，但這家電子大廠終於在 1986 年順利收到了第一台真正有競爭力的晶圓步進機：搭載蔡司標準鏡頭的 PAS 2500。ASML 就此揭開了嶄新的一頁。

與此同時，先藝已無力繼續支應 ASML 的龐大資金需求。戴普拉多特別受不了斯密特那種花錢不手軟的作風。有一次，維特科克從台灣返程後，需要再前往紐約和 IBM 洽談。斯密特叫他「直接搭協和號客機。」這架超音速客機的票價，自然也跟它的速度一樣驚人。

斯密特對戴普拉多也很不滿。他覺得戴普拉多沒有看出微影製程本身就是一門好生意。而且 ASML 必須以雷霆之勢搶攻市場，

要是遷就戴普拉多那種斤斤計較的作風，根本不可能成功。斯密特甚至去詢問飛利浦，有沒有可能把戴普拉多的股份買下來。戴普拉多的回應是：想都別想，門都沒有。

斯密特想買下戴普拉多的股份，這個舉動徹底激怒了戴普拉多。他發誓要當場找斯密特算帳，而即將舉辦的貿易展正好提供了機會。那場展會在聖馬刁的賽馬場舉行，先藝和 ASML 將共用一個展位。在這個聚集了晶片產業的「牛仔們」、空氣中瀰漫著馬匹、啤酒與熱狗味的地方，兩人正面衝突。戴普拉多一開口就問：「我們能談談嗎？」斯密特一聽，就知道大事不妙。旁邊甚至還有一位同事小聲提醒他：「戴普拉多討厭你。」但其實不用旁人提醒，他也心知肚明。就這樣，斯密特的時代結束了。1987 年，他接受一家德國公司的邀約，正式離開了 ASML。

戴普拉多很快就找來新的執行長：來自英國的克萊夫・西格爾（Clive Segal）。但西格爾第一天沒出現，第二天依然不見人影。ASML 的經理們輪流在門口等候他，但沒有人知道他長什麼樣子，也無法聯絡到他。結果發現，西格爾本人也一頭霧水。他根本沒意識到自己已經答應了戴普拉多要接任執行長，還在等著賣掉自己的公司，才想決定後續的行動。但 ASML 根本等不起。所幸退休的執行長特羅斯願意暫時接手，才讓局勢穩定下來。

一年後，戴普拉多被迫退出 ASML，儘管他本人並不情願。當時先藝已經沒有足夠資金，無法支應 ASML 接下來的多輪投資需求，只能退出合資事業。1988 年，飛利浦收購了戴普拉多的股份。諷刺的是，這讓飛利浦完全擁有了這個他們當初極力想要擺脫的晶圓步進機事業。

不過，這次的情況有點不同，至少表面上是如此。飛利浦巧妙地把先藝的股份託管在 NMB 銀行，確保 ASML 能持續獲得政府的補助。萬事俱備，ASML 終於可以履行承諾，那場虛張聲勢也不再只是虛張聲勢了。

就這樣，戴普拉多與 ASML 正式道別。此後，每當談起 ASML 的早期歷史，大家總是把焦點放在飛利浦的貢獻，幾乎都遺忘了這位共同創辦人。戴普拉多（美國人都叫他「阿瑟」）對此始終耿耿於懷。外界對他貢獻的忽視，成了他心中長久的遺憾，直到他在 2016 年過世。

05
Mega 傳承

　　雖然 ASML 與先藝的合資案瓦解，ASML 卻在一連串幸運的情況下存活了下來。首先是時機巧合：1985 年，半導體產業陷入低迷，重創了各大知名晶片設備製造商。但這家年輕的公司沒有什麼包袱，反而持續推進生產。他們相信市場終究會復甦，希望屆時能領先競爭對手好幾步。

　　此外，ASML 也從與先藝的首次合作中，得到意外的好處。戴普拉多在微影製程方面經驗不足，導致他與斯密特的關係破裂，也失去了公司的股份。這對 ASML 來說反而成了助力。他們不必效法成功公司的樣子，得以在這段關鍵的成長期自由地發展自己的文化與策略。如果是美國的微影成像企業，絕不可能容許這樣的自由度。

　　飛利浦的合作關係成為 ASML 的另一大助力。在晶片市場最低迷的時期，這家電子集團以雄厚的財力當 ASML 的靠山，不僅持續訂購新的微影系統，更為 ASML 打開了台灣市場的大門。除此之外，荷蘭政府也伸出援手。ASML 的成立，恰逢政府重新檢視

產業政策的時機。1980 年代初期，日本晶片製造商的崛起，重創了美國和歐洲的半導體業。而像是 NEC、日立、東芝等公司之所以能取得領先，很大一部分原因是日本政府在研發計畫上的大規模投資。其他國家也開始注意到這點，ASML 因此搭上了這波政府策略性投資的浪潮。

　　荷蘭經濟部已經不想再繼續支撐那些日漸衰落的產業。他們放棄了不斷虧損的造船業，轉而扶持創新產業。微晶片顯然是未來的趨勢，而擁有 NatLab 晶圓步進機，無疑是通往未來的一把鑰匙。為了確保成功，經濟部投入逾一億荷蘭盾的研發資金。維特科克與范霍特覺得那還不夠，努力爭取更多的資源，日以繼夜尋求新的補助。在最初幾年，ASML 約有半數的研發資金是來自海牙或布魯塞爾。

　　這不是唯一一個對 ASML 有利的政府大型計畫。1984 年，飛利浦與德國的西門子（Siemens）結盟，試圖在晶片技術上邁出下一個重大突破。這項計畫取名為「Mega 計畫」，聽起來就像是老派怪獸電影的名字，目標是要直接進入記憶體晶片的高階市場，與日本廠商競爭。這項計畫獲得了高層的大力支持，歐洲科技計畫 ESPRIT，以及荷蘭與德國政府，都投入了大量資金。換算成今日的幣值，荷蘭與德國政府總計約投入了五億歐元。在這樣的支持下，飛利浦開始投入生產 SRAM（靜態隨機存取記憶體）晶片。這種晶片能夠在不需自帶電源的情況下儲存資料，在 ASML 的協助下，飛利浦建立了一條完整的測試產線來生產這些晶片。然而，初期的生產持續虧損，市場對這種晶片的需求不如預期，西門子最終退出了計畫，轉而選擇已經成熟的日本晶片技術。這也宣告了龐大

的 Mega 計畫就此終結，歐洲科技復興的夢想也隨之破滅。

雖然 Mega 計畫耗費了數億荷蘭盾，但對飛利浦來說並不是完全浪費。1987 年，飛利浦接到了美國德儀公司的前技術高層張忠謀的聯絡。張忠謀在中國出生、在美國求學，是提升晶圓良率（無缺陷晶片的比例）的專家。台灣政府注意到他的專業，延攬他領導建立國家級的晶片產業，並承諾全力支援所有費用。這就是今日舉世聞名的台灣積體電路公司（簡稱台積電，TSMC）的起源。當時，張忠謀正在尋找一個來自產業界、有經驗的大型投資者。日本方面興趣缺缺，與英特爾和德儀的協商也破局了，他最後找上了飛利浦。在他眼中，飛利浦是二線晶片製造商中的佼佼者。這個評價算不上恭維，但重點是促成合作，而飛利浦確實是僅次於理想選項的最佳選擇。

飛利浦欣然同意了這項合作，取得台積電 28％ 的股份，並分享從 Mega 計畫中累積的技術經驗。這個合作關係也為 ASML 打開了大門，讓他們的機台有機會進入台積電的晶片廠。不過，張忠謀並未立即同意，他需要先確認設備的品質。在這個關鍵時刻，特羅斯正與妻子在峇里島度假。他在觀賞舞蹈表演時，有人輕輕拍了拍他的肩膀說：「特羅斯先生，有您的電話。」他艱難地從盤腿而坐的姿勢起身，悄悄溜出觀眾席去接電話。那通電話來自維荷芬：與台積電的交易談成了。結果證明，特羅斯的方法說服了張忠謀。他免費提供第一個機台給台積電試用，採取「不成功就不收費」模式。對品質要求極高的台灣人因此被說服了。

隨著台積電與 ASML 的合作關係日益深厚，台灣的晶片產業開始蓬勃發展。這兩家公司意外地志同道合。雙方的運作方式都既

快速又混亂，彼此完全依賴對方，一起追求每小時不斷產出無瑕疵晶圓的目標。「我們挺他們，他們也挺我們」這句話成了 ASML 員工的座右銘，也成為主宰晶片市場的祕密公式。

與此同時，飛利浦也逐步減持台積電的股份，從中獲利數十億資金。2006 年，飛利浦徹底退出半導體市場，出售了旗下晶片部門恩智浦（NXP）。獨立後的恩智浦發展成為汽車產業的主要晶片供應商。對於如今已式微的飛利浦，如果他們當年決定保留這些股份，或是繼續持有 ASML 的股份，現在會有多大的價值？這個問題至今仍讓荷蘭人感到扼腕。但事實上，飛利浦很可能在早期就會撐不下去。

飛利浦為台積電奠定了技術基礎，來自台灣的訂單，也讓 ASML 得以度過草創期。范霍特說：「如果沒有他們，我們肯定撐不下去。」1988 年，好運再次眷顧 ASML，台積電的首批訂單意外出現後續發展：台積電的晶圓廠發生大火，數十台機台嚴重受損。消息很快傳到 ASML：他們必須立刻再交付另一批機台，所有的費用都由保險公司承擔。

在接下來的歲月裡，台積電在張忠謀的領導下，成長為全球最先進的晶片製造商。台積電是採用專業代工的營運模式，專注為其他的科技公司代工生產晶片，而不是開發自有產品。這個模式後來證明相當成功。隨著晶片的生產過程日益複雜且成本高昂，越來越多的晶片設計公司選擇外包晶圓製造。相較於自行生產，這種模式不僅能更快讓晶片上市，成本也大幅下降。最終，多數公司都放棄了自建晶圓廠，轉型為「無晶圓廠」（fabless）的設計公司。這些轉變正好符合台積電的發展方向。台積電透過與 ASML 的緊密合

作，得以迅速推進新技術，不斷擴充產能，使台灣成為全球先進晶片的供應重鎮。

英特爾在 1987 年錯失了與張忠謀合作的機會，如今只能在一旁看著這一切發展。三十年後，英特爾已經無法跟上台積電的腳步。誠如拜登總統後來在國情咨文中所說的：美國已失去了優勢。

06
4022網絡

　　1990 年，威廉・馬里斯（Willem Maris）接任 ASML 的新執行長。這位原本在飛利浦晶片事業部門擔任管理職的機械工程師，接任後發現自己必須帶領一家搖搖欲墜的公司。ASML 好不容易才熬過 1990 年代初期，主要仰賴政府的補助，以及飛利浦總裁楊・提默（Jan Timmer）一次難得的慷慨資助。1992 年，提默啟動了一項名為「百夫長行動」（Operation Centurion）的嚴苛重組計畫，造成毀滅性的衝擊。他從飛利浦的三十萬名員工中裁撤了五萬個職位，恩荷芬與周邊的布拉邦（Brabant）地區受創特別嚴重。這波大裁員在許多布拉邦人的家庭中留下了難以抹滅的傷痕，被廢棄的飛利浦廠房更使恩荷芬地區一度陷入蕭條。偏偏 ASML 又在這個最糟的時刻瀕臨倒閉邊緣，急需三千六百萬荷蘭盾的貸款才能撐下去。

　　奇蹟似地，飛利浦的董事亨克・博特（Henk Bodt）竟然設法說服了提默（他已經被外界稱為「屠夫」）。當時的晶片產業正陷入低迷，如果 ASML 能推出性能更好的機台，就有機會一舉攻

佔市場。機會稍縱即逝，必須立即把握。出乎所有人意料，「屠夫」竟然同意了，並核准發放這筆貸款。根據 ASML 前財務長傑拉德‧范東紹特（Gerard Verdonschot）的說法，這是經過精密計算的風險投資：如果在當時解散 ASML，母公司將付出更大的代價，遠超過放手一搏所需的成本。提默唯一的條件是，ASML 必須盡快還清貸款。果不其然，九個月後，范東紹特與馬里斯得意地遞上還款支票。ASML 的步伐終於開始加速了。

就在飛利浦大幅裁員，導致恩荷芬地區陷入經濟危機之際，ASML 卻逆勢成長。飛利浦位於艾赫特（Acht）的機械廠持續為 ASML 供應零件，NatLab 也持續改進微影技術。但這些還不夠，按照 ASML 的商業模式，公司只負責機台的開發與組裝，約九成的零件都需要對外採購。幸好，恩荷芬當地已聚集了不少為飛利浦供貨的製造商。此外，也不斷有專業新創公司成立，創辦人大多是飛利浦的前員工，他們紛紛離開飛利浦這艘下沉中的船，出來另闢事業。於是，這片地區逐漸形成一個彼此熟識、說著共同技術語言的製造商網絡。這個「共同語言」不是比喻，ASML 的每個零件都有一組 12 位數編碼，就是沿用飛利浦在自家工廠使用了數十年的 12nc 系統。

創立四十年後，ASML 所有零件的編碼仍以「4022」開頭。這組數字無所不在，從維荷芬的倉庫，到全球各地的供應商與晶片廠都看得到。你甚至可以用它來辨識在 eBay 上販售的二手零件。這組編號是串連起全球複雜供應鏈的關鍵系統，也清楚展現出 ASML 所承襲的飛利浦 DNA。

哈利‧范霍特（Harry van Hout，與弗里茲‧范霍特無親屬關

係）的家族所經營的 VHE 公司，正是這類區域供應商之一。他們負責為 ASML 的第一台曝光機製作電纜與電源箱。只要 ASML 提出需求，VHE 公司就會配合製造。不過，早期與 ASML 的合作可說是相當混亂。VHE 面對的是一個劇烈變化的市場，以及一家毫不猶豫因應市況調整需求的公司。訂單時常瞬間腰斬或翻倍，這種狀況導致許多供應商對於過度依賴這種不穩定的合作關係有所顧慮。更別提當時的合約有多鬆散隨意了：通常只需要一張紙、幾句口頭約定，再握個手，一切就談定了──這就是布拉邦人做生意的方式。

VHE 的經營者哈利・范霍特回憶道：「遇到問題時，總是有人願意聽我說。早期的一次晶片市場景氣下滑，ASML 突然告訴我，這個月都不需要我的貨了。但我已經訂了價值數十萬荷蘭盾的原料，這對我來說是很大的問題。」不過，打一通電話給財務長范東紹特，問題就解決了，75 萬荷蘭盾當天就入帳。ASML 很清楚，只要一切持續運作，這筆錢遲早會回來。

在早期，ASML 對供應商的要求只有兩個：品質要好，速度要快。傑拉德・范德萊赫特（Gerard van der Leegte）的機台廠是 ASML 最早的合作夥伴之一，專門為曝光機提供精密零件，每一個切削、研磨或鑽孔的工序都必須完全符合嚴格的規格要求。然而，相較於 ASML 要求供應商的標準，ASML 自己的運作並沒有那麼嚴謹。范德萊赫特回憶道：「他們給你一堆圖，讓你自己決定要供應哪些零件。」採購部門不太懂技術，也不太在意價格，經常看到報價就直接接受。當然，有些供應商會濫用這種信任，開出大幅虛報的帳單。只要是供應給維荷芬的零件，開高價也不會有問題。

來自 ASML 的訂單，很快就佔到范德萊赫特公司營收的一半。這讓他很樂於配合 ASML 的混亂排程。晚上十點或是週末接到新訂單的電話，他也不介意。但他拒絕簽下要求他「跟著 ASML 成長速度一起前進」的合約。這個精明的決定讓他在晶片市場低迷的幾年，免除了很多痛苦。到了 2000 年，范德萊赫特把機台廠改名為聽起來比較國際化的「GL 精密公司」（GL Precision）時，他發現 GL 與 ASML 的關係已經變質。「我們的合作關係不像以前那麼親切了。」他回憶道。這也顯示了 ASML 開始實施更嚴格的採購制度。

這個供應商網絡是維持 ASML 的競爭力、速度、靈活度的關鍵，這重要到不能只由採購部門管理。每位董事都要負責幾家供應商，而且要向這些廠商簡報財務預測，並說明下一代機台的開發計畫，讓這些製造商能夠評估及決定投入零件生產。他們也定期為這些企業主舉辦聚會和交流活動，增進夥伴情誼。他們常相約打高爾夫，因為這項運動步調很輕鬆，最後總以一起喝酒或晚餐作結。布令克是 ASML 最早期的工程師之一，被視為 ASML 的技術靈魂人物。但他對高爾夫球興趣缺缺，每次都等到活動快結束時才露面。

合作夥伴的網絡不斷擴大，最後發展到約七百家公司。其中大部分位於布拉邦，但 ASML 最重要的夥伴之一：校際微電子中心（imec），則是坐落在南方不遠的比利時魯汶市。這個研究機構與 ASML 一樣成立於 1984 年，橫跨多所佛蘭德斯地區大學（Flemish universities）[1]，讓晶片製造商與他們的供應商有機會在「非競爭性

1　譯註：比利時北部的一個荷蘭語地區。

研發階段」合作進行前期共同研究。沒有人想在建晶片廠或晶圓廠時冒選錯技術的風險，因為這個產業失誤的代價實在太高了。製造一顆可正常運作的晶片，過程中每步驟都環環相扣，即使是最微小的改變，也可能對整個製程產生很大的影響。因此，imec 把自己定位成一個高科技的車庫實驗室，成為整個產業探索未來方向的實驗場域。

在 imec 的無塵室中，各大供應商的設備一應俱全，從量測設備到蝕刻機，以及用於晶圓沉積新層的機台都有。早期使用的都是美製的曝光機，但在歐洲政府的支持下，imec 在 1990 年代初期引進了 ASML 的第一批深紫外光微影（DUV）系統。這種系統用雷射來產生深紫外光，相較於標準的汞燈，波長更短，因此能夠描繪更精細的結構，製造出更複雜的晶片。

從那時開始，全球半導體業的各大廠商紛紛造訪魯汶這座高科技實驗室，試用來自 ASML 的設備。隨著 ASML 的重要性與日俱增，imec 也更能掌握產業未來的發展方向，預判未來幾年可能出現的創新技術。

1980 年代末期，imec 的執行長盧克・范登霍夫（Luc Van den hove）曾走訪世界各地，試圖在日本和美國的曝光機之間做出選擇。他萬萬沒想到，最後會在離起點僅一百公里的維荷芬找到答案。范登霍夫認為，即便在草創時期，ASML 的技術創新能力就已經明顯領先業界。但最引人注目的，是他們充滿幹勁的企業文化、全力以赴的精神，而這一切都是由布令克一手打造出來的。

07
南方的合作夥伴

要拜訪 ASML 最重要的供應商之一,要往維荷芬的東南方行駛六百公里,來到德國巴登—符騰堡邦(簡稱為巴符邦,Baden-Wurttemberg)的小鎮上科亨(Oberkochen),這裡是德國光學巨擘蔡司的總部所在地。

傍晚時分,從阿倫(Aalen)開往烏爾姆(Ulm)的接駁車停靠在上科亨車站,令人感覺置身度假勝地 —— 木造房屋與清新的山間空氣,讓人不禁想到德國溫泉度假區的寧靜氛圍,遠離塵囂。時光彷彿在上科亨靜止不動,但別被表象迷惑了。車站內一張傳單上,印著市長的宣言:「我們在這裡創造未來。」這一切,都是因為蔡司的存在。這家以顯微鏡、眼鏡、相機鏡頭聞名的公司,通常為醫院和大學提供先進的光學設備,但它同時也製造曝光機的鏡頭系統。要在感光矽晶圓上投影出極微小的電路圖,就需要使用超高精度的鏡頭。

在蔡司進駐以前,這裡就有深厚的金屬加工與機械工程傳統。由於礦業發達,巴伐利亞、巴登—符騰堡邦等德國地區逐漸

發展成重工業區。誠如蔡司的前執行長赫爾曼‧葛林格（Hermann Gerlinger）所說的，這些地區的人不太喜歡往外跑，他們想在一家公司安定下來，專注發展。這樣的傳統促使專業知識和工藝技術在當地生根茁壯，並透過世代相傳，在城鎮裡不斷地傳承與精進。

大約一百五十年前，研究員卡爾‧蔡司（Carl Zeiss）在德國耶拿市（Jena）的工作室推出他製作的第一台顯微鏡。然而，二戰後，耶拿落入蘇聯的掌控，後來劃入東德的版圖。由於蔡司曾為德軍供應鏡頭，盟軍深知這家公司的戰略價值。1945 年 4 月，美軍佔領了蔡司工廠，並在接下來的三個月內沒收公司的專利和設備。到了 1946 年，美方已將七十幾名蔡司的研究員和工匠技師遷往當時屬於盟軍佔領區的海登海姆（Heidenheim）。這些人後來轉往附近的上科亨開始工作。隨後，蘇聯軍隊也進駐耶拿市。他們和美國一樣，深知優質鏡頭和反射鏡對武器和偵察系統的重要，於是搜刮了蔡司在耶拿工廠的所有剩餘資產。自從望遠鏡發明以來，光學產業就不斷捲入各種地緣政治的角力。縱觀歷史，任何能用來偵察敵情的工具，都具備極大的戰略價值。

蔡司很快就在上科亨重建了頂尖鏡頭製造商的地位。1980 年代初期，新創的 ASML 正在尋找最優質的光學玻璃，於是注意到了蔡司。蔡司集團旗下的半導體事業部「蔡司 SMT」（Zeiss SMT），後來可說實質上已與 ASML 合併，只是名義上仍是獨立公司。

不過，根據維特科克的回憶，雙方的合作可談不上一見鍾情。1984 年，身為 ASML 首席研究員的維特科克，受命去說服蔡司製造符合 ASML 需求的特製鏡頭。身為晶圓步進機的研發負責人，

他必須設法讓態度保守的德國人相信ASML並不是業界菜鳥。時至今日，他仍不確定這兩項任務究竟哪一個更有挑戰性：開發技術，還是說服蔡司。

雙方的互動充滿了火藥味與質疑。蔡司的人問：「你們**真的**會向我們訂購幾十套步進機鏡頭嗎？」面對質疑，維特科克反問：「你們的玻璃供應商，**真的**夠水準嗎？」ASML這邊也需要取得鏡頭的詳細設計圖，才能校準機台，從玻璃中獲得最佳的成像效果。但維特科克提出要求時，德國人斷然拒絕了：「這是我們的商業機密。」當時雙方互信不足，需要時間培養默契。

隨著ASML往後幾年的成功，兩家公司之間的相互依賴也日益深厚。但合作關係始終帶有張力，蔡司的作業方式與瞬息萬變的晶片市場格格不入。鏡頭製造需要數月的時間，要經過無數次的測量、拋光、再測量這樣的循環工序，而且全靠手工。這需要時間和極大的耐心，而這正是來自布拉邦的工程師缺乏的特質。

早期的合作，充滿雙方不斷地來回協商，往返於維荷芬與上科亨之間，電話聯繫不斷，深夜出差成了家常便飯。所幸附近有一家不錯的飯店，ASML的員工特別喜歡位於附近下科亨（Unterkochen）的「金羊旅館」（Das Goldene Lamm）。這間有四百年歷史、前身為釀酒廠的古老旅館，成了ASML員工與蔡司同事小酌與共進晚餐的聚會地點。透過這些交流，雙方逐漸瞭解彼此的思維模式。

然而，再多的啤酒也無法消弭雙方的文化差異。德國人注重規矩、講究階級的作風，荷蘭式的直來直往也無法打破。而蔡司謹慎的生產步調，也與半導體產業的快速步調大相徑庭。再加上布令克

急躁的性格，種種因素疊加起來，很快就成了衝突的導火線。

在上科亨的最初幾次會議中，維特科克扮演重要的協調角色。當時布令克「強勢又反覆無常」的態度，讓這群性格安靜的鏡頭專家完全摸不著頭緒。維特科克回憶道：「對德國人來說，有我在場比較好，我比較圓融。他們看到 ASML 至少還有講究禮節的人在場時，就比較能接受布令克那種直來直往的作風。在他們眼中，我們是『布令克先生』和『維特科克博士』。到最後，我簡直成了布令克的守護天使。」

第二部

重量級客戶

迎面吹來的海風，有時真的能激發新靈感。

1989 年春天，正值鐵幕瓦解之際，ASML 的領導團隊在週末前往瓦登海（Wadden Sea）航行。船隻剛駛離荷蘭北部的哈靈根港（Harlingen harbor），一股猛烈的逆風就把整個管理團隊吹回第一個浮標，也就是起點。他們盡量不去想這是否是某種預兆。

眾人到船艙下方躲避惡劣的天候，再度開始討論 ASML 當前的困境。ASML 想超越日本對手，但要想削弱市場領導者尼康的優勢，就必須有所改變。目前為止，ASML 的客戶只有美光（Micron）、AMD、台積電等二線晶片製造商，營收規模仍很小，一旦遇到危機就可能面臨倒閉的命運。要打動摩托羅拉（Motorola）、英特爾或個人電腦的發明者 IBM 這些業界巨擘，就必須拿出真正特別的東西，但 ASML 目前的技術實力還不足以吸引這些晶片製造商。銷售總監迪克・奧雷里歐（Dick Aurelio）深知這點，他在船艙裡向領導團隊拋出了一個問題：「我們有什麼辦法脫穎而出，打敗日本人嗎？」

他們可能還沒察覺，但風向已經悄悄轉變：一位名叫布令克的年輕工程師兼專案主管，正在研發一項全新的技術。

ASML 向來不擅長為產品命名。對外界來說，這些產品名稱看起來就像一堆無意義的數字與字母組合。但如果說有哪個機台的名字值得被記住，那肯定是 PAS 5500。這台曝光機成了 ASML 的救星，在公司瀕臨倒閉之際救了所有人。直到今天，PAS 5500 系列依然屹立不搖，即使過了三十年，仍持續在生產晶片。

PAS 5500 開創了業界先河，首次採用模組化設計。整台設備大致可分為十個模組，每個模組都可以獨立製造，最後就像拼圖那

樣，在工廠裡組裝成一個完整的系統。從鏡頭、晶圓平台、光罩框架、光源，到搬運晶圓的機械手臂，各個部件就像樂高積木一樣，組合起來就成為一個微影系統。

這些模組都以量產方式製造，不僅能夠輕鬆升級設計，還可以自由更換組件。這表示客戶購買的機器永遠不會是最終版：每個模組都能持續改良更新。就像你可以為汽車換上更新、更強大的引擎，而不用重買一台新車。

1991年春天，ASML著手打造PAS 5500的原型機。在此期間，IBM一直密切關注他們的進展。這家美國科技巨擘不敢貿然信任默默無名的荷蘭公司，所以每兩個月就派代表團到維荷芬視察進度。2月時，機台的設計總監布令克召集了整個團隊，為IBM的最後一輪視察做準備。ASML的計畫是這樣：十位專案主管各自展示他們負責的模組，接著由一組人員當場組裝這些模組，一台能開始生產晶圓的PAS 5500就完成了。

然而，就在IBM代表來訪三天前，他們突然來電告知：伊拉克戰爭一觸即發，沙漠風暴行動也正式啟動，美國企業紛紛下令禁止員工搭國際航班出差。布令克立刻意識到事態嚴重：IBM會為求保險起見，選擇繼續與日本廠商合作，他的專案將因此胎死腹中。

布令克絕不讓計畫就此落空。同一個週末，他把維荷芬工廠的作業過程拍成影片，帶著整個團隊前往IBM位於紐約州菲什基爾（Fishkill）的工廠，想做最後一搏。既然他們不能來荷蘭，那我們就把機器帶到他們眼前──反正美國的飛航禁令不影響荷蘭人。這個臨時應變的舉動最終奏效了，那支影片成功說服了「藍色巨

人」IBM，讓 ASML 終於拿下第一個大客戶。

然而，1991 年與 1992 年對 ASML 來說卻是財務上的災難。ASML 只賣出三十六台曝光機，完全不足以補上 PAS 5500 持續飆升的研發成本。在布令克的鞭策下，各專案小組的支出遠超過公司的負擔能力。而此時的布令克已經在內部建立起不怕衝突、甚至經常主動挑起衝突的形象，這是他讓團隊隨時保持警覺的方式。誠如他的前同事尼可・赫曼斯（Nico Hermans）所言：「布令克是很特別的一個人，有時候還有點自閉。但只要你得到他的信任，他真的就能創造奇蹟。」

08
移山

　　布令克從導覽員手中搶過麥克風。「我確實有點激動，」他後來坦言。這也難怪，那個地方對他來說太過熟悉，有太多的故事，他覺得非說不可。2021 年，他和一群主管正在參觀位於恩荷芬的飛利浦舊廠區。拿著麥克風，他開始對一行人講述自己的故事。他指著一張長椅，回憶起 1983 年 11 月，他就坐在那裡等待面試：「那時飛利浦會讓應徵者坐計程車到大門口，好讓你覺得自己很重要，」他說，「但我很討厭這樣，所以我跟他們說：『你們自己玩吧，我要另謀出路。』就在那時，特羅斯拿了一張傳單給我看，他說：『我們要成立新公司，做微影技術，而且不再叫飛利浦了。』我瞄了一眼傳單，立刻就知道：就是這個！這就是我要做的。就這麼簡單，一切就這樣決定了。」

　　這個瞬間的直覺，開啟了布令克在 ASML 的漫長職涯。他是天賦過人的工程師，也是影響力十足的專案經理，很快就在 1995 年升任技術副總裁。1999 年，他加入董事會，同時領導行銷部門。十四年後，他正式成為總裁兼技術長。從此之後，ASML 研發和上

市的一切產品,都是由他拍板定案。

1957年,布令克在荷蘭海爾德蘭省(Gelderland)的貝內孔小鎮(Bennekom)出生。他們家與這片土地有著深厚的淵源:他的父母都在附近的費嫩達爾(Veenendaal)長大,好幾代都是費呂沃地區(Veluwe)的農家。這裡風景秀麗,處處可見牛與豬,還有數量驚人的教堂,不同教派分裂使宗教版圖錯綜複雜。貝內孔位於荷蘭「聖經帶」(Bible Belt)的核心地區,這片橫貫荷蘭中部的區域,住著大量保守的基督徒。週日到訪此地,幾乎找不到一家營業的商店。

布令克九歲那年,父親突然心臟病過世。母親以改革宗基督教的教義撫養兄妹四人。從小,牧師就告訴他們:只有上帝選中的少數人才能得到救贖。但布令克的想法截然不同,他看到這種教義帶給人的沉重與悲傷。某次長老造訪他家時,年僅十歲的布令克當眾說:「我討厭這些!而且我受不了在教會待那麼久的時間。」讓長老們大為震驚。

布令克找到了另一個慰藉:科技。從小,他就對事物的運作方式充滿好奇。每到母親節,他總會送給母親一些小東西,像是時鐘或電子打火機這些「他覺得母親都想要」的禮物。母親一出家門,他會立刻把這些東西拿出來。那些東西被攤在桌上,準備接受布令克與螺絲起子的命運審判。他一邊堅定地轉動螺絲起子,一邊心想:反正是用自己的零用錢買的,為何不能拆開來看看是怎麼組裝的呢?

然而,這個求知慾旺盛的男孩,求學之路並不順遂。他有閱讀障礙,但在那個特殊需求缺乏支援的年代,他只能靠自己,逐步

完成三個不同層級的工程教育。這段漫長的求學過程，也讓他逐步遠離家鄉。他先到埃德鎮（Ede）的技術中學就讀，再到阿培頓（Apeldoorn）的技術學院學習電子學，最後到阿納姆（Arnhem）攻讀更高階的工程與技術。在阿納姆，他專攻電力電子學，學會了操控工業馬達和系統。他的畢業專題難度極高：為一個連指導教授都無法完成的複雜專案編寫優化軟體。這種極度抽象的挑戰深深吸引了他，甚至比物理學更令他著迷，雖然他後來在特文特大學（University of Twente）取得了物理學位。

求學時，他對能量傳輸極感興趣，近乎癡迷，因此選擇專攻地區供熱系統。這個領域表面上看似和微影技術毫無關係，但當特羅斯向他展示全新的 PAS 2000 手冊時，他的好奇心一下子就被點燃。那股從小就有的探究欲再度湧現，他要徹底搞清楚這台機器。

他準備南下到 ASML 上班時，母親再三詢問他是否一定要走。對她來說，離開家鄉，越過那條分隔國土的大河到南部工作，就好像去世界的另一端那麼遙遠。但布令克心意已決，恩荷芬閃爍的機台燈光，已為這個年輕人照亮了一條嶄新的道路。

布令克一踏進工廠，維特科克就知道這個人很特別。站在他面前的是一位二十七歲的物理學家，年輕有幹勁，精通電子學和數學。這樣的人才還有什麼好挑剔的？但維特科克很快就發現，布令克不是個委婉的人。這位年輕 ASML 工程師只要聽到有人在講廢話或拐彎抹角，就會忍不住發飆。你不用等太久，就會知道他對一件事真正的想法。

布令克認為，工程的本質就是為了解決問題，而不是迴避問題。要把事情做好，就該主動找出問題並立即處理，而不是讓它累

積成更大的麻煩。從這點來看,他確實很適合當物理學家。因為,對物理和工程來說,最重要的就是釐清事情為何行得通或為何失敗,即使過程中必須提出棘手的問題,或是打破慣例。他對任何事都追根究柢:為什麼這個數值是這樣?為什麼不是兩倍或一半?

在任何技術討論中,布令克總能一針見血地指出每個論點的破綻。他還有一種特別敏銳的直覺,能察覺到對方在迴避問題,也會毫不留情地指出來,不管是在同事、客戶、還是供應商面前。如果有人覺得自己的想法更好,大可盡量提出來,但提案的人要有心理準備,萬一布令克不認同你的點子,可能會面臨猛烈抨擊。挑戰周遭的一切早已成為他的本能,而這種大膽直率、毫不妥協的態度,最終成為 ASML 的核心文化。

維特科克把這位天不怕地不怕的年輕人帶在身邊,兩人漸漸發展出類似父子的情誼。他看得出來,父親早逝讓布令克從小就養成獨立的性格,有時甚至過於獨來獨往,反而因此吃虧。他們經常一起參加在加州舉辦的國際光電工程學會(SPIE)大會,這是全球微影技術業者展現最新成果的盛會。在會場上,荷蘭人特別喜歡引人注目,經常穿著鮮豔的西裝,在一片灰色與藍色的西裝中特別醒目。布令克也不例外,他從不排斥穿上橘色褲子或搭配亮綠色領帶。一開始都是維特科克負責簡報,有一年他決定讓布令克上場。面對滿場的潛在客戶,布令克秉持他一貫的風格,有問必答,而且直言不諱,毫不拐彎抹角。

ASML 的業務主管氣炸了:「以後不准再讓那傢伙上台,他只會得罪客戶!」布令克則是生氣自己被當成毛頭小子看待,大家根本沒把這個荷蘭新手放在眼裡。

久而久之，維特科克慢慢幫這個年輕人打磨稜角，讓他明白人生除了科技，還有許多值得享受的樂趣。他教布令克工作之餘，也要懂得放鬆：像是參加展會時的社交、餐敘，以及忙碌一整天之後的小酌幾杯。維特科克說：「他看到我在工作以外還有自己的家庭生活，也注意到這帶給我多大的快樂。對當時的布令克來說，這些都是全新的體悟。」

　　SPIE大會結束後的那一週，兩人常會順道去拜訪美國的晶片製造商，到了週末就去愛達荷州或太浩湖（Lake Tahoe）滑雪。每次站在黑鑽級高難度雪道的起點，他們都會猶豫要不要往下衝，甚至懷疑自己能不能活著滑到底，然後一口氣俯衝下冰雪覆蓋的斜坡。

　　維特科克認為，布令克和ASML一樣，都有冒險的特質：「公司草創時期，我們幾乎是被逼到牆角，只能孤注一擲。而在那種時刻，這是我從布令克身上學到的，有時為了做出成績，你不得不對人嚴厲一點。」

　　維特科克從布令克滑雪的方式，看見同樣的拼勁和決心。在雪道上，維特科克總是順著地勢，尊重自然給的軌跡；但他這位年輕同事卻喜歡全力直衝，直接衝過雪丘。只要布令克看準了想走的路，連山都擋不住他。

　　這種強烈的意志力也帶來一些古怪的小毛病。他常常心不在焉，出差時總是丟三落四，不是搞丟登機證，就是忘了把護照放在哪裡。他似乎不太在意這些瑣事，腦子裡想的都是更重要的事情。每次出差，總有人追著他跑，把他遺落的證件送還給他。

　　有一次，維特科克和布令克抵達太浩湖附近的飯店，兩人馬上

跳下租來的車子，要去辦理入住登記。結果車門「砰」一聲關上，車子就上鎖了，但引擎還在運轉，鑰匙仍插在啟動開關上。他們都是物理學家，對於一輛靜止的車子能持續運轉多久，當然特別感興趣。於是他們索性放著車子不管，先去吃東西，然後就回房間休息了。直到隔天早上，他們發現引擎還在運轉，才打電話給租車公司，請人來開鎖。

布令克看起來很常像是活在自己的世界裡。但這種表面上的心不在焉，其實是一種非比尋常的專注力——遇到棘手的技術問題時，不管要花幾小時、幾天，甚至是幾年，他都能全神貫注地鑽研到底。

09
印鈔機

有時，歷史也會橫生波折。

PAS 5500 雖然大受歡迎，交貨速度卻相當緩慢。蔡司的供貨無法跟上鏡頭的需求量，不僅造成德國上科亨廠的生產線出現嚴重的生產瓶頸，更迫使大批機台只能滯留在荷蘭的維荷芬，苦等光學系統到位。

不過，這次的問題不是出在繁複的生產流程，而是德國的歷史劇變造成的。隨著鐵幕倒塌，蔡司與位於前東德耶拿市的姊妹廠重新合併，因此陷入債務危機。幸好，營收開始緩緩流入 ASML，讓 ASML 得以籌措到一筆貸款，拯救這個重要的供應商。瓶頸一解決，機台就開始順利出貨了，營收也隨之上升。1993 年，公司首次獲利。1994 年，曝光機的銷量突破百台。兩年後，這個銷量更是直接翻倍。

同時，另一家重量級廠商也開始注意到 ASML 的機台。南韓的三星想用 ASML 的設備來生產記憶體晶片。他們當時的供應商尼康品質開始出現問題，出貨的鏡頭有瑕疵，三星投訴後也無人理

會。這讓三星非常憤怒，也給了 ASML 千載難逢的機會。不過，要說服三星更換供應商又是另外一回事。三星很清楚自己處於有利位置，於是開出冗長的規格清單，要求 ASML 提供極度客製化的設備。但 ASML 當時只能供應標準規格的機台，連一般的客製化都很困難，更別提三星要求的極度客製化了。

首爾的協商過程充滿了火藥味，三星以強硬作風著稱，尤其在利潤極薄的記憶體產業，生產效率就是一切。曝光機一旦故障造成延誤，相關負責人就倒大楣了。後續幾次協商的場面，簡直就像審訊。ASML 的人一抵達南韓，護照就被收走，接著立刻被帶去「協商」。在雙方爭吵的過程中，粉筆、盤子、菸灰缸、咖啡杯都變成了武器，任何觸手可及的東西都能變成武器。

儘管如此，雙方終於在 1995 年達成協議，這讓 ASML 鬆了一口氣，尤其是那些經常出席那些協商會議的人。面對訂單突然暴增，ASML 必須擴建廠房，但總部周邊已經沒有可用的空地了。幸好，以前當過送牛奶工的克里斯・范卡斯特倫（Chris van Kasteren）有獨到的財務遠見，他想出了辦法。維荷芬南邊的 A67 高速公路兩側的綠地，為當地農民所有。范卡斯特倫運用他在當地的人脈，設法買下了大片土地。有了這些土地，ASML 暫時有了足夠的擴張空間。

建築師范艾肯接下的設計任務，是以實用性為主軸。最重要的一項要求是，每棟建築都必須能夠獨立分割，這樣萬一 ASML 以後遇到無可避免的經營困難，就可以個別出售。但可以確定的是：除了 ASML，恐怕沒有人能充分利用維荷芬的這些建築。厚重的防震地板、懸吊式地基，還有最先進的無塵室，每一處都一塵不染。

此時的 ASML 已大幅成長，遠遠超出了當初那座優雅金字塔的規模。隨著工程師和系統架構師的人數快速增加，開發部門也日益壯大，無塵室的周圍必須增設更多的辦公空間。這些開發部門就是公司的核心動力，跳動的心臟，目標只有一個：比日本的競爭對手更快開發出新技術，搶走大客戶。

這個計畫正一步步實現。他們的策略焦點是為晶片製造商「創造價值」，提供能在每小時曝光最多晶圓、同時把瑕疵降到最低的機台。微影技術本質上就像印刷機，評判機器好壞的標準也大同小異。只不過這些機台印製的不是書籍、報紙或鈔票，而是半導體。而這些半導體能為你賺進數十億美元。

執行長馬里斯很喜歡自嘲。大家常看到他在各個會議室之間穿梭，邊走邊說：「要是有一支真正的管理團隊接手公司，看到公司的營運現況，肯定會嚇一跳。」ASML 的內部營運效率，確實遠不及自家機台所標榜的效能，但只要公司能持續獲利，也沒人在意這點。從飛利浦工廠調任過來的馬里斯，曾是頂尖的網球選手。當年他還是十八歲的機械工程系學生，就意外拿下全國單打冠軍，連他自己也覺得不可思議。不過，馬里斯在 1958 年接受《電訊報》（*De Telegraaf*）採訪時就說過，他並不打算朝運動員的方向發展。拿了冠軍以後，所有人都會期待他一直贏下去，這「往往會讓比賽失去樂趣」。一件事做起來要是沒有樂趣，還不如不做。

對 ASML 來說，馬里斯是平易近人的領導者。他把辦公室設在大樓一處不起眼的角落，比較喜歡和員工待在一起，而不是獨自待在最高樓層。他常在公司走廊上走動，總是樂於與人交談。馬里斯梳著一絲不苟的西裝頭，待人親切，天生就是業務人的模樣。他

也不喜歡正面衝突，總是先讓別人把話說完，再和緩地表達自己的想法。遇到棘手問題時，他也會廣納其他董事的意見，集思廣益再做決定。

這種作風很適合 ASML 的扁平化架構。馬里斯培養出一種團結的氛圍，甚至連那些被要求承擔風險、配合 ASML 擴張的供應商也感受得到。對於 ASML 與關鍵供應商蔡司的合作關係，他提出「**兩家公司，一個事業**」的口號。不論市場如何起伏，他都確保雙方對彼此的角色毫無疑慮：他們有共同的目標，最好的方式就是攜手合作。

當布令克萌生去意時，是馬里斯成功挽留了他。當時 5500 型號的設計已經消耗了太多預算，布令克的新機台開發計畫遭到否決，設計圖只能放在抽屜底層蒙塵。他覺得有志難伸，考慮跳槽到同業的美國供應商瓦里安（Varian）去當技術長。在缺乏創新自由與資源下，他看不見自己在 ASML 的未來，心想：「離開的時候到了。」

就在他準備打包前往矽谷之際，他決定去探望以前的同事范霍特。范霍特於 1992 年的危機時期離職，到瑞士的一家公司擔任高階主管，但他還是勸布令克再想想：在美國公司，他真的能找到歸屬感嗎？在那裡，要從頭開始證明自己，他適應得了嗎？

布令克即將離職的消息，迅速傳遍了晶片產業界。這個消息從 AMD 傳回了馬里斯的耳中。AMD 還特地問馬里斯，知不知道 ASML 最重要的技術人才想要離開。這個消息讓馬里斯大為震驚，他立即採取行動，答應了布令克的所有要求。就這樣，布令克成為 ASML 研發部門的掌舵者。而且在他的堅持下，ASML 開始

打造「掃描機」。這款機台很快就命名為「步進掃描機」（Step & Scan），採用的是美國競爭對手珀金埃爾默開發的技術變體。這種掃描機以類似影印機的方式，用光束在光罩上滑動，同時晶圓往反方向移動，這樣就能提高晶片上曝光線條的精密度。你可以想像一個奧運選手，一手拿筆，一手拿紙，即使在全速衝刺時，還能畫出精確的圖案。這個比喻可以讓你瞭解這些機台的運作有多精密，就像一支完美編排的高科技舞步。5500 型號也換上了新的光源，首次採用深紫外光（簡稱 DUV）。維特科克與布令克必須說服蔡司修改鏡頭設計，甚至還提供了詳細的技術規格。這讓德國人覺得被冒犯：這些盛氣凌人的荷蘭自大狂，居然自以為他們比專家還要內行！

有了深紫外光和掃描機這兩項利器，ASML 終於有本錢和佳能、尼康等對手一較高下了。美國的競爭對手已經落後，但要真的躍居第一，還需要更多資金。來自飛利浦的顧問博特認為，上市是 ASML 最好的選擇。畢竟目前為止，要吸引外部投資者一直很難。博特說：「除非你快倒閉了，不然他們對你的生意根本不感興趣。」

1995 年，ASML 同時在美國那斯達克（NASDAQ）及荷蘭阿姆斯特丹證交所（AEX）掛牌上市。為了留住重要的人才，公司選出四十位最有價值的員工提供股份，條件是上市後四年內不得出售。這四十人包括三十位技術人員和十位主管。但工會得知獲得股份的人大多是高階主管時，激烈反彈。工會認為 ASML 的成果應該全體共享，而不是讓少數人獨享。最後，沒有獲得股份的員工得到另一種股票選擇權方案作為補償。

對范霍特來說，這個時機實在很不巧，他一直有在考慮重新回到 ASML。1995 年，他也和 ASML 談過回歸，但最後晚了一步，已經錯過配股機會。直到 2001 年，在布令克的邀請下，他才終於下定決心重回 ASML。就如他所說的：「在我心裡，我從未離開過。」

那年 3 月的掛牌上市相當成功，但慶祝活動很低調。直到幾年後股票禁售期結束，大家才開香檳慶祝，維荷芬地區一夕之間冒出四十位新晉百萬富翁。雖然許多人用這筆新財富為家人買了新房子與新車，但沒有人揮霍無度。在 ASML，炫富被視為不得體的行為，因為那只會讓人分心、偏離最重要的事。

如果你在 1995 年投資 ASML 一美元，並持有到 2024 年，你的投資（含股利）價值會成長逾六百倍。這波市場的成功，為參與其中的人帶來不同程度的財富。飛利浦在 1995 年後逐步把 ASML 的持股比例降至 23%，從 2001 年開始更是進一步再減少那些少數股權。ASML 最早期的專案主管查‧喬治則是早早就把股票都賣出了。他自己也笑著承認：「要是當初沒賣，現在應該能多賺將近一億歐元。你能想像嗎！」不過，他一點也不後悔，反而為自己的工作對公司的財務成就有所貢獻而自豪。

有些人完全錯過了這次致富的機緣。1984 年負責建立 ASML 組織的營運長尤普‧范凱索（Joop van Kessel）可能是最有理由感到遺憾的人。當時他特意拒絕了認股權方案，後來他和妻子算了算，發現自己錯過了大約一千萬歐元的財富。他現在坦承：「那確實是筆可觀的數目。」但當時他實在無法接受被公司派去南韓，應付要求極為嚴苛的記憶體晶片製造商，並提供他們完美的機台。

「那種工作是給四十多歲的人做的,不是六十多歲的人應付得來的。」這個決定讓他付出了不小的代價,但他從未後悔當時的選擇。

在這段期間,一位德勤(Deloitte)的年輕會計師一直協助ASML準備上市。他名叫彼得・溫寧克,多年後他成為ASML的掌舵者,還和拜登總統握手言歡。

10
學習快手

「你希望我接你的位置嗎?」

1997 年,溫寧克和 ASML 的財務長傑拉德‧范東紹特正站在高爾夫球場上。當時 ASML 的股價飆漲,這筆財富已不再是遙不可及的承諾。范東紹特手握這筆突如其來的新財富,正在謹慎思考各種選擇。

來自德勤的會計師溫寧克,對於接任 ASML 財務長一職躍躍欲試。ASML 直來直往的文化很吸引他,這裡的氛圍和會計與顧問業簡直天壤之別。在會計界,人人只顧自己的表現,還會嫉妒同事的業績。他厭倦了那種玻璃心文化,受夠了那些對你微笑,但轉身就會捅你一刀的人。別誤會,在 ASML,你隨時可能被當面嗆聲,但那是光明正大地在會議室裡發生。更重要的是,這裡的衝突是對事不對人,不涉及私人恩怨。每個人都很清楚自己的立場,因為 ASML 重視的不是個人地位,而是完成共同的使命。

對溫寧克來說,ASML 讓他很自在。雖然他稱不上精通科技,但他學得很快。

1957年，溫寧克生於荷蘭的赫伊曾（Huizen），這個小鎮依偎在古伊湖畔（Gooimeer）。從那裡的碼頭望去，可以清楚看見湖對岸的堤防。那是荷蘭人在1960年代填海而成的第十二個省份夫利佛蘭省（Flevoland）的海岸線。

溫寧克生在一個天主教大家庭，家中有六個孩子。在那樣的環境，求學並非理所當然的選擇。他的父親在飛利浦的赫伊曾分公司負責畫電子電路圖，但他真正熱愛的是土地。後來他娶了一位農家女兒，有時間就在自家花園打理園藝，滿足農耕情懷。他從未真正理解兒子所處的世界，也不懂企業高層是什麼意思。他常對兒子說：「我那些朋友都說，你做的事情很重要。」

從小，溫寧克就被教導要「安分守己」。他祖母常說：「生為銅板，永遠成不了銀幣。」這句荷蘭諺語的意思是，窮人永遠無法翻身。在他們成長的世界，社會階級分明，有些人天生就比別人更重要，他要學會尊重那些在自己之上的人。妄想超越自己的階層，只會失望。這種觀念讓年輕的溫寧克飽受掙扎，心理壓力甚至讓他開始出現口吃的問題。他說：「我總覺得外面的世界在呼喚我，我渴望成為某個群體的一份子，但也總覺得不管多努力，我始終格格不入。」

在比瑟姆（Bussum）讀高中時，溫寧克遇到了代課老師羅伯・波倫（Rob Boelen），他教算術和會計。波倫是德勤的合夥人，為了逃避兵役才到學校任教。他一眼就看出這位來自赫伊曾的學生有過人的算數天賦。波倫回憶道：「我還記得他穿著短褲站在黑板前的模樣。他出身平凡，但學習能力特別強。」他邀請溫寧克畢業後加入德勤，一開始是當助理，後來一路晉升為合夥人。

溫寧克一心嚮往大學生活，但因為家境拮据，只能一邊工作一邊讀夜校。後來他考取了會計師執照，並於1977年入伍服役。他在軍中接觸到形形色色的人，眼界不再侷限於家鄉的古伊湖區。由於精通數字，溫寧克在軍中負責管理兩百名士兵的薪資，後來他回想：「我一直都很有責任感，這大概是我的人生寫照。」即使在家裡排行老二，大家也把他當老大看待。承擔責任對他來說再自然不過，後來還主動延長了三個月的兵役。

在德勤，溫寧克接觸到全新的世界：國際商業圈。他和波倫一起出差亞利桑那州和紐約，查核先藝（ASM）美國分公司的帳務。這種會計師的生活，晚上通常是和客戶一起享用精緻美食，談天說地。溫寧克很快就適應了這種生活，他的享樂派天性很快就愛上這種新獲得的自由。他熱愛美食與美酒，還練就了一身精湛的廚藝。自從高中畢業舞會第一次品嘗到紅酒（雖然是盒裝酒，但年份倒是不錯），他就愛上了品酒。他在德勤領到的第一份薪水花在餐廳享用美食，第二份薪水則貢獻給了酒商。

波倫教會了溫寧克領導的精髓：想讓工作變輕鬆，關鍵是懂得授權，找到能把事情做得比你更好的人才。不過，波倫也從這位徒弟身上學到不少，尤其是溫寧克與人相處的天分。「他很懂得傾聽，我就是從他身上學到對人的耐心。我從小被教導要嚴厲，但他比較有同理心，待人處事更圓融。」

雖然身高196公分，溫寧克在德勤與同事相處時，總是表現出仰望他人的姿態。無論是成長過程留下的陰影，還是口吃造成的不自信，公司階級分明的文化也更加深了這種心態。波倫也注意到這點：「他總是叫我『波倫先生』，每次我都說：『拜託，別這樣叫

我了。』」

1994年底，溫寧克得知ASML打算上市。由於ASML當時是飛利浦的全資子公司，市場普遍認為一定是由飛利浦的會計師事務所安侯建業（KPMG）負責這個首次公開募股（IPO）。但溫寧克看到了機會，他把握時機，倉促準備了簡報，還編出一支虛構的團隊，就這樣說服了遴選委員會，為德勤拿下了這個案子。他從未經手過上市案，也沒有辦理過那斯達克掛牌的相關文件，但靠著幾個月的努力，加上一點運氣，1995年的上市成功了。那次的虛張聲勢，讓他終於能用平日看待他人的信心來相信自己，這也成了決定他未來職涯的轉折點，證明銅板也能變成銀幣，鹹魚也能翻身。

波倫原本打算栽培這位得意門生，讓他晉升到德勤荷蘭分公司的最高職位：合夥事業的董事長。但在一次考核會議中，溫寧克突然宣布他要加入ASML。波倫試圖勸阻，但一切已成定局。「他深受ASML的吸引，我只能放他走。」

ASML的監事會主席博特發現，溫寧克不僅精通數字，更深諳怎麼經營人際關係，特別擅長與客戶溝通。這位新來的「關係專家」立刻就派上了用場：他和布令克，以及新來的英籍執行長道格・鄧恩（Doug Dunn）一起與各大晶片製造商的執行長會面。談生意要懂得建立關係、學會傾聽意見、贏得信任，這是成交的關鍵，而這些恰恰都是溫寧克的強項。新上任的鄧恩也看出了溫寧克的才能：「他是個充滿創意的生意人，我一直都知道他有一天會領導ASML。」

ASML的企業文化讓溫寧克如釋重負。這裡沒有人高高在上，每個人都必須為自己的行為負責，領導階層也不例外。在這樣的環

境下,他的口吃也不藥而癒。「在 ASML,謙遜是基本精神。因為重要的不是個人,而是我們都想一起實現的更大目標。」

不過,加入 ASML 的第一年,他還是會盡量避開布令克,因為布令克脾氣火爆,對任何人都不會手下留情。溫寧克只能說:「他真的會把人嚇個半死。」

11
鐵腕鄧恩

　　1990 年代末期，ASML 的領導高層出現重大變動。執行長馬里斯於 1999 年離職，僅留下短短三個月與繼任者交接。接棒的是之前帶領飛利浦半導體事業部、來自英國的道格‧鄧恩，他肩負起整頓 ASML 的重任。當時 ASML 已經上市，股東對投資報酬更加敏感，要求看到具體成果。鄧恩的使命很明確：要維持高速成長，ASML 就必須提升營運效率。於是，他與充滿幹勁的溫寧克攜手合作，著手強化公司內部的紀律。

　　每年生產兩百多台曝光機（2000 年更是暴增至三百六十八台），需要設計部門、工廠、採購部、客服部之間的密切協調。然而，當時的 ASML 並不是一台運作順暢的機器。生產流程仍有諸多問題，而專案領導者也不太在意成本控管，他們一心只想盡快組裝完成並出貨給客戶，根本無法同時顧及節約開支。

　　因此，鄧恩一上任的首要任務，就是把這群技術宅拉回現實，讓他們認清財務責任的重要。但他很快就發現，只要一提到供應商管理規範和庫存管理，ASML 員工的注意力就立刻消失。大家不是

翻白眼,就是癱靠在椅背上——他們有更重要的事要想。

雖然這種態度在工程師當中很普遍,但許多人願意留在ASML,正是因為他們的價值觀與ASML的企業文化很契合。ASML深受萊茵模式(Rhenish model)的影響,在這種經營理念下,金錢並非成功的唯一指標,獲利也著重長期績效。在瑞士、德國、法國等萊茵經濟體系的國家,傳統上更重視團結和工藝技術,而不是亮眼的季度財報。這也是為什麼ASML選擇在這些地區尋找關鍵零組件的供應商,因為他們重視高科技製造中最重要的價值。然而,隨著公司規模和市值不斷成長,一種追求短期獲利與以股東為中心的管理風格也逐漸滲透進來:也就是所謂的盎格魯薩克遜式的經營風格。

要說什麼最能代表盎格魯撒克遜風格,莫過於一位英籍執行長。如果再搭配一位蘇格蘭副手,那更是完美詮釋。這位副手就是史都華・麥金托什(Stuart McIntosh),他曾是飛利浦的營運長,說話帶有很重的蘇格蘭腔,ASML的同事經常會愣幾秒鐘,才發現他在講英語。麥金托什很快就接手管理日常營運,讓鄧恩退居幕後,專注於督導工作。

ASML的員工現在不得不適應這種盎格魯薩克遜的工作方式。在馬里斯時代,員工可以自在地表達異議或質疑上級。但在現今的ASML,大家說話得格外謹慎,這讓員工相當不適應。不僅如此,維特科克觀察到,鄧恩往往「想到就說」,措辭生硬粗魯,不太修飾,也不在意得罪誰。

這對搭檔在會議中也很難贏得人心。舉例來說,有一次,一位員工正在努力回答一個棘手問題時,麥金托什偏頭對鄧恩說道(音

量大到所有人都聽得一清二楚）：「你覺得呢？要繼續聽下去嗎？還是到此為止？」接著他轉向那位員工，冷冷說道：「如果你只有這點能耐，那希望你的接任者能表現得更好一點。」

儘管如此，董事長博特很滿意鄧恩的強硬領導風格。只要這位英國人能掌控財務，布令克又能持續自由發揮，公司就有機會持續成長。鄧恩本人其實很喜歡他在 ASML 的時光，但他也承認他在 ASML 時「不好相處」。他的強硬作風要過一段時間才逐漸收斂。

與鄧恩共事過的人都說，他很容易露出令人討厭的一面。但即使他那麼強勢，還是無法阻止 ASML 在不知不覺中陷入危機。2001 年 1 月，表面上看來一切正常。雖然有跡象顯示市場可能會有些許衰退，但年報看起來依然樂觀。官方預估需要生產五百台曝光機才能滿足市場需求，而 ASML 內部甚至預估可能賣出七百到八百台，幾乎是前一年銷量的兩倍。

突然間，市場崩盤了。網路泡沫早在 2000 年 3 月就已經破滅，但這次是連帶把整個科技業拖下水。這股衰退風暴逐漸蔓延到晶片製造商和他們的供應商，再擴及供應商的供應商，一路延燒下去。整條供應鏈都陷入停擺。

原本預期可賣出七百台曝光機，結果 ASML 只賣出一百九十七台。帳面上堆積了數億歐元的庫存，客戶取消訂單的通知也天天湧入。從財務報表來看，公司已經破產。當務之急是採取激進的成本削減措施。在那段期間，鄧恩向一位分析師透露：「我們正處於自由落體狀態，說實話，我也看不到底在哪裡。」

此時，盎格魯薩克遜式管理開始發作了。鄧恩二話不說，直接砍掉採購承諾條款──這原本是一項保護供應商的規定，在 ASML

減單時避免供應商承受過多的風險。他強硬地向供應商放話:「這就是這一行的運作方式,你們只能習慣。每五年就會出現一次景氣衰退,這是大家都知道的事實。你們必須跟 ASML 一樣靈活應變。今年訂單可能翻倍,明年可能腰斬。你只能選擇跟上腳步配合,不然就閃邊。」

鄧恩把這種手段稱為「拍桌策略」。但問題是,他總是下手過重,直接把桌子拍穿。

哈利・范霍特從 1984 年起就透過他的 VHE 公司為 ASML 供貨。當公司營業額從 3000 萬歐元暴跌至 1200 萬歐元時,VHE 陷入嚴重的經營困境。銀行開始緊迫盯人:他已經裁員一百人,庫存更是造成數百萬歐元的損失。眼看這個家族企業瀕臨倒閉,他氣憤地衝進 ASML 採購部門的辦公室,把合約扔在桌上,下最後通牒。他堅持要求 ASML 依照合約條款,繼續進貨並按時付款,強調契約就是契約。採購主管瞥了一眼,就把合約掃到地上。ASML 的態度很明確:不是 ASML 破產,就是供應商完蛋。

最終,VHE 只能自認倒楣。所幸哈利・范霍特早有對策。VHE 在週三下午宣布破產,到了週五,他們已經重整完成、重新開始供貨給 ASML 了。

ASML 突然大量減單,也導致 ASML 與蔡司的關係變得緊張。但鄧恩認為,這是德國人必須承受的事實,他們只能吞下去:「在這個世界,你必須緊盯市場脈動,提前量產根本毫無意義。等你生產完成,晶片製造商早就想要別的東西了。」

ASML 可不是隨便說說而已,這場風波之後,ASML 又要求蔡司為下一波的技術突破做好準備,包括導入新材料、增聘人手及擴

充產能。但德國人對這個出爾反爾又無禮的客戶已經失去信心,不願再冒更大的投資風險。

營運長麥金托什對蔡司的管理層毫不客氣。某次參觀完蔡司的新廠房和無塵室後,這位口音難懂的蘇格蘭人在搭上計程車離開前留下一句:「這些看起來都不錯,你們一定很自豪。但說到底,你們就是個爛供應商,做不出我們要的東西。」

在蔡司開完另一場會議後,鄧恩與布令克一起離開大樓,踏上返回 ASML 的漫漫長路。連在多數場合都愛發飆的布令克也覺得鄧恩這次做得太過火了:「鄧恩,你太逼他們了。我們需要蔡司,他們已經盡力了。」

布令克深知 ASML 與蔡司的關係對 ASML 的未來非常重要,鄧恩心裡也很清楚這點:「布令克已經著手解決蔡司的效率問題了,結果我又火上加油。」有些事情永遠也不會改變:每次一有狀況,鄧恩總是火力全開,先開砲再說。

他們一上高速公路,就把油門踩到底。因為這一趟開回布拉邦省,還有漫長的五小時車程。

12
收購風波

　　2001 年 10 月 16 日週二，也就是九一一恐怖攻擊一個月後，ASML 宣布進入緊急狀態。新聞稿開門見山就說：「因應半導體業持續低迷的危機，ASML 控股公司將裁減全球 23％的人力，總計約兩千人。」

　　這個時機點很差，但他們別無選擇。鄧恩剛收購了美國的競爭對手矽谷集團（Silicon Valley Group，簡稱 SVG）。併購 SVG 後，ASML 的員工人數一夜之間暴增了一倍，達到八千人左右，但現在要裁掉近四分之一。鄧恩的目標是爭取 SVG 僅存的大客戶英特爾。他認為這是 ASML 最快搶占市場領導地位的機會，前提是要獲得美國總統的首肯。這是 ASML 第一次受到全球政治局勢的牽動。

　　2000 年，鄧恩在一場為美國總統候選人喬治・布希（George W. Bush）舉辦的募款活動上，遇見英特爾的執行長克雷格・貝瑞特（Craig Barrett）。布希正忙著向選民宣揚他的「慈悲的保守主

義」（conservatism with compassion）[2]時，貝瑞特則向鄧恩透露英特爾正面臨一個問題。英特爾同時向尼康和SVG採購設備，這兩家公司的曝光機都在他們的工廠裡運作。但台積電使用ASML設備做出的亮眼成績，貝瑞特也看在眼裡。加上SVG的最新技術始終無法落地，貝瑞特下定決心：他想試試這家荷蘭公司的機台。

但英特爾也面臨了「必須撐住SVG」的壓力。要是SVG倒閉，英特爾工廠裡還在運轉的兩百台機台會出大問題。更嚴重的是，SVG一倒，也等於宣告美國最後一家本土微影技術公司就此消失，這在華府是極敏感的議題。美國這個超級強權，絕對不願失去在本土用自製設備生產晶片的能力。

貝瑞特看著站在面前的鄧恩，感覺看見了解決方案。他知道ASML正在和SVG談判，因此鼓勵鄧恩收購SVG。如此一來，美國的微影技術至少還留在西方陣營的手中，英特爾能同時使用ASML的新機台，又能確保現有機台的運作無虞。而ASML也終於能實現夢想，躍升為市場領導者。這是一個三贏的局面。

2000年10月，ASML宣布以十六億美元的股票收購SVG，但這筆交易必須先獲得美國外資投資委員會（CFIUS）的核准。委員會評估外國企業收購美國關鍵技術可能帶來的威脅。於是ASML第一次與華府的決策者交鋒，在這座經濟邏輯與國家安全相互較勁的城市裡，很難預測誰會勝出。誠如鄧恩所說的：「現實是現實，政治是政治。」

2　譯註：這個理念是結合傳統保守主義價值觀（例如對個人責任、家庭和社區的重視）和對社會福利的關懷。提倡在維護社會秩序和經濟自由的基礎上，對那些需要幫助的人提供支援。

2000 年底，正在西班牙別墅度假的鄧恩接到一通電話。他被召喚了，週一必須趕到五角大廈，CFIUS 將在國防部二樓的一間小會議室裡召開會議。鄧恩差點趕不上，一進門就向委員會成員致歉，他直接從機場趕來，來不及換裝，還穿著度假時的輕便衣服。

ASML 與 CFIUS 的討論，由鄧恩和溫寧克一同出席。由於 SVG 收購案在政壇引發強烈反應，CFIUS 對 ASML 的代表窮追猛打，反覆盤查。這次換鄧恩坐到審問桌的另一邊。

SVG 是由多家公司組成的集團，每家公司都需要被深入評估，潛在的風險也各不相同。其中，廷斯利實驗室（Tinsley Laboratories）成了最大問題。這家公司專門為軍事設備和間諜衛星磨製鏡片。另一個問題是，SVG 擁有一項尚未成熟的微影技術專利，這項技術使用波長更短的光源，也就是極紫外光（Extreme Ultraviolet Light，簡稱 EUV）。

消息一走漏，一群遊說人士蜂擁而至，敦促政府機構把 SVG 留在美國，主張這攸關國家安全。另一方面，英特爾和美國半導體業協會（SIA）的遊說團則主張，這樁收購案對推進微影技術發展是必要的，完全符合美國的利益。

CFIUS 的審查持續了數月，反對收購的那方不遺餘力地詆毀 ASML。所有祕密都被挖了出來，任何黑暗的過往都被翻上檯面。監事會主席博特就因此被波及：他同時也是台夫特儀器公司（Delft Instruments）的董事，而這家公司曾在第一次波斯灣戰爭期間向伊拉克出售違禁的夜視設備。後來他全身而退，因為那次爭議發生在他加入台夫特儀器董事會之前。

反對陣營的其中一家公司，是與 ASML 有專利糾紛的競爭對

手：科毅科技（Ultratech）。不過，最激烈的反對者，是 SVG 的前執行長艾德華・杜靈（Edward Dohring）。他擔心美國會失去關鍵的微影技術，一旦敵對國家取得這項技術，就能製造出更快速的晶片。

2001 年 4 月，在 YouTube 尚未問世的年代，美國多位國會議員的信箱收到一捲錄影帶。標題直截了當地寫道：「出售 SVG 為何對美國不利」。總共有六百五十支錄影帶送到了國防部和商務部，連剛就任美國第四十三任總統的布希也收到了一份。畢竟，SVG 收購案的最後決定權在布希手上。布希要求多給他兩週的時間，他需要好好考慮。

與此同時，荷蘭政府已經不耐煩了。冷戰結束，全球化的浪潮方興未艾，他們實在無法理解，這不過就是一樁再普通不過的併購案，美國為何如此大驚小怪。荷蘭經濟部長安瑪莉・尤莉斯瑪（Annemarie Jorritsma）終於按捺不住，親自找上美國大使，要求儘快解決這個問題。荷蘭大報《新鹿特丹報》引述經濟部發言人的說法：「部長明確表達了不滿。」

提起這段往事，鄧恩不禁冷笑：「沒有人能對美國施壓。一旦他們說這攸關國家安全，就沒什麼好談了。」不管是哪位荷蘭政治人物出面說什麼，都毫無份量，更別說要改變布希總統的心意了。

2001 年 5 月底，這樁收購案終於獲准。不是因為荷蘭經濟部長尤莉斯瑪的抗議奏效了，也不是因為布希總統網開一面，而是因為英特爾的背書：英特爾與美國國防部的緊密關係成了關鍵推手。ASML 也配合 CFIUS 的要求，出售了美方眼中過於敏感的業務單位，包括廷斯利實驗室。

ASML 再次成為被審問的對象。CFIUS 面談更像是高壓交叉審問：美國各相關部會的十五位專家，連續好幾個小時輪番上陣，不斷向鄧恩和溫寧克拋出各種刁鑽的問題。第二次會議結束後，鄧恩已經頭昏腦脹，連掛在國防部衣帽間的皮大衣都忘了拿，直到坐上前往機場的車子才猛然想起。他只好尷尬地打電話到五角大廈，請他們把大衣寄還給他。

　　但美國政府的行政效率不太好。近兩年後，就在鄧恩即將離開 ASML 的前夕，一個包裹送到了。裡面正是他的皮大衣，還附上來自五角大廈的問候。這成了 ASML 面對華府那個馬蜂窩之後的意外紀念品。鄧恩開玩笑說：「裡面大概裝了竊聽器吧。」

　　ASML 確實藉由收購 SVG 拿下了英特爾這個大客戶。但這樁併購案在華府延宕了太久，導致他們正好碰上網路泡沫危機。短短一年內，股價與營收腰斬，投資人紛紛要求 ASML 採取因應措施。到了 2001 年底，約有一千一百名員工失去工作。許多 ASML 員工無法理解，為什麼公司要在危機當頭背負 SVG 這個包袱。他們認為，這次收購只不過是加速了原本必然會發生的事情：英特爾遲早會轉向使用 ASML 的機台。在他們看來，鄧恩收購了一家只會生產「過時爛設備」的垂死對手，只是徒增不必要的痛苦。

　　而在大西洋的彼岸，新加入 ASML 的美國員工也同樣滿腹狐疑：這些荷蘭人是誰，竟然就這樣大搖大擺地闖進來？還有，維荷芬到底在哪裡？

　　SVG 在威爾頓（Wilton）設有一個分部，那是一個典型的美國小鎮，坐落在康乃狄克州的森林中。這個小鎮表面上看來不起眼，但在微影技術的發展史上占有重要地位。威爾頓曾是柏金埃爾默公

司的所在地，也就是 1980 年代初期對飛利浦的晶圓步進機感興趣的那家公司。他們從二戰時期就開始製造先進的鏡頭，1960 年代末期還受國防部的委託，設計用來生產軍用晶片的曝光機。他們也製造了哈伯太空望遠鏡的鏡片，不過在啟用後，NASA 才發現望遠鏡無法正確對焦、需要升級，柏金埃爾默為此支付了數百萬美元的賠償金。最後，柏金埃爾默在微影技術發展上逐漸落後，並被 SVG 收購。

鄧恩一心只想拿下英特爾，他認為 SVG 沒有其他公司做不到的特殊技術。但威爾頓的深厚技術實力證明事實不然。他們擅長製造反射折射式鏡頭（catadioptric lenses），這種鏡頭是由複雜的透鏡和反射鏡組合而成。他們也製造晶圓軌道機，也就是在矽晶圓上塗佈感光層的設備。

但 ASML 對這些技術完全不感興趣，他們只想專注於單一領域，把所有資源都投注在生產曝光機上——這是晶片工廠中最昂貴的設備。因此，2001 年 11 月，ASML 宣告 SVG 的大量技術都是多餘的，並下令停止相關研發。這個決定在威爾頓引發極大的震盪。綽號「奇普」（Chip）的克里斯多福‧梅森（Christopher Mason）回憶道：「我投入二十年心血的東西，一夕之間變得毫無價值。」梅森是 SVG 的資深研究員，他的開創性研究一直備受推崇。但在併購後，他突然發現自己變得可有可無，花了好幾年的時間，才終於接受 ASML 的做法。

為了化解 SVG 和 ASML 員工之間的嫌隙，ASML 推出一本全彩的員工雜誌《光譜》（*Spectrum*）。第二期刊登了布令克的專訪，當時他已升任董事。專訪中，他提到一些老生常談，說晶片產

業需要速度和冒險精神,但他心裡明白他還要面對更大的問題。他必須把兩套微影技術整合起來,也要把兩群固執又有心結的工程師融合成一個團隊。

為了這次專訪,他帶著自己的馬,穿上一身西部牛仔裝拍攝封面。內頁還有他騎馬飛馳的動態照。這傳達了一個訊息:每個 ASML 人心中都有個牛仔,布令克已經開始鞭策這匹專注於單一領域的駿馬奔馳了。

這匹馬叫「哈利」,跟馬的原主人同名(布令克喜歡用賣家的名字來替馬命名,這樣比較好記)。但他對拍攝結果並不滿意,覺得這些照片讓自己太過居高臨下,擔心大家誤以為 ASML 是他的一言堂,或更糟的是,誤以為他視自己為 ASML 宇宙的中心。

13
兩大搖錢樹

2001年左右，晶片產業面臨一個重要的決策：下一代曝光機該選擇什麼波長？當時晶圓廠希望線寬能縮小到100奈米以下（百萬分之一毫米）。因為波長越短，就能描繪出越精細的晶片結構。但現有的技術就像一支粗頭的麥克筆，業界正在尋找能繪製更細緻線條的工具。

每次ASML縮短波長，就必須同步提升投影線條的解析度。這表示需要不斷改良新機台的鏡頭，每次進步都需要更大的光圈。這個物理現象可以用萊利公式（Rayleigh formula）來解釋，這是業界每一位工程師都倒背如流的公式。當鏡頭即將接近物理極限時，就是該尋找新光源的時候了。你可以想像成在更換顏色，只不過這些波長都已在肉眼可見的範圍之外——人眼只能看到介於400至750奈米之間的彩虹光譜（紫光到紅光的範圍）。

1990年代，ASML把原本受限於365奈米波長的汞燈，升級為可產生深紫外光的雷射光源，從一開始是248奈米，最後演進到193奈米，但晶片產業需要更多的突破。當時193奈米的微影技術

已瀕臨極限，於是業界提出了新目標：157 奈米。ASML 與蔡司合作，投入大筆資金研發這項新技術，但可用於 157 奈米波長的鏡頭材料實在太昂貴。2003 年，英特爾因為預期無法獲利而退出這場競賽，其他的晶片廠也相繼放棄。

這對 ASML 來說是很大的打擊。他們投入的龐大研發資金付諸東流，前期的準備工作都白費了。但 ASML 沒有時間悲傷，因為他們已經在研發更有前景的技術了。不過，為了符合歐盟補助計畫的要求，他們還是把一台 157 奈米的測試機台送到 imec。這台機器從一開始就不是為了實際運作而設計，最後也確實未曾使用過。

這次失敗為 ASML 上了代價高昂的一課。晶片製造商已經預付了三億歐元的訂金，卻因為市場信心崩潰，ASML 最後未能量產機器。這筆錢不得不退還，這讓 ASML 相當不高興。ASML 也記取了這次教訓：未來在推動新一代技術時，必須確保客戶也承擔部分風險，所有參與者都應該下注。

157 奈米技術最終證實是一條死路。不過，還有一種波長只有 13.5 奈米的光源：極紫外光。但業界要使用這項技術，還需要多年的艱辛研發。在此期間，晶片產業需要另闢蹊徑，才能維持摩爾定律的進展。所幸，解決方案就藏在荷蘭工程師日常最熟悉不過的東西之中：水。

十七世紀，荷蘭數學家威廉‧斯奈爾（Willebrord Snellius）研究光線在不同介質間的折射現象。這個折射定律後來由他的同胞、理論物理學和光學領域先驅克里斯蒂安‧惠更斯（Christiaan Huygens）發表。直到今天，他們的研究成果仍是 ASML 的工程師必讀的經典。

這項突破性的發現帶來重大的進展。在鏡頭和晶圓之間放一層純水薄膜，就能達到類似放大光圈的效果。這使工程師得以突破 193 奈米技術的既有限制，而無需更換光源。

你在日常生活中也能體驗這種現象：站在淺水池中往下看雙腿時，由於水面折射光線，腿會看起來很短，腳掌也顯得比平常距離你更近。ASML 就是從這個日常現象得到靈感，開發出下一個技術突破。在鏡頭與晶圓之間加入水層後，微影機台就能投影出更精細的圖樣。這項技術稱為浸潤式微影（immersion 或 dipping）。

然而，這項技術需要一種特殊的光學系統，結合透明鏡頭和反射鏡。這項任務就落在蔡司的身上，他們開始為 ASML 開發這套系統。要達到預期的效果，只需要一茶匙的水量，連一個烈酒杯底部的容量都不到。這一小攤水必須穩穩地停留在高速來回移動的矽晶圓上。任何曾經拿著裝滿水的玻璃杯，一邊奔跑一邊維持水不晃動的人都知道，這有多困難。

「我們完全想不出可行的方法，」范霍特回憶道，他在 2001 年回歸 ASML 時，發現工程師在處理濕晶圓的問題上陷入了僵局：「台積電當時急著想使用浸潤式技術，還建議在晶圓邊緣加裝凸緣來固定水層，但那根本行不通。」

最後的突破，是在鏡頭下方設置一個迷你水池。這樣一來，ASML 就不必把整片晶圓浸入水中，只要讓即將要曝光的區域維持浸水狀態即可。他們也利用環狀氣流的方式，在晶圓表面持續吹送氣流，藉此維持迷你水池的穩定。

為了讓這個設計發揮作用，鏡頭和水層之間絕不能有任何空氣。此外，水層的深度必須維持一致。這很難做到，因為鏡頭本來

就有弧度，不是平面的。多年前，ASML 和蔡司的工程師為了檢查晶圓的校準狀況，把光學系統的最後一片鏡頭磨平。這項設計雖然被認為已經沒用了，卻一直留在設計中，沒有移除。這個偶然留下的疏忽，現在卻發揮了極大的價值。

第一台浸潤式微影機在 2004 年問世，立即讓日本競爭對手陷入劣勢。隨後，另一項突破性的發明 TwinScan，更進一步擴大了 ASML 的市占率。這款新機台能同時做校準量測及曝光，這種高度複雜的多工處理為晶圓廠省下了寶貴的生產時間。

TwinScan 的運作原理是這樣的：在晶圓上印製新圖案以前，必須先量測晶圓。這些測量資訊是為了確保曝光時能正確對齊，使新的一層精確落在之前的圖層之上。這本來就很困難，但真正的挑戰在於晶圓在烤箱中必須承受高溫，這可能使晶圓變形，就像彎曲的品客洋芋片。肉眼看起來完全平整的晶圓，在顯微鏡下其實像崎嶇的山脈。

因此，在開始測量以前，晶圓會被牢牢吸附在機台上，先消除最明顯的凸起。接著，感測器會記錄剩餘的誤差，畫出一張詳細的 3D 表面圖，標示出所有的凹凸起伏。微影機會根據這張圖，在曝光時即時調整聚焦平面，修正誤差，確保整片晶圓上的圖案都一樣清晰。這就像相機的自動對焦功能，會根據極小的距離和深度快速修正影像。

浸潤式技術與 TwinScan 的結合可說是絕配。製作 3D 表面圖最好是在晶圓乾燥時進行，而透過 TwinScan 系統，你可以在對一片晶圓做浸潤曝光的同時，先開始測量下一片仍乾燥的晶圓，就像洗碗時多了一雙手一樣有效率。

TwinScan 平台是由強力馬達驅動，可瞬間加速與減速。但要同時控制兩個平台的運作，卻比想像複雜很多。2000 年，ASML 交付的第一代 TwinScan 系統只有一個晶圓平台，它的雙胞胎弟弟要等一段時間以後才會出現。

ASML 想出一個巧妙的名字來掩飾這個情況：TwinScan「單平台型」（TwinScan 'Single'）。雖然這個機台跛腳上場，但 ASML 知道這台機器不愁賣不出去。這款新一代的曝光機可以處理直徑 300 毫米的晶圓，尺寸約等同於一張黑膠唱片，比業界標準的 200 毫米大了不少，因此能產出更多的晶片。就像專輯能比單曲收錄更多的歌曲。

ASML 再次採用「先交貨、後改良」的策略。這也讓晶圓廠能搶在競爭對手之前，先試產最先進、最賺錢的晶片。ASML 也樂於配合，畢竟提早交貨也能有效阻止其他競爭對手打入晶圓廠。就像布令克所說的：「如果要等到機台完全做好才出貨，那我們已經落後了。」

這個策略確實奏效了。ASML 憑著浸潤式技術和 TwinScan 系統，從佳能與尼康手中搶下可觀的市占率。與此同時，ASML 已投入大量資金，研發極紫外光（EUV）機台，儘管這項投資尚未帶來獲利。不過，有了雙平台和浸潤式微影技術這兩大搖錢樹，荷蘭的工程師希望這能讓公司的財務穩健、不被市場淹沒。

14
日本的復仇

　　ASML 的變化，即使從遠處看也一目瞭然。在維荷芬，黑綠相間的全新總部大樓拔地而起，高八十三公尺。按照公司的編號系統，那是八號大樓，但由於興建期間公司差點倒閉，有人戲稱它為「墓碑」。

　　2001 年，ASML 忙著度過動盪的一年，尼康則暗中策劃著一場突襲。這家日本企業眼睜睜地看著自己的市占率不斷萎縮，也目睹精工（Seiko）、愛普生（Epson）、索尼等日本晶片製造商紛紛改用 ASML 的設備。自家人改用外國技術，對日本企業來說是難以接受的恥辱。報仇的時候到了！

　　12 月的某個早晨，鄧恩一進辦公室就發現桌上堆滿了訴狀。日本競爭對手指控 ASML 侵犯了十三項專利，這些指控顯然是他們精心準備一年多的成果，ASML 卻毫不知情。鄧恩一時間手足無措，驚覺 ASML 在毫無防備下遭到突襲，情勢不妙。雖然 ASML 也有成功申請一些自己的專利，但相較於 1917 年就開始生產鏡頭和顯微鏡的尼康，ASML 這家年輕公司的專利數遠不及尼康。在智

慧財產權的爭端中，專利多的一方幾乎總是勝利的一方。要預測勝負其實很簡單，只要把雙方的專利文件疊起來比較，誰比較高，誰就贏。

尼康毫不留情，直接向華府的美國國際貿易委員會（ITC）及加州的法院提起告訴，目標就是要打擊 ASML 最重要的美國市場。只要 ITC 認定任何一項專利侵權，ASML 就無法再向美國的製造商供應設備。對這家荷蘭公司來說，失去他們好不容易才打進的美國市場，無疑是致命的一擊。

「他們就是想置你們於死地。」聽到律師這麼說，鄧恩心頭一沉。通常遇到專利問題，雙方公司會先私下協商，再決定是否訴諸法庭。但尼康顯然無意談判或和解。鄧恩已經可以想像新聞標題：執行長忙著興建他引以為傲的新總部，但還沒進駐就被迫關門大吉。這座八十三公尺高的大樓，將成為 ASML 失敗的紀念碑——名符其實的墓碑。

ASML 採取了專利戰中唯一的應對方式：反擊。他們反控尼康，同時找來一群獨立專家組成團隊，向 ITC 的人解釋複雜的技術細節。畢竟，微影技術本來就很難懂，他們必須盡可能在華府爭取到支持。英特爾和美光也在幕後伸出援手，因為萬一他們的供應商在專利戰中被打敗，他們的生產也會受到影響。

鄧恩決定主動出擊，親自飛到日本去會見尼康的社長吉田庄一郎。他的公事包裡裝著一份三十頁的「武器」——律師在他登機前傳真的 ITC 初步判決書，判決結果對 ASML 有利。掌握所有籌碼的鄧恩，還特地帶上自己的口譯員，確保對話能順利進行，不讓日方以聽不懂為藉口來拖延談判。

「你們贏不了的。」鄧恩對吉田庄一郎這麼說。但這位社長的態度依舊強硬，不願退讓。鄧恩立刻把初步判決書放在桌上，吉田一看到就對著自家律師大發雷霆。他轉向鄧恩，說他需要時間考慮。當晚 ASML 的代表團受邀出席晚宴，眾人圍著壽司與清酒閒話家常，暫時擱下專利爭議不談。事後，ASML 提出了一億美元的和解方案。這筆數目不小，但鄧恩覺得，若能避免未來五到十年的糾紛，這個代價是值得的。但日方拒絕了這個提議，他們執意要 ASML 下跪求饒。

　　吉田想要復仇的執念，最終並未如願以償。幾個月後，ITC 做出最終裁決，揭露其中一項尼康的專利本身就無效，因為那是一名員工從前雇主那裡抄過來，直接重新申請了完全相同的發明，所以該專利完全無效。其他的專利侵權指控也都不成立，沒有一項得到 ITC 的認可。對 ASML 來說，這是一場壓倒性的勝利，也讓鄧恩如釋重負。

　　鄧恩是在上科亨造訪蔡司時，接到了律師的電話。他走出會議室時只問了一句：「我是該去死？還是該慶祝？」幸好，律師是傳來值得慶祝的好消息：法官判決 ASML 全面勝訴。鄧恩聽了簡直不敢相信，他反覆要求律師再三確認。在加州的訴訟，最後是以一輪調解落幕。ASML 以 8,700 萬美元和解，金額比他們最初提出的數字還低。至少，他們暫時擊退了日本競爭對手的攻勢。

　　這場與尼康的官司，讓 ASML 的團隊猛然驚醒。ASML 在創立初期幾乎全心投入創新，忽視了智財權的重要，沒想過需要記錄及保護這些發明。在現代的科技業，這純粹是經驗不足所造成的致命傷。雖然鄧恩從不否認這點，但他也理解公司為什麼會有這樣的

盲點：「ASML還很年輕，很多事都需要同時進行。我們有最聰明的人才，他們想打造全球最頂尖的機器，並為此集結了最優秀的創意。但要他們再花時間把這些想法鉅細靡遺地記錄下來，確實很煩。有誰會享受報稅的過程呢？」他聳聳肩說：「就是很無聊啊！這種感覺大家都懂。」

雖然這種事可能很無聊，但在這個產業，保護自己的智慧財產是絕對必要的。1984年ASML成立時，只從飛利浦那裡獲得少數幾項專利與授權，因為當時飛利浦把重點放在保護CD播放器上，而不是為曝光機申請專利。到了1990年代末期，ASML才成立智慧財產權管理部門。即便如此，新專利申請依然曠日廢時，經常要花好幾年才獲得核准。但在遭到尼康突襲後，ASML意識到他們必須加強這方面的布局，於是推出研究人員制度（fellowship program），讓有註冊專利的工程師能得到更好的職涯發展與薪資待遇。「否則就只有那些白髮蒼蒼的主管才能開名車了。」鄧恩自嘲道，他自己就是滿頭白髮的主管之一。

ASML的研究員制度分成三個等級：研究員、資深研究員、企業研究員。員工能否獲得提名，專利是重要的評選標準之一。這是一個封閉的遴選過程，最後會由布令克與研發長約斯·班斯科普（Jos Benschop）在公司一年一度的技術日公布結果。

ASML把最頂尖的發明家（有些人擁有兩百多項專利）的肖像刻在晶圓上，懸掛在一排排的大型木樑上，宛如半導體界的總統山。這面發明者之牆是布令克一直以來的夢想，靈感源自於他當年在紐澤西州貝爾實驗室（電晶體誕生地）看到的物理學家名人堂。如今ASML的那面牆上，唯一還缺少的就是諾貝爾獎得主。

截至 2023 年，ASML 已經註冊逾一萬六千項專利。其中有不少是與供應商合作開發的，因為這些年他們必須為 ASML 提供越來越複雜的零組件。在這些共同發明者中，蔡司無疑是最重要的合作夥伴。蔡司的前執行長葛林格曾形容這段合作關係為「**機械與光學的完美結合**，ASML 毫無保留地與我們分享所有祕密，我們也毫無保留地回應。」這番話從這位傳統德國工藝技術者的口中說出，聽起來近乎浪漫。

15
蔡司的智慧

「先生,你這是什麼態度?」

德國警察已經忍無可忍,他盯著眼前的蔡司執行長葛林格,但葛林格完全無視警察的存在,只顧著對著電話另一頭的布令克吼叫。他們的爭執從葛林格開車時就開始了,一直到警察示意葛林格下車,爭論仍愈演愈烈,甚至變成激烈的對罵。

「罰單趕快開給我!」葛林格不耐煩地從汽車前方的置物箱中抽出駕照和證件,一邊繼續跟電話另一頭的人爭吵,而遠在維荷芬的布令克也用德語豪不示弱地回敬。

警察受夠了:「掛斷電話。現在!」

「布令克,你等一下,我先把你放靜音。」語畢,葛林格輕點一下螢幕,維荷芬那頭瞬間靜了下來,他根本不在意對方的回應。幾分鐘後,收下罰單的執行長回到駕駛座上繼續上路。他立刻拿出手機,取消靜音:「真是見鬼,根本是在浪費時間!剛剛說到哪了⋯⋯」

每當蔡司與 ASML 這兩家公司的技術主管交鋒時,總是火花

四射。他們都喜歡正面衝突，因為他們相信，優秀的工程師就該這樣。這點是毫無疑問的。事後，他們會在餐桌上笑談這些衝突，沒有任何嫌隙。「在這一行，你沒有幽默感是混不下去的。」葛林格在 2016 年卸下蔡司半導體事業部負責人職位時這麼說。

儘管負責研發光學系統的團隊之間互動很熱絡，蔡司與 ASML 的商業關係卻日趨冷淡。這個問題在 2004 年鄧恩離職後又更加惡化。鄧恩在執行長任期結束後選擇退休，之後在幾家晶片公司擔任監事。此後，ASML 找來了法國人艾瑞克・麥瑞斯（Eric Meurice）接任執行長。麥瑞斯之前曾在英特爾與戴爾電腦（Dell）任職，接任 ASML 執行長之前則是法國電子製造商湯姆森（Thomson）的副總裁。麥瑞斯上任後，ASML 得到了一位「流程先生」，一位決心整頓企業流程、控制公司長年混亂局面的領導人。這位法國人最引以為傲的，就是能用任何語言罵人：「你無能！」ASML 的員工很快就常在走廊上聽到這句話，尤其是在討論蔡司的時候。這兩個長期合作的夥伴之間出現明顯的裂痕，因為他們再次陷入爭執，原因一如既往又是為了錢。

ASML 又打算在未來幾年內讓營收翻倍，為此他們需要蔡司提高鏡頭的產量。然而，蔡司已不願再被 ASML 過於樂觀的預測所蒙蔽。在 2001 年與 2002 年的危機中，鄧恩無情取消訂單的記憶仍歷歷在目。與此同時，ASML 收購美國的 SVG 公司，更是讓情況雪上加霜。由於 SVG 也生產鏡頭，這讓蔡司開始認真質疑他們與 ASML 之間的獨家合作關係。在蔡司看來，這次收購就像是為 ASML 打開了一扇門，但蔡司更希望那扇門永遠是關閉的。

雙方之間的猜疑開始瀰漫。在信任破裂之際，ASML 延攬了吉

多‧葛洛特（Guido Groet）來擔任調解人。葛洛特如今在臉書母公司 Meta 任職，但 2004 年，他剛完成 SVG 剩餘資產的出售，從美國返回 ASML。在 ASML 的第一年，他負責精簡昂貴的 TwinScan 生產線，現在他有了新任務：重建互信關係。

葛洛特被叫到二十樓。布令克與財務長溫寧克向他說明了 ASML 與蔡司之間的破裂關係。對溫寧克來說，葛洛特的任務很簡單：「我們需要你讓雙方好好合作，找到平衡點。」但布令克的看法略有不同：「要確保他們別再耍我們了。」

為了挽救這段瀕臨破裂的夥伴關係，蔡司與 ASML 在 2005 年到 2007 年間展開一連串密集的會議。ASML 派出溫寧克，每三個月前往上科亨去參加商務會談。此外，雙方每季還會舉行一次專門討論技術合作的「交流會議」。這些會議是在維荷芬與上科亨兩地輪流舉行，有時也會選在兩地之間的中立場地舉行（通常是法蘭克福的某間飯店）。

要修復裂痕，首先得讓問題浮上檯面。雙方各自派出小組，表達彼此的不滿。不出所料，荷蘭人毫不猶豫地把問題攤出來講，而德國人在一番鼓勵後，也跟著暢所欲言。接著，他們鼓勵雙方的小組一起向管理高層報告和解的成果。

但葛洛特很快就發現，他的任務是要讓兩個截然不同的公司達成共識。ASML 吸引的是一群想比影子更快開槍的牛仔；蔡司則是以傳統的科學研究機構自居，行動前都要仔細思考所有變數。這種本質上的差異註定會出問題。雙方的員工在各個層面上都有衝突，要找到共同立場簡直是永無止境的任務。更令德國人抓狂的是，ASML 的人在會議結束後，經常未經商量就擅自改變方向。

蔡司的母公司卡爾蔡司集團（Carl Zeiss AG）的老闆迪特・庫爾茲（Dieter Kurz）開始定期代表德方出席會議，ASML 則是由麥瑞斯出面。葛洛特會把會議中達成的共識直接打在大螢幕上，讓所有人都能看到。這種做法雖然幼稚，但只要能減少誤會，就值得一試。不過，這招並未奏效。葛洛特把第一份會議紀錄寄給麥瑞斯，很快就收到一份被大幅修改的版本，底下還有一句話：「小子，你需要學的東西還很多！別只是記錄說了什麼，應該寫下真正的意思。」

一如既往，蔡司抱持反對意見。雙方的管理團隊再次劍拔弩張，整個會議只好像高中重考一樣重新來過。雙方再次碰面時，葛洛特聽從蔡司一位同事的建議：保持低調，讓高層自己去交鋒。就像那位同事說的：「大象跳舞時，最好別站在中間。」

蔡司與 ASML 繼續為了「誰該得到什麼、是否拿的合理」而爭執不休。而且他們吵的金額可不小。2004 年，光學元件的價值就占了一台曝光機價值的四分之一。布令克特別不滿的是，蔡司不願為那些價值數百萬歐元的鏡頭提供保固。晶片製造商若是發現任何影響生產的光學瑕疵，ASML 必須承擔所有的成本。

德國人則認為他們承擔了風險，卻讓 ASML 坐收漁翁之利。對 ASML 而言，提高產能很簡單，只需要增加人手，或是讓工廠加班。但是對鏡頭製造商來說，時程沒有那麼靈活。雖然 1990 年代蔡司的確為 ASML 解決了一個重大瓶頸，從手工拋光轉向機器人自動化作業，但光學級水晶必須先經過結晶「生長」過程，原物料的投資至少得提前三年規劃。鏡頭的拋光和檢測也同樣耗時費力，這種工作不是直接投入更多的人手就能加速。誠如蔡司的老前

輩愛說的：懷胎就是需要九個月，就算再加個孕婦也不會更快。

問題仍不斷浮現：ASML 習慣以大幅折扣向晶片製造商爭取訂單。但這樣一來，蔡司也必須跟著降價，否則就得由 ASML 本來就不豐厚的利潤中扣除。德國人也完全不願配合半導體產業的劇烈市場波動，始終堅持產品要維持固定價格。但葛洛特深知這個產業充滿了「超級愛抱怨的人，總是要求折扣，也不斷抱怨品質」。在這樣的環境下，沒有人有意配合蔡司。

最終，問題的核心只有一個：ASML 與蔡司能否公平地分攤風險和利潤？葛洛特請了一位數學家來做精算，經過兩年的辛苦談判，兩家公司終於在 2007 年達成共識、簽署新合約。新合約規範了保固條款以及突發的訂單變動。ASML 同意預付鏡頭價值的三分之一，讓蔡司在採購原料時的風險大幅降低。

布令克為了徹底解決這些永無止境的衝突，甚至提出了收購蔡司的想法。但是對德國人來說，這是絕對不可能的：他們為曝光機製作的鏡頭是他們的核心資產，這個提議從未進入正式洽談的階段。蔡司由卡爾蔡司基金會（Carl Zeiss Foundation）獨資擁有，對於 ASML 在擴廠與不動產投資等提議也始終保持距離。至少目前，德國人的廚房裡還不容許荷蘭人插手。

蔡司與 ASML 的技術會議是由布令克主導。雙方各派出五十人參加，所有人在會議室裡呈馬蹄形圍坐，彼此目光交鋒。工程師輪流簡報，而這位技術總監則會一直緊盯著電腦螢幕，只有在聽到感興趣的關鍵字時，才偶爾抬頭。每次他一抬起頭，全場就會肅靜，所有人繃緊神經：布令克被點燃了。

雖然這種情況有如家常便飯，但每次布令克發火，蔡司的團隊

還是會退縮。但他在技術與策略上的洞見贏得了高度尊重，大家反而把他的暴怒視為對蔡司全心投入的證明。在葛洛特看來，這絕非一廂情願的解釋：「要是我兩、三週沒去上科亨，布令克就會發飆。他也認為我應該說德語，這樣才能更瞭解他們的意思。」

「如果我要罵德國人，一定用德語罵，」布令克後來私下透露，「這樣才有效。」

越接近第一線工作現場，蔡司和 ASML 就越像是一家公司。專案團隊是由荷蘭人和德國人共同組成，每天都有數十名 ASML 的員工在上科亨工作。他們一起為這台超複雜的機器打造核心，這個過程也讓雙方培養出深厚的情誼。工程師忙完一整天後，常相約到勞特豪斯勒餐廳（Landgasthof LauterHausle），一群「荷蘭來的侵略者」一起和蔡司的同事猛攻自助沙拉吧。

儘管如此，ASML 最重要的供應商仍是整個供應鏈上最脆弱的一環。2007 年，ASML 因為 TwinScan 機台延誤交貨，而必須安撫憤怒的晶片製造商。維荷芬這邊已經完成了該做的事：五十個機台已經準備好出貨了，就差一個關鍵零件。這次的問題是出在照明模組——這是引導機台雷射的元件，由蔡司在法蘭克福北方的威茲拉爾市（Wetzlar）製造。

氣氛緊繃，雙方互相指責，但延誤的真正原因仍不明朗。布令克對著愣住的葛洛特怒吼：「為什麼你還不去威茲拉爾幫他們？」這根本不是提問，而是命令。於是，葛洛特立刻趕赴德國，在當地駐點一個月，追查問題的源頭。最後他發現問題出在一種特殊的光學濾鏡出現延誤，而這種濾鏡只有俄羅斯一家供應商生產。

格羅特馬上飛去找那家供應商興師問罪：「那些濾鏡在哪裡？

所有人都在等你們！」但俄羅斯人對於他們造成的問題一點都不在意：「每次運東西去德國，我們都得賄賂海關。所以我們要等累積到五十片濾鏡再一次出貨，這樣只要賄賂一次就夠了。」

16
活生生的生命體

　　就像范霍特所形容的：「到那時才是真正的失控！」或者，比較文雅的說法是：「當蔡司說他們的鏡頭準備就緒時，我們的麻煩才正要開始。」光學系統完成後，ASML 必須把它與整個機台整合在一起。理論上，你可以設計出完美的微影機台，但實際上的成品總是與設計有落差。不管再怎麼用心，唯一可以確定的是：任何計畫都不趕不上變化。布令克對此也有一句經典名言：「重點不在避免錯誤，而是你如何妥善處理錯誤。」

　　ASML 的機器複雜到沒有人能完全理解整體架構。早期在飛利浦，組裝一台晶圓步進機就需要十人團隊才能完成。1984 年布令克與范霍特加入時，投入這些設備的技術人員已有上百人。管理這個系統本身就是一門學問，因此他們把系統設計分割成不同區塊，由各個團隊同步進行。ASML 工程師之間的協作，本身就像一台錯綜複雜的機器。但就像蜂巢一樣，看似混亂，實則是每個人各司其職、有條不紊地高效運作。

　　當一座全新的晶片廠在正式投產前就得先投入數十億美元，所

有焦點都會圍繞在投資報酬率。依據經驗法則，這筆資金中約有三成會用來採購曝光機，這是把便宜又大量的矽材轉化為高價值晶片的關鍵設備。只有當機台每小時產出夠多高良率的晶圓時，這筆龐大的投資才能回本。率先掌握最新技術的晶片製造商，很快就能回收這個昂貴機台的成本。而這正是 ASML 最擅長的賽局。

晶片製造講求的是大量生產與精密細節。為了提供符合客戶需求的設備，ASML 會深入了解每位客戶。布令克總是會先找晶圓廠的高層，了解他們想做什麼產品，再根據這些需求來規劃對應的技術。他提出的構想會成為 ASML 技術藍圖的原動力，進一步引導公司的前進方向。

設計新機台時，首先會由系統架構師出馬。他們會與晶片廠討論，確認曝光機必須達到的規格要求以及預期成本。舉例來說，如果晶片廠希望機台每小時生產能到 290 片晶圓，而不是 270 片，架構師可能會建議使用更高功率的雷射、安裝更快的晶圓移動馬達，或選用日後可更換的鏡頭。

接下來就輪到研發工程部的工程師實際做這些設計。這個部門是整家公司的神經中樞。數千名專精於硬體與軟體的工程師在研發工程部攜手合作，挑選最佳技術來實現這些構想。

曝光機的性能取決於三項要素：積體電路中的圖案精細度、晶片各層之間的堆疊精準度，以及晶圓的移動速度（也就是進料速率）。這三個要素如何互相配合，需要各方仔細協調。即使在 ASML 內部，這也是一種持續不斷的討論。

真正的學問在於拿捏時間、規格、成本這三者之間的平衡，范霍特稱這三者為「三位一體」。如果技術要求太高，你可能做出沒

人買得起的機台,或是製程太過複雜,根本趕不上交期。研發部門當然會偏好用能做出最佳解析度、最細線寬的技術。但提升解析度就得犧牲時間:為了維持精準度,機台就得跑得越慢。這時你又要面對晶圓廠要求提高產能的壓力。范霍特說:「他們只會一直喊:『繼續印!反正我們永遠達不到最小解析度,趕快印晶圓就對了!』」

掃描機不必追求十全十美,反正之後都能透過零件升級或新機種來改良,只要能完成任務就夠了。

在 ASML,設計機台不是照著完美藍圖去打造一個可預測的靜態物件。相反的,整個過程更像是在培育一個生命體,不斷調整、因應技術障礙,配合瞬息萬變的環境。這不像在諸多登山路徑中選擇其一,這是唯一可行的方式。

從微觀層面來看,沒有零件是完全一樣的,每顆馬達的轉速也完全不同。材料本身會震動,會釋出氣體,零件加熱後會膨脹。每一顆飄浮的塵埃都可能帶來影響,每一奈米的螺絲孔誤差都會產生連鎖效應。但 ASML 身為整個系統的創造者,擁有獨特的本事:當機台的某個角落出現意外狀況時,ASML 可以調整看似完全無關的其他組件來彌補。

系統架構師也要負責「誤差預算」(error budget),也就是各個組件可容許的誤差範圍。這些誤差就像切派一樣被分配,每個團隊都分到一塊。你的團隊分到多少,就代表只能容許多少誤差,不能超過。時程越趕,容許誤差就越小:這時就得先把所有組件的規格訂得特別嚴格,留下更多彈性,好讓後續能有更多餘裕的誤差「切片」分配給最需要的地方。這就是所謂的「過度規格化」

（overspecifying）技巧。

同時，最關鍵的設計選項會被獨立研究與驗證，避免工程師冒太大的風險或走錯方向。這些工作都得同步進行，以爭取最快成果、最短週期——在 ASML，時間永遠分秒必爭。目標很明確：在機台出貨前，盡可能發現並修正所有錯誤。最理想的情況是在實際製造零件以前，就能先發現問題並解決。隨著經驗累積以及理論模型越來越準確，ASML 的團隊幾乎能直覺地預判所有的零件組裝完成後的實際表現。

專案經理要負責監督新機台從設計到進廠的整個生命週期，可說是責任最重大的角色。整個週期切分成十四個關鍵節點，例如第一台原型機，或首次交貨等，並依專業領域再細分負責範圍。不同的專案領導者分別負責機電系統、承載晶圓的晶圓平台、或是放置晶片圖案的光罩平台。另外，還有一組專家團隊專門處理操控機台的數百萬行程式碼，不斷地修正及協調各個運動零件。

這使得產品開發經理（product development manager，簡稱 PDM）成為這一系列專案的總指揮，他們必須掌控各項預算，同時促進各組之間的合作，這是一項極具挑戰的責任。范霍特說：「從 ASML 成立以來，只要掛上『專案』（project）兩字，就代表一定要做到，」這就是 ASML 最重視的事。飛利浦這類公司是部門掛帥，但在 ASML 剛好相反：「開發新機台的專案就是我們的命脈，誰要是不配合，很快就會被修理。」

一位 ASML 的經理也證實了這點：「在這家公司，『專案』就是一切。」說到「專案」兩字時，他的語氣彷彿在談論某位神祇。

隨著機台越來越複雜,專案架構也跟著複雜化。目標日期、階段里程碑不斷增加,投入的人力、開會次數、縮寫也多得令人頭痛。工程師在各個專案之間來回奔走,追著一個個冒出來的問題跑,幾乎沒時間能停下來慶祝任何成果。

「在ASML開發機台是什麼感覺?跟製毒差不多,很容易上癮。」研發工程部的前負責人馬庫斯・馬提斯(Markus Matthes)這麼說,「我們的步調很快,快到連規格都還沒定案就開始設計了,就是這種刺激的快感。」

馬提斯之前在汽車產業工作,那裡保守、規避風險的文化,與ASML形成強烈的對比:「我受夠了汽車產業一堆死板規定與成本限制,這裡才是工程師的天堂。」

雖然說是工程師的天堂,但布令克最擅長把大家拉回現實。在他主持的「檢討會」上,討論技術進度時,總是一再強調要避免花俏的過度設計。他常說:「我們的機台上已經有夠多閥門和管線了,沒必要再弄得更複雜或更貴。」他常問:「你家馬桶下面的排水管是不鏽鋼嗎?當然不是,是便宜的塑膠管。所以為什麼我們這裡非要用不鏽鋼?」每個細節都要經得起檢驗,每個選擇都必須合理有據。

荷蘭研究機構TNO的葛列戈・范巴斯(Gregor van Baars)長期與ASML合作開發新機台。他解釋:「他們把機台拆解成容易處理的小塊,指派每個人負責其中一小塊。接下來,就是不斷地繪圖、計算,再一直討論與協調。這就是極致工程的展現。」

最大的挑戰在於協調各個技術領域之間的配合:「比方說,有人設計出一個很棒的新馬達,熱控組的人會馬上提出疑慮:更強大

的熱源會讓機台的溫度上升。要讓這些東西一起運作,唯一的辦法是良好的溝通,以及對其他領域的基本理解。」

范巴斯認為,ASML 最擅長找出並解決機台內部的「卡點」。「整支工程師大軍好像在緝凶辦案一樣,找出錯誤的來源,然後想出確切的修正或補償方法。做著做著就會發現,這些解決方案錯綜複雜,很難分清楚哪些方案會不會互相干擾、甚至抵消。這就是為什麼他們需要那麼多工程師,真的是很瘋狂。」

不過,就像范霍特說的,工程師並不是萬能的,每個人各有特定專長:「機械工程師擅長開發與設計結構,電子工程師精於電路設計。至於物理學家,他們可能什麼都『懂』,但你要叫他們真的動手做點什麼才知道有多不實用。」妙的是,說這番話的人正是一位物理學家。

在 ASML,工程師被期待要不斷挑戰彼此,不能因為對方職位高就盲目接受他的說法。在這裡,每個人都必須把自尊留在門外,這是有道理的。范霍特指出,這種扁平文化能為高強度運作的組織提供必要的安全感與保護:「就算你是老闆,如果決策有問題,至少可以確定有人敢站出來說話。」

「在爭取預算和人力時,ASML 的人是互相競爭的。這家公司的運作方式極其隨興。」2013 年恩荷芬理工大學(TU Eindhoven)的研究員西奧・范卡特(Theo Verkaart)分析 ASML 的生產流程時寫道:「這裡沒有統一的作法,專案主管往往會隱藏自己手上實際有多少資源,等到預算協商時才提出更高的要求。」在這家公司,不大聲爭取資源,就辦不成事:如果沒辦法讓人聽見你的聲音,就別想拿到需要的資源。

ASML 的客戶也同樣難以捉摸：晶片製造商常突然改變需求、更改訂單，或是臨時要求額外的選擇與新功能。套用布令克的說法：「你才一不注意，他們就都想在機台上加點新玩具。」他常用最簡單的說法來描述最複雜的情況。

　　在應付這些改來改去的要求時，專案經理還得確保所有進度都能準時完成。他們不只要負責準備好原型機，還要掌管零件與備品的採購。

　　另一個關鍵考量是，工廠是否有足夠的產能來組裝這些機台。儘管整個過程都涉及極精湛的工程創新技術，但有時最明顯的問題反而最容易被忽略：機台能裝進航空貨櫃嗎？能進得去工廠大門嗎？有些晶片廠就因為 ASML 的新機台比預期的稍大一點，而不得不拆掉外牆。

　　一台新曝光機的生命周期並不會在交付機台時結束（這個階段稱為 NPI，亦即新產品導入）。每家微影機台製造商在這方面的作法大相逕庭。ASML 的機台交付後，還需要大量的調整，但日本競爭對手就像賣相機一樣，出貨時就是調校完美、隨即可啟用的狀態。

　　後者看似比較理想，但 ASML 這種「夠好就好」的策略也有優點。這樣做可以讓晶片製造商更早開始測試，根據自身的生產環境特性來微調設備，盡快讓機台發揮功用：全天候、不間斷地曝光晶圓──而那又是另一個層次的考驗了。

17
護理大軍

亞利桑那州的荒漠平原上，籠罩著令人不安的陰影。在原住民保留地與鳳凰城的群山之間，矗立著一座座半導體晶圓廠。英特爾、摩托羅拉、恩智浦等科技巨擘都在此設廠，而台積電的兩座嶄新晶圓廠也聳立在地平線上。有「太陽谷」之稱的鳳凰城，每年有近三百天豔陽高照，但這些巨大廠房內的無塵室卻始終不見天日。它們與外界完全隔絕，絕不容許任何人事物影響生產。

想了解晶圓廠的運作狀況，只要抬頭看看無塵室的天花板。機器載著滿盤的晶圓，沿著天花板上的軌道來回穿梭，往返於不同機台之間。然而，一旦設備發生故障，整條生產線就會停擺，那些機器就像堵在交通事故現場的車輛，卡在車陣中動彈不得。

這種生產線的阻塞非常嚴重，因為晶圓廠的心臟（曝光機）也會停擺。正常情況下，最快的設備每小時可產出兩、三百片晶圓，而一片晶圓上的晶片價值可達二十五萬美元。對晶片製造商來說，曝光機一旦停擺，就如同他們的心臟也跟著停了。

ASML 在全球有九千名客服工程師，陶德‧葛維（Todd

Garvey）就是其一，他們的使命是確保曝光機持續運轉。自 ASML 於 1984 年在亞利桑那設立美國分公司以來，這裡就是他們的基地。無塵室的制服是全罩式無塵衣，只露出眼睛。這身裝扮就像在醫院裡工作一樣，葛維的工作也很像。他把自己視為 ASML 的護理師，日以繼夜地照料「病患」。

像葛維這樣的服務工程師，得負責維護四、五十台設備的正常運作。勝任這份工作需要多年的培訓，這也是為什麼 ASML 在新晶圓廠動工前，提前很早就開始培訓維修人員。

在晶圓廠工作，膀胱要很強壯。要上廁所，光是換裝就要花很多時間，很常讓人寧可選擇忍一忍。葛維建議：「盡量少吃少喝就對了。」但這很難執行，因為他和團隊都要輪值十二小時的長班。他們連續工作三天，再休息幾天，如此輪替。

當朋友問起葛維在晶圓廠的工作時，他總是這麼回答：「我負責維護一台超昂貴的相機，它以每小時三、四百公里的速度，重複拍攝同一個影像到晶圓上，而且每一張都必須精準到極致。」

過去二十五年來，葛維對待這些機台就像對自己的孩子一樣：「它們都是我的寶貝。每當客戶訂購新機台時，我都會親自到維荷芬去看組裝進度。我會看著它從一個一個零件模組，逐漸長成一台完整的晶圓生產設備，再看著它被拆解準備出貨。接著，我會陪著它，我的寶貝，一起飛往晶圓廠。」

走進任何無塵室，你會發現曝光機永遠是主宰。它不僅是最昂貴的設備，也負責最關鍵的生產製程，因此必須時時刻刻維持全速運轉。其他設備的價格沒那麼高昂，負責執行後續的蝕刻、加熱、在晶圓上添加新層等步驟。而在這些步驟之間，還必須不斷地量測

晶圓，確保晶片各層之間完全對準。

曝光機只要定期保養，通常能維持98％到99％的運作時間。就像高速公路，透過妥善規劃，就能把任務與流量轉移到其他生產線，把干擾降到最低。真正造成重大財務損失的，是那些突如其來的「設備停機」警報。但你不會聽到警報聲響起——工廠裡已經夠吵了，所以警報器通常是關閉的。

如果故障預計會超過四十八小時，最好把晶圓轉移到其他生產線，忍痛接受良率降低的損失。此時，運送晶圓的機器就只能乖乖在原地排隊等候，而ASML的工程師則忙著診斷及搶救「病患」。

「這就像在解一道很困難的謎題，」工程師金康山（Gang-san Kim）說道，「找到解法時，那種如釋重負的感覺真的很棒！」要處理這些精密設備，需要鋼鐵般的意志。晶圓廠雖然已經全自動化，人為疏失始終無法完全避免：不管是線路鬆脫、螺絲未鎖緊、工具掉落，或是鏡頭上出現指紋或刮痕等。不過，無塵室裡最糟的狀況，是漏水或光罩受損。光罩是晶片結構的獨特藍圖，更換一片要花數十萬美元。

一旦光罩出問題，廠內高層會立刻蜂擁到機台邊。「指揮的將領太多，幹活的士兵太少。」金康山形容。他鑽進機台底下尋找問題時，這群主管只能在一旁焦急地看著。他們也不敢插手——他們知道，那些複雜的線路和鏡頭系統已經遠遠超出他們的能力範圍。

有些難題，有時得花好幾週的時間才能解決。如果ASML的護理大軍都束手無策，就得請總部維荷芬的專家出馬。時間就是金錢，問題拖越久，就得往越高的層級呈報，最後甚至可能要原始的

設計團隊親自出馬。

威姆・帕斯（Wim Pas）仍清楚記得他遇過最棘手的案件。他是負責鳳凰城北部台積電廠區的現場主任，那裡有一台浸潤式機台經常出現莫名其妙的故障：每次重新開機後的兩小時內都會生產出有瑕疵的晶片，然後又恢復正常，彷彿什麼事也沒發生過。他們花了幾個月才查出原因。原來，每次機器停止運轉，都有五滴水珠落在膠層上，導致膠層膨脹幾奈米。這小小的變化就足以讓晶片圖案出現偏移。等到水分蒸發後，膠層又會恢復原狀，讓人完全找不到機器出錯的蛛絲馬跡。

這類問題只有在工廠實際運作時才會浮現。即使經過多年的縝密規劃，仍有一半的問題是無法預料的。正因如此，ASML才會在機台正式運轉時，才進行微調。這也是發現哪些零件特別容易磨損的唯一方法。誠如帕斯所說：「只有在現場，設計上的所有缺陷才會顯現出來。」這時就只能祈禱有現成的備用零件──機台是由數不清的零組件所組成，要預先判斷哪個零件最先出問題並提前做好準備，簡直是不可能的任務。

ASML的業務部門負責與晶圓廠協商，哪些改善項目屬於保固範圍，哪些升級需要額外付費。服務工程師則完全不碰這些財務討論。光是在晶圓廠的日常工作就已經壓力夠大了。他們處於第一線最吃重的位置，實在無暇分心處理其他事物。

曝光機最終會透過特殊的「配方」進行優化。就像F1賽車會針對不同賽道做調校，這些機台也會根據生產的晶片種類進行微調。晶片製造商總是希望每台設備都能發揮「最大產能」，但就像帕斯所說的，每台機器都不一樣。「這就像你買了兩台一模一樣的

車,但一台最高時速只能到 150 公里,另一台卻能跑到 180 公里。我的任務是說服晶片製造商,應該慶幸還有一台車可以跑更快,而不是抱怨那台只能跑 150 公里。」

就像可口可樂不會公開配方,晶片廠的製程配方也都是機密。不過,如果你過度調整機台而導致故障的話,ASML 的總部一定會問原因。

不可預期的狀況不只來自機台本身。無塵室雖然已經盡可能與外界隔絕,有時仍無法完全阻擋外在干擾。地震和雷雨造成的氣壓變化,都可能干擾微影製程。甚至有時候,問題出在——牛。英特爾就遇過一個離奇的狀況:每天晚上的良率都莫名其妙地下降幾小時。研究人員想破頭才發現,元凶竟然是牛放屁與打嗝。

每天凌晨一點到兩點,風向會改變。附近乳牛場排放的甲烷氣體會穿過空氣過濾系統,溜進無塵室。這些「鄰居」睡夢時所排放的氣體居然足以影響生產,導致這段時間的晶片生產良率下降。由於無法有效過濾這些氣體,英特爾只好花錢請三座牧場搬遷。此後,所有在為晶圓廠選址的人都知道,要特別注意附近有沒有牛。

現代曝光機的運轉聲,幾乎會完全被空調的轟隆聲蓋過。但老機型(比如 PAS 5500 系列)啟動時會發出獨特的金屬轟鳴聲,ASML 員工稱為「咆哮」。如果開機時聽到這個聲音,就表示一切正常。ASML 的軟體也藏了一些彩蛋:內行人知道,某些系統可以玩諾基亞手機上的經典遊戲《貪食蛇》。畢竟,在無塵室裡待一整天真的挺漫長的。

晶圓廠裡還可能發生更離奇的事。大約二十年前,亞利桑那州的一座晶圓廠,曝光機頻頻出問題。廠內的工程師表示:「從技術

角度完全無法解釋,而且不只是 ASML 的設備出狀況,所有的系統都有問題。廠長都快崩潰了,後來有人指出:這座晶圓廠的位置,古時候是原住民的墓地。廠長認定這就是原因:晶圓廠一定是被詛咒了。」

他們請來一位薩滿巫師。薩滿一到場就發現問題了:工廠入口處的水泥方尖碑看起來很像墓碑。他指著那個方尖碑說,想安撫亡靈的話,最好先把那些東西拿掉。接著,薩滿穿上無塵衣,前去檢查生產線。沉默許久之後,他轉身對廠長說:「亡靈喜歡紅色。」語畢即默默離開。

就這麼決定了!「如果亡靈想要紅色,那我們就給他們紅色。」廠長的目光落在一個紙箱上,那是 ASML 的鏡頭包裝箱,顏色剛好是亮紅色。他把紙箱折成一個小帳篷的形狀,放在曝光機上。

不可思議地,所有問題都奇蹟般地消失了。那個紅色小帳篷在機台上放了好幾年,沒人敢動它。後來這家晶圓廠要再訂購一台機器時,還特地向 ASML 提出要求:「能不能也在第二台機器上,放一個紅色小帳篷?」

當然沒問題。

第三部

打造不凡

破曉時分，文森・阮（Vincent Nguyen）早已睜眼醒來。這位年輕部落客站在床邊，仔細清點裝備：「手機行動電源兩顆，攝影機的三顆。」他有預感，這些都會派上用場。如果傳聞屬實，他可不想錯過任何精彩時刻。

2007年1月9日，星期二。經過數月的期待，蘋果即將發表新裝置。據說這是一台萬能裝置：打電話、收郵件、聽音樂、看影片，什麼都行。此時此刻，在舊金山MacWorld大會現場，漫長的等待即將結束。文森加入莫斯康中心（Moscone center）外面蜿蜒的隊伍，排隊人龍一路延伸至一樓入口。關鍵時刻終於到來，歷史性的一刻就在那扇門的後方等待著。

大門一開，文森飛奔衝進會場，身後還有數千名參與者。他知道他必須迅速行動才能搶到最佳位置。如今蘋果早已不只是電腦公司，而是成為一種信仰，每個人都渴望一睹那位神祕領袖的風采。場內熱情沸騰，瀰漫著如電流般的興奮氛圍。賈伯斯（Steve Jobs）穿著招牌的牛仔褲與黑色高領衫登場，全場起立歡呼。這位創辦人、執行長兼公司門面，正是為這樣的時刻而生。他是產品發表這個領域的王者，這個舞台就是他的主場。

大螢幕上，iPhone的身影首次現身，觀眾欣喜若狂。全場屏息聆聽賈伯斯以他獨特的魅力娓娓道來：這不是按鍵笨重、軟體簡陋的老式手機，這是一台真正的電腦。誰還需要一堆按鍵？我們有觸控螢幕，只要一個按鍵，什麼都能搞定。魔法，就在你手中。

賈伯斯展示滑動解鎖畫面時，台下傳出一陣驚嘆聲。驚訝的笑聲和掌聲此起彼落。眼前的景象令所有人難以置信──賈伯斯只用手指輕輕一滑，就打開了通往未來的大門。

他揚起嘴角問道：「想再看一次嗎？」

半年後，在美國的另一端，紐約的蘋果專賣店外已大排長龍。這天是 2007 年 6 月 29 日，iPhone 的發售日，文森‧阮又一次站在隊伍的最前端。他是第一批衝出店門的顧客之一，右手神氣地高舉著黑色提袋，興奮地歡呼。蘋果的員工夾道歡迎，在他走出店門時報以熱烈掌聲，四周的閃光燈此起彼落。文森與 iPhone 的合照很快傳遍全世界，這是蘋果死忠粉絲的最高榮耀。

iPhone 的問世，開啟了行動科技革命，徹底改變了人類的日常生活。當 Google 跟進推出 Android 行動作業系統後，手機正式成為數百萬人生活中最重要的電腦。很快，各式各樣的 app 如雨後春筍般出現。生活中的各種配件都整合進這個小巧裝置後，我們的口袋也逐漸變得輕盈：從身份證件、票券、金融卡，甚至整個社交生活，都能一手掌握。自從 2007 年那天，數十億人的目光首次接觸到這些螢幕後，就再也移不開了。

這場 iPhone 啟動的革命，也徹底改變了半導體產業。智慧型手機本身就是一種「殺手級應用」。這個不可或缺的工具不斷要求更大的記憶體容量、更強的運算效能，以及更多感測器。隨時上網的需求催生了更強大的數據機晶片，引發了空前的資料爆炸，帶來更快速的行動網路，也讓雲端服務無所不在。如今，因為手機的存在，離線已經變得無法想像。

2006 年，當時為蘋果電腦供應晶片的英特爾，被詢問是否願意為 iPhone 提供處理器。英特爾拒絕了，因為它認為行動裝置晶片的利潤太低。這個決定成了歷史性的重大錯誤。如今市面上流通的 iPhone 高達十五億支，而且最新機種的售價近一千美元，英特爾簡

直是拿石頭砸自己的腳。

　　於是，第一代 iPhone 採用了以 ARM 技術為基礎的晶片。雖然這款處理器的耗電效率比個人電腦的處理器好，但手機還是很難撐一整天不充電，而且誰都不想口袋裡帶著沒電的鋁合金磚塊。為了延長電池的續航力，蘋果決定自行設計晶片。就如賈伯斯說的：「想要有好的軟體，就必須搭配專屬的硬體。」2008 年，他收購了晶片設計公司 PA Semi，蘋果開始為 iPad 和 iPhone 開發第一批晶片。這個策略相當成功，到了 2020 年，蘋果晶片的效能已經強大到足以應用於筆記型電腦和桌上型電腦。如今 MacBook 的電池續航力遠超過前代產品，已經不再需要倚賴英特爾了。

　　隨著台積電率先掌握 5 奈米製程技術，蘋果也從中獲得豐厚的利益。想知道這到底有多小，不妨看著你的手掌數到五：你的指甲每秒生長一奈米，也就是百萬分之一毫米。無論你是否看得見這個程度的生長，這就是台積電必須掌控的精密尺度。

　　雖然晶片上電路的實際間距較大，但全世界目前只有一台機器能製造出這種超細微的線路。蘋果對此再清楚不過了，因為 2010 年，ASML 的工程師多次造訪蘋果位於加州庫比蒂諾（Cupertino）的總部。他們向蘋果解釋，ASML 正在維荷芬打造突破物理極限的機器：這台機器，將為未來的 iPhone 提供更強大的運算核心。

18
無形的壟斷

　　晶片產業的成長，是仰賴不斷地「縮小」。每平方毫米能塞進的電路越多，晶圓就越有價值。隨著製程尺寸逐漸縮小，相同大小的晶片不僅效能更強、效率更高、性價比也更佳。這也為晶片開創了更多新用途和應用場景，進而為製造商帶來更豐厚的獲利。

　　然而，摩爾定律的挑戰依然存在。早在千禧年以前，半導體產業就已經意識到，要維持每兩年就讓電晶體數量翻倍的進展，勢必需要為曝光機找到新光源。誰也沒想到，這個探索竟然花了二十年才有成果。誠如布令克在 2023 年所說的：「光源一直是個難題，事實上，到現在都還是。」

　　1990 年代後期，整個產業都在競逐這個技術里程碑。在深紫外光技術已推到極限下，佳能、尼康、美國的 SVG，與 ASML 紛紛開始研究哪種技術最有可能製作出更小的結構。最後浮現出三個選項：離子束微影、電子束（e-beam）微影、極紫外光（EUV）微影。ASML 認為，波長介於 10 到 100 奈米的極紫外光微影技術最具商業潛力。畢竟，製造商不會想要一百台每小時只能生產一片晶

圓的機器，他們要的是一台能快速產出數百片晶圓的設備。ASML唯一要做的，就是找出實現這個目標的方法。

要在自然界找到極紫外光，最近的地方是在離地球九千三百萬英里外的太陽日冕。而在地球上產生極紫外光，需要極複雜的技術。其中一種方法是用高功率的雷射擊中一滴微小的錫液，產生比太陽表面還熱的電漿（一種帶電的氣體）。這個過程會釋放出波長13.5 奈米的不可見光。如果能用反射鏡捕捉這種光，就能把它導入曝光機，投影出晶片的圖案。聽起來很簡單：你只需要在地球上造一個太陽。

利用 EUV 生產晶片的前期研究橫跨了三大洲。最早是日本 NTT 的科學家在 1980 年代做初步實驗，不久美國和荷蘭也跟進投入研究。1990 年，荷蘭特文特大學的弗瑞德・畢卡克教授（Fred Bijkerk）終於利用 EUV 光創造出影像。這是個好開始，但要用它來製造一整顆可運作的晶片，還有很長一段路。

1997 年，英特爾召集一群科技公司，發起了「EUV-LLC」研究計畫。參與成員包括摩托羅拉、AMD、美國能源部，以及多個美國國家實驗室，這些都是建立起半導體產業的巨擘。冷戰時期，這些實驗室致力在科技競賽中取得領先，來抵禦蘇聯的威脅。這些機構的科學家同時在研究半導體機台與核子裝置。在美國眼中，這兩項技術都是關鍵武器。但隨著蘇聯解體，美國對這項技術的渴求也開始消退。鐵幕倒下後，也帶走了美國人的急迫感，政府逐漸縮減半導體技術研究的預算。如果矽谷想繼續推進這項技術，就必須靠自己的力量撐過終點。

在這段期間，英特爾挺身而出，成為 EUV-LLC 最重要的支

持者。2001年4月，加州的勞倫斯利佛摩國家實驗室（Lawrence Livermore National Laboratory）終於打造出能製造出僅10奈米線條的原型機。然而，這台機器的製造成本高達2.5億美元，而且根據該聯盟的評估，要讓它達到量產水準，還需要再投入2.5億到7.5億美元。此外，還需要時間：大家普遍預期，要到2005年才能以EUV技術量產晶片。結果他們整整錯估了十五年。

在EUV發展的最初階段，ASML就一直密切關注這項技術。1995年11月，維特科克與畢卡克教授，以及貝爾實驗室的理查·弗里曼（Richard Freeman）一起在蔡司參加了一場EUV研討會。當時，維特科克在筆記本寫下：「還有很多事要做。」這項技術的發展只能暫時擱置。

1997年，ASML的研發長班斯科普重新評估了EUV技術的可行性。初步測試顯示，蔡司已經能製造出引導EUV所需的超平滑反射鏡。情勢開始轉變：這台看似不可能的機器，如今已有足夠的技術突破。於是，1998年，在歐洲和德國政府的資助下，ASML與蔡司合作成立了以希臘數學家歐幾里得命名的極紫外光聯盟（Euclides）。不久後，飛利浦、荷蘭應用科學研究組織（TNO）、德國夫朗和斐研究院（German Fraunhofer Institute）也加入。1999年，歐洲與美國的EUV研究計畫決定攜手合作。這對英特爾來說再好不過了，它一直在推動更多的曝光機製造商加入EUV-LLC，以便技術成熟時有更多的供應商可以選擇。美國的SVG已經取得授權，但是當尼康與佳能表達加入意願時，美國國會卻加以阻擋。他們絕不允許日本企業從美國納稅人的錢中獲利。

身為美國的長期盟友，荷蘭輕易就獲得美方同意。不過，

ASML 要真正拿到授權，還需要美國外資審查委員會的許可。於是，1999 年，布令克開始與時任美國能源部副部長的歐內斯特・莫尼茲（Ernest Moniz）展開會談。

莫尼茲是物理學教授，頂著一頭飄逸的銀灰色齊肩短髮，讓人一眼就能認出他。他同意授權給布令克，但條件是 ASML 必須在美國設廠，生產供應美國市場的 EUV 機台，並優先採用美國供應商的零件。1999 年 2 月，莫尼茲還在《電子工程專輯》雜誌（*EE Times*）上自豪地談到這件事。但 ASML 從一開始就沒有打算履行這些條件，也從未履行過。布令克回憶道，當時他對 EUV 技術還沒有多大的把握：「我對莫尼茲說得很直白，EUV 技術對 ASML 來說風險極大，我們只會在自己的條件下接受這筆交易。」

在能源部昏暗的圖書室裡，雙方會談陷入膠著。他的律師建議：「別再說『不』了，先答應他們的條件，反正之後還可以修改協議。」

會談結束後，布令克請美方人員到高級餐廳用餐，他選在一個能眺望白宮的地方，希望能轉換氣氛。不過，在簽署最終協議之前，他就得離開了。「明天早上我要在維荷芬的辦公桌上看到符合我們條件的合約。」下達指令後，他就搭上最後一班從華盛頓起飛的英航班機。當莫尼茲還在為「把高薪工作留在美國」沾沾自喜時，ASML 已經開始執行自己的計畫：以 16 億美元收購美國競爭對手 SVG，連同其 EUV 技術授權一併入手。一旦 ASML 的併購計畫獲准，一切就塵埃落定了。西方世界從此只剩下一家微影設備製造商主導 EUV 機台的開發。日本雖然仍在推動自己的研究計畫，但在缺乏美國的專利授權下，佳能和尼康根本毫無勝算。

就這樣,即使在美國外資投資委員會的嚴密監視下,ASML 仍掌握了 EUV 的實質壟斷地位。不過,這項技術仍在萌芽階段。在追趕摩爾定律的競賽中,誰也無法保證 ASML 押對寶。在工業環境中生成及維持 EUV 一直都非常困難,到現在依然如此。幾乎所有的物質都能吸收這種不可見的光,連空氣也不例外。這表示曝光機必須用反射鏡取代透鏡,而且只能在真空環境中運作。

布令克深知這點,他在 2001 年遇到 ASML 內部的建築師范艾肯時,問道:「嘿,你能打造出一座完全真空的工廠嗎?」

范艾肯一聽,嚇了一跳:「不太可能吧,人要怎麼在裡面工作?沒氧氣怎麼行。」

「對喔,真討厭,」布令克皺著眉頭回答,「看來我們只能自己想辦法了。」

19
液滴不可靠

「第一道光」——晶片製造商最愛用這個術語來形容首次啟動曝光機的時刻。這原本是天文學的專有名詞，形容望遠鏡首次捕捉到某個遙遠星系的模糊影像。但漢斯・梅林（Hans Meiling）看到的不是星星，而是香蕉。

2006年1月的一個週六，ASML的專案負責人梅林正在檢視EUV機台的早期原型機「阿爾法」（alphatool）所曝光的第一片矽晶圓。在EUV微影技術的開發初期，光源還很微弱，只能勉強在晶圓上看到掃描器投影出來的靜態圖像。那些影像看起來像一串模糊的半圓形，狀似香蕉。梅林注意到這點後，這個聯想就在他的腦中揮之不去。

梅林是EUV微影技術的關鍵人物之一，從這項雄心勃勃的研究計畫剛起步，到第一批機台在台灣和南韓正式運轉，他都參與其中。他現在已經離開ASML，但他仍穿著一件印有「ASML，一家相對默默無聞的公司」字樣的灰色毛衣。毛衣上的那句話取自BBC的評論，對他來說別具意義：因為他們當時完全不知道，這

家「默默無聞的公司」是多麼拼命地在追尋那一道光。

2006年左右，ASML投入EUV微影技術的研發團隊約有兩百七十五人，其中大部分來自飛利浦、荷蘭應用科學研究組織（TNO）、蔡司。研發團隊在恩荷芬機場附近的一棟建築裡工作，那個地點讓團隊能夠安靜地做EUV研究，但一切還是受到班斯科普與布令克的密切督導。回想起那段時光，梅林說：「頭幾年完全沒有商業壓力，那段日子真美好。」能全心投入這種極度複雜、幾乎全靠假設推進的任務，這是每個工程師的夢想。套用他的說法：「EUV既新穎又困難，每個人都想參與其中。」

但美夢總有醒來的時候，新的一年也帶來新的壓力。布令克希望在2月的SPIE晶片製造商的年會上，展示機台確實可以運作的證據。他們必須拿出解析度低於40奈米的晶片結構照片，但該團隊目前的成果還停留在數百奈米的等級。一下子突然變得分秒必爭了：梅林的團隊只剩短短幾週的時間，必須大幅降低那個數字，並且把那些飄浮的香蕉圖案變成能見人的模樣。在腎上腺素的驅使下，團隊日以繼夜地趕工，要在幾週內完成原本需要數月才能達成的任務。在簡報當天，ASML呈現出來的最新影像是35奈米。

這些最早期的EUV曝光機是採用所謂的「放電燈」（discharge lamp），但由於功率太小，曝光一片晶圓就得花上好幾個小時。儘管如此，ASML還是把原型機送到了魯汶的研究機構imec和紐約阿爾巴尼（Albany）的實驗室。但布令克很清楚，這只是權宜之計：放電燈的功率永遠不足以應付真正的量產需求。

「我們是怎麼產生EUV光的？在熔錫槽裡轉動兩個輪子，再加上火花。想要更強的光，就得轉得更快，但這就像在雨中快速騎

單車一樣。錫液會四處飛濺，把一切都弄髒。」如果 ASML 想要進一步的突破，就得另尋出路。

他們把希望寄託在西盟科技（Cymer）上，這是一家位於聖地牙哥的公司，原本就是傳統曝光機的雷射供應商。西盟科技正在開發一種液滴生成器，能以每秒五萬次的速度，產生 30 微米大的錫滴。如果在真空中用強大的二氧化碳雷射射擊那些液滴，就能產生電漿，放射出波長 13.5 奈米的理想光源。

至少計畫是這樣，現在他們只是需要在晶片廠中實際做到這點。

2004 年，英特爾向西盟科技投資了兩千萬美元，希望加速 EUV 光源的開發。但西盟科技不想被催促：他們不願為了一個前景未明的技術貿然投入大筆資金，尤其唯一的潛在客戶還是來自荷蘭。風險太大了，如果要做，也得按他們自己的步調來做。

與此同時，ASML 其實有一個不算祕密的武器：維特科克。這位來自飛利浦時代的先驅，過去八年擔任西盟的科學顧問委員。那段期間，他召開過無數次討論 EUV 的會議。他看得出來聖地牙哥有許多聰明的員工，願意冒險嘗試有趣的概念，有時還真的有些成果，但品質始終不穩定。量產正是西盟的弱點，ASML 的工程師對這點再清楚不過了。從聖地牙哥送來的原型機讓 ASML 團隊大為震驚：這些技術偏差之大，相較於他們習慣從其他供應商那裡得到的精良技術，有著天壤之別。但要在微影系統中捕捉極紫外光，這種難度本身確實是前所未見。機器不必漂亮，但必須能用。

西盟很快就發現，先將錫滴壓扁成圓盤狀，可以大幅提升光源的強度。於是，他們把雷射系統改造成雙段式發射：第一下先輕

擊，把錫滴壓成薄餅狀；接著再以更強的雷射把錫加熱至二十萬度，轉化成電漿。這樣的突破令人振奮，但這只是開始，他們還得想辦法讓這個過程每秒重複五萬次。ASML 不斷推進的過程，彷彿已經快壓垮物理定律：每次為了提升光源強度和穩定性所做的嘗試，都像在挑戰物理極限。其中，反射問題特別棘手。二氧化碳雷射的發射瞬間，錫滴會把部分的雷射光反射回去，穿越數百公尺的管線與鏡面，直達雷射器的核心。一旦雷射光觸及核心，整個設備就會燒毀，一切前功盡棄。

工程師只能用他們最熟悉的方式來尋找答案：反覆試驗。經過無數次的腦力激盪、試產與測試後，ASML 想出一個辦法：乾脆把錫滴變成雷射系統中的反射鏡。但雷射光需要來回折射好幾次才能達到所需的強度，在這期間微小的錫滴早就消失了。布令克這才意識到他忽略了一個最根本的限制：光速。「我們花了五年才明白：液滴不可靠。」

ASML 又回到原點。德國的雷射供應商創浦（Trumpf）必須與 ASML 和西盟的專家一起解決這個問題。此時，EUV 曝光機的雷射裝置已經有四十五萬個以上的零件。既然已經夠複雜，工程師又設計出一套方法，在反射光返回發射源之前就導向他處、截斷。直到 2008 年，這個技術才終於成功，但歡慶的氣氛很快就被澆熄了：一連串的新難題接踵而來。

要讓光源「乾淨地」啟動是一大挑戰──就像柴油引擎在清晨首次啟動時會噴出濃濃的黑煙一樣。每次轟擊後，錫滴都會在反射鏡上留下殘漬。這面反射鏡是負責收集光線的「收集器」，所以殘渣層越厚，功率越低。這表示反射鏡必須不斷被拆下來清理，導

EUV 光源

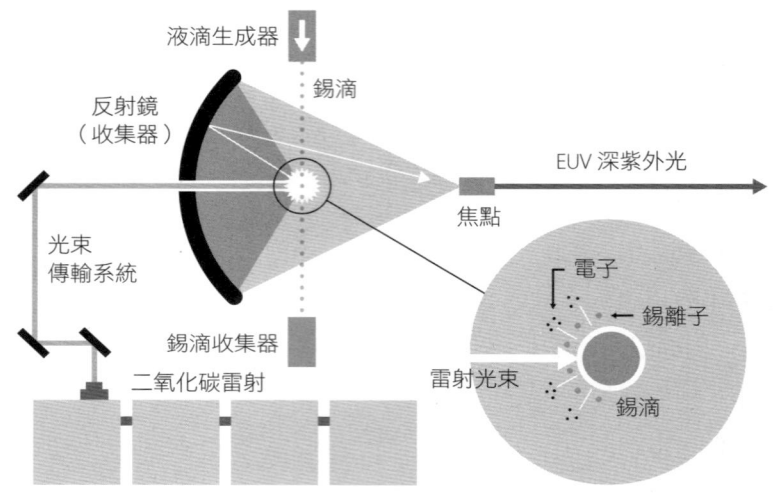

液滴生成器
錫滴
反射鏡（收集器）
EUV 深紫外光
焦點
光束傳輸系統
錫滴收集器
二氧化碳雷射
雷射光束
電子
錫離子
錫滴

兩道分開的雷射脈衝，每秒擊中錫滴多達五萬次，創造出能生成 EUV 光的電漿。

致晶片機台長時間停擺。ASML 花了好幾年才終於克服這個問題。

這整個製程也需要耗費極大量的電力，遠超過傳統曝光機的用量，才能留住足夠的光來印製晶片圖形。光束在曝光機中的傳輸過程會經過十面反射鏡，每面都會吸收 30％ 的光。布令克很快算了一下：「一開始從電網取得 150 萬瓦的電力，產生 3 萬瓦的雷射光，再轉換成 100 瓦的 EUV。最後打在晶圓上的大概只剩 1 瓦。」這些機台看起來只擅長燒錢，但總得設法讓它們開始賺錢才行。於是，ASML 一步一步提高功率，因為要在如此精細的尺度上曝光，非得用最強大的雷射不可。

但功率越大，產生的熱量也越多，使反射鏡膨脹，進而產生細微的偏差，必須馬上用微型馬達修正。就連攜帶晶片藍圖的 EUV 光罩本身，也是一面極敏感的反射鏡。而它就像五星級飯店的客人一樣要求完美，絕不容許有絲毫的灰塵。但要如何保持一塵不染呢？雖然機台是在真空中運作，但分子仍然可以滲入密封的艙室並沉積在反射鏡上。這迫使 ASML 大幅提高生產 EUV 機台的無塵室標準：每立方公尺的無塵室空氣中，最多只能容許十個 100 至 200 奈米大小的灰塵粒子──這比醫院手術室的空氣還要乾淨上千倍。

早在 1988 年，梅林就已經計算出晶圓廠需要為 EUV 技術支付的成本。根據他的估算，ASML 當時大大低估了這項新技術帶來的財務影響。現在回想起來，他覺得這或許是好事。畢竟，沒有哪位理性務實的執行長會投入一個要花二十年、既看不到成功曙光、中間也毫無獲利可能的計畫。這已經不是在冒險，根本是瘋狂賭注。這也是日本競爭對手最終退出這場競賽的原因：不是因為他們的工程師能力不足，而是尼康和佳能實在無法繼續在 EUV 技術上投入那麼龐大的資金。

真正與時間賽跑的階段是從 2006 年開始。布令克在 SPIE 大會上報告完後，立即在他下榻的阿姆斯特丹大飯店的房間裡，賣出第一台 EUV 曝光機給三星，並承諾於 2010 年交機。這個上市期限相當大膽：三星要求第一台曝光機要產生 100 瓦的 EUV 光源，當時 ASML 連 5 瓦都還沒達到。

從那時起，布令克每天追蹤光源的最新進展，連度假時也不例外，因為沒有比這更重要的事了。某年夏天，他在義大利的住處收不到訊號，還跑到山頂打電話。在接下來的兩小時通話中，他才搞

清楚西盟那邊的問題已經累積到什麼程度。每解決一個問題，就冒出更奇怪的新問題，讓他不禁心頭一沉。他深知要完成這個怪物級專案，必須挹注更多的資金。但當時金融市場正在崩盤，還把晶片產業一起拖下水時，資金要從哪裡來？

20
三劍客

　　2008年9月，全世界驟然停擺。美國投資銀行雷曼兄弟（Lehman Brothers）宣告破產，瞬間重創全球市場，世界經濟陷入一片混亂。銀行業脆弱得像紙牌屋，諷刺的是，這座紙牌屋偏偏是建立在一堆用不良房貸購買的實體房屋上。在全球信貸危機全面爆發之際，晶片製造商再也籌不到資金投資新技術了。全球市場凍結，ASML也跟著面臨寒冬。

　　ASML向來善於預測晶片產業的景氣起落，但這次的衝擊程度卻是始料未及。執行長麥瑞斯在2008年12月18日的新聞稿中直言：「我們從未見過微影系統的需求如此突然暴跌。」現在輪到ASML緊急踩煞車了。組裝曝光機的工廠被迫停工。公司總共六千九百名正職與一千六百名約聘員工之中，必須裁撤一千人。

　　ASML加入了荷蘭就業保險局的縮短工時方案。該方案承諾補貼受影響員工70％的薪資，不僅為企業減輕壓力，也幫企業保住員工。ASML縮減了一千一百位員工的工時，大多是生產線的員工。但其他員工也未能倖免：所有人的年終獎金（也就是俗稱的第

十三個月薪資）都被砍了一半。

溫寧克把公司陷入的這場危機稱為「大衰退」（The Big Down）。雖然外界一片恐慌，ASML 當時仍有十三億歐元的現金儲備。相較於供應商和晶片製造商，他們的財務狀況相當穩健。不過，溫寧克在法說會中清楚表明，他們「不想成為業界的央行」。ASML 持續投資，股東也持續領取股利。

荷蘭政界很快就注意到這點，政壇掀起了軒然大波。ASML 一方面從政府領取 1,500 萬歐元的失業補助，另一方面卻發放 8,300 萬歐元的股利給投資人。政治人物譁然：這簡直就是變相的國家補貼。ASML 出面反駁，發放股利是為了穩住長期股東。但傷害已造成，ASML 的股價在數個月內腰斬。這下，恐慌開始蔓延了。他們最擔心成為避險基金與空頭狙擊的目標。一旦發生這種情況，公司就很容易陷入敵意併購的危機，這是 ASML 無論如何都想避免的情況。

自 2006 年廢除優先股以來，ASML 只剩一招可以對付那些惡意收購者：1998 年成立的特別股基金會。幸好，他們從來不需要啟動這道防線，但外界對 ASML 的覬覦從未停歇。ASML 曾兩度差點落入美國人的手中。1999 年左右，蝕刻機製造商應用材料公司（Applied Materials）考慮進軍微影市場，曾試探 ASML 是否願意被收購。兩家公司在 1999 年成立一家電子微影合資公司，但合作時間不長。另一家美國晶片設備製造商科磊（KLA）則是趁著千禧年後 ASML 股價下跌時想併購 ASML。ASML 拒絕了這項提議，談判也就此告終。

儘管最初市場一片恐慌，ASML 還是平安度過了 2009 年，

沒有陷入任何嚴重的危機。半年後，晶片和曝光機的需求開始回溫，他們挺過來了。荷蘭政界和輿論仍對補助金風波耿耿於懷，但ASML執行長麥瑞斯選擇不再理會，他的目光已經投向更遠大的目標：把處理器和記憶體晶片的曝光機市占率從50％提升到80％。如果這個目標達成，未來研發新技術的資金會直接流向ASML的大門。一位前主管說得很直白：「要是這樣還把事情搞砸的話，那就真的沒救了。」他們正一步步掌握主導權：趁著日本競爭對手仍採取保守策略之際，ASML在危機時期持續投資研發，逐步拉開領先優勢。

ASML決定把重心放在少數幾家有財力投資新技術的大型晶圓廠上。小眾專案則全部中止，例如用曝光機製造LCD面板的構想就此告終。雖然那個市場有潛力，但布令克不願讓優秀的工程師投入LCD面板的研發。他需要把所有的人力都拿來解決EUV技術面臨的重重難題。要達到三星要求的100瓦功率，時間已所剩無幾，而另一個重要客戶又提出了更嚴苛的要求。

台積電仍對EUV技術半信半疑，決定開始測試荷蘭新創公司邁普（Mapper）的電子束機台。ASML早已放棄用電子束技術來量產半導體。沒錯，用電子來繪製精密的晶片結構，確實不需要昂貴的光罩，但產能太低，根本無法應付規模生產，跟EUV的預期效能更是不能比。這種情況不太可能改變：隨著晶片結構越來越精細，印製速度只會越來越慢。儘管如此，2010年台積電仍公開表示，他們相信邁普的技術將成為未來主流。ASML的人認為這簡直荒謬至極，簡直跟說「草不是綠色」一樣不可思議。

同一年，梅林把車子開進了蘋果總部Infinite Loop的停車場。

拜訪「客戶的客戶」確實不太尋常，但梅林認為，面對全球最大的科技公司，值得破例。況且，他心想，是蘋果邀請他去的。或許蘋果正在考慮自建晶圓廠，想了解 EUV 機台的情況。

不過，這次拜訪蘋果還有更重要的目的：蘋果這種重量級客戶如果表現出興趣，或許能說服台積電。梅林也事先告知台積電他要去蘋果總部。畢竟，雙方關係本來就敏感，他不想讓台積電從別處得知這個消息。

沒過多久，ASML 又和蘋果開了第二次會議。梅林這次「建立市場信任」的策略奏效：台積電很快就下單訂購了首台 EUV 設備。蘋果高度肯定台積電的技術實力，於是放棄三星，從 2013 年 1 月起，改由台積電供應蘋果行動裝置所需的晶片。這開啟了這兩家科技巨擘的共生關係，而成就這段合作的關鍵正是 ASML。

要讓 EUV 技術達到量產水準，ASML 還有一個難關有待克服。在聖地牙哥負責光源研發的小組，一直無法提升雷射功率。西盟的技術長與布令克通電話時坦言：「EUV 光源比一般雷射複雜太多了，簡直難以想像。以前我都是等到下午五點，其他人都走了，自己慢慢解決問題。但這次不一樣，我們真的解不開這個問題。」

到了 2012 年，布令克終於失去耐心。他想收購西盟，完全掌控光源技術的開發。希望投入更多的資金和人才，最終能突破這個讓歐洲研發陷入停滯的瓶頸。但執行長麥瑞斯堅決反對。在這位執行長的眼中，世界有一套嚴謹的秩序：ASML 是設計與組裝系統的總架構師，供應商就應該繼續當供應商，收購只會帶來麻煩。至少，這是麥瑞斯奉行的法則。他希望在與西盟談判時，手中有更多

選項，甚至飛去日本，想了解西盟的競爭對手Gigaphoton是否有意出售。結果對方並不打算賣。麥瑞斯更傾向和西盟成立一個沒有約束力的合資企業。但對布令克來說，這樣根本不夠徹底，也不夠快。

技術長布令克氣得對執行長大吼：「搞什麼！不收購西盟的話，我們永遠也做不出來！」但麥瑞斯依然不為所動。為了尋找支持收購的盟友，布令克立刻前往財務長溫寧克的辦公室。溫寧克向來對布令克的技術判斷百分之百信任，但他需要一些具體的數字。

「如果以1到10來評估，EUV成功運作的機率是多少？」

「6到8吧。」布令克回答。

「好，那就做吧。」

在下一次的董事會議上，兩人聯手發動攻勢。這位法籍執行長終於讓步：必須收購西盟。ASML無法獨自承擔收購成本以及額外的EUV研發費用，所幸麥瑞斯和溫寧克已經想好對策了。

2012年7月初，ASML宣布了一項破天荒的協議：公司將釋出股份給三大客戶，換取研發資金。英特爾投資33億歐元，換取15％的股份。台積電與三星也跟進，但投資金額較小，三家合計最多持股25％。但這些股份沒有投票權，也無法提名董事會的成員。ASML仍牢牢掌握一切決策權。

這個計畫是在溫寧克的辦公室裡腦力激盪出來的。他和執行長麥瑞斯也成為這個「三劍客計畫」的主要推手，計畫名稱靈感源自大仲馬（Alexandre Dumas）的小說《三劍客》（*The Three Musketeers*）。不過，這次的三位主角換成了：處理器的市場龍頭英特爾、記憶體晶片的最大製造商三星，以及全球最大的晶圓代工

廠台積電。這三家公司有一個共同利益：他們都仰賴 ASML 的創新技術。

「人人為我，我為人人！」這個構想雖好，但晶片大廠之間並沒有那麼團結。英特爾計畫把矽晶圓的直徑從 300 毫米提升到 450 毫米，以便容納更多的晶片。但 ASML 和多數的晶片設備製造商一樣，不看好這種規格。晶圓廠的所有設備都得重新調整，而且這種大規模變革所需的成本，遠超過增加產量所帶來的效益。各項數字都顯示這樣做划不來。如果英特爾想要 450 毫米的曝光機，美國人就得自己買單。即便如此，ASML 也表明，至少要有另一家廠商加入，它才願意供貨 —— 這就是他們要求三星和台積電入股的原因。這些公司同意了，但條件是大部分的資金必須用於 EUV 技術的開發。最後研發資金的分配是：5.53 億歐元用於開發大尺寸晶圓設備，8.28 億歐元用於 EUV 技術的研發。

那年夏天，ASML 的領導團隊奔波世界各地，試圖讓三劍客團結起來。英特爾最需要他們花心思去溝通協調，ASML 還特別為這位『劍客』取了個專案代號：「Polder」（圍湖造田）。另一方面，美國人也為這項協議想了一個代號：「Stroopwafel」（荷蘭煎餅）。

一開始是執行長麥瑞斯提出構想，計畫與四家客戶組成聯盟，每家入股 ASML 各 5％。但在初期談判中，英特爾表現得相當猶豫：他們不願將未來押注在單一技術或單一公司上。英特爾表示，除非能拿下至少 25％ 股份，擁有主導權，否則不考慮參與。但 ASML 非常清楚：他們決定不會成為英特爾的子公司。雙方歷經一年多才達成協議，協議不包含任何主控權機制。最終，英特爾的

營運長布萊恩‧科再奇（Brian Krzanich）在帕羅奧圖一家飯店裡簽署了協議。台積電方面，創辦人張忠謀也親自簽署，取得 ASML 的 5% 股份。三星則在最後一刻才入股 3%，因為他們的執行長當時正好生病。

ASML 總共賣出了價值 38.5 億歐元的股份，獲得 13.8 億歐元新技術開發資金。此外，ASML 也創造了一千兩百個高科技職缺。對一家只有四千名工程師的公司來說，這是相當可觀的數字，也大幅振興了布拉邦地區。

然而，這項計畫還需要股東大會通過。雖然在半導體業中，客戶持有小部分股權的情況並不罕見，但 ASML 即將提出的方案可能更難讓股東接受。公司要求現有投資人讓出部分持股，換取補償。這是溫寧克想出的安排：用合成股份回購的方式，避免稀釋股份價值。

美國資本集團（Capital Group）、富達（Fidelity）、貝萊德（BlackRock）等大型投資機構接連提出尖銳的質疑。溫寧克頂住了壓力，最終在 2012 年 9 月獲得股東同意。一個月後，他們宣布以 19.5 億美元的股票收購西盟。

然而，對於新晉股東英特爾來說，事情卻出現了意想不到的轉折。ASML 一如承諾，用了一年時間開發 450 毫米的設備。但布令克已經受夠了，英特爾如果想要這種設備，就得下單付錢。美國人很遲疑，覺得這完全是衝著他們來的：「難道沒有其他廠商想買 450 毫米的設備嗎？」布令克冷冷地回應：「拜託，這本來就是你們的主意吧。」

2013 年初，布令克在加州安排了英特爾、三星、台積電這三家

公司的技術長會面。「三劍客」首次有機會面對面交鋒。此時已不再是「人人為我」的局面，而是變成了二對一的對決。台積電和三星直截了當地說：他們認為大尺寸晶圓毫無意義。突如其來的攻勢讓英特爾措手不及。在美國主導產業數十年後，如今局勢逆轉，由亞洲晶片製造商說了算，英特爾也無力改變這個事實。

450 毫米晶圓的計畫就此喊停，剩餘的預算也隨之釋出，讓 ASML 多了三億歐元來加速 EUV 的開發。這筆錢來得正是時候。

21
喬安的手

　　拜託，跟喬安握手時可要特別小心。她手部的精細動作能力驚人，是在 ASML 聖地牙哥的無塵室裡工作多年磨練出來的。她總是在機台前專注地彎下腰，小心翼翼地把兩條細線纏繞在所謂的「噴嘴」上。這個噴嘴是 EUV 光源的核心零件，它透過中空的針頭，以每秒五萬次的速度噴射出錫滴。

　　全公司只有喬安和另一個同事能夠纏繞及焊接這些幾乎看不見的細線。這種精密的工作，很少人能夠掌握。「就連製錶師傅也做不到，」他們的主管讚嘆地說：「而且這種工作根本無法自動化。」

　　這可不是小事：在晶圓廠的日常運作中，噴嘴經常堵塞。這種情況發生時，唯一的解決方法就是立刻更換。聽來匪夷所思，但如果沒有喬安和她同事的巧手，三星和台積電的 EUV 機台就會停擺。2023 年，全球最先進的晶片生產線，竟然得靠兩雙人手來維持運作。

　　同年，聖地牙哥的 EUV 實驗室正在擴建。事實上，ASML 的

所有設施都在如火如荼地擴建中。這波擴建潮不僅是為了因應曝光機的強勁需求，更是為了確保有充足的空間測試新一代 EUV 機台的光源原型。想提升功率，就得提高錫滴射出的頻率——這正是這裡的工程師要解決的難題。儘管曝光機裡充滿超乎想像的物理現象，這個部分倒是很直觀。更難得的是，這個過程肉眼可見：在他們的測試裝置中，你可以看見熔融的液滴迅速射出，宛如一串細小的點，無聲地飄浮在金屬管中。

另一間無塵室的大門一開，就能看見員工暱稱為「怪獸」（The Monster）的龐然大物。這座數公尺高的金屬巨獸，周圍環繞著用來點燃電漿的真空艙。整個光源系統散發著超乎現實的氛圍，就像直接從太空船上拆下來的引擎組件。附近，一位工程師正仔細檢視手中佈滿錫液飛濺痕跡的晶圓。透過這些圓盤，他們能檢查「怪獸」的心臟是否還在穩定跳動。在這頭巨獸的內部深處，藏著喬安焊接的噴嘴，旁邊的艙室裡則是蓄勢待發的雷射。

在另一間密閉的控制室裡，三位工程師正在審視最新的結果。他們終於可以歡呼了：實驗室成功產生了 600 瓦的 EUV 光源。但他們不能鬆懈，因為大家已經在談論下一個目標：1000 瓦。

十年前，布令克連想都不敢想這樣的數字。

2013 年，EUV 光源的功率太低，無法讓晶片生產達到獲利水準。液滴生成器若要發揮效用，必須完美掌控時間，每次都要射出完美的液滴。但這些零組件既微小又脆弱，常發生漏液與堵塞，有時還會因為高壓而斷裂。液滴生成器的大部分零件仍是由西盟手工製作，而且幾乎無法事先測試。這導致良率完全無法預測：在初期的生產階段，有一半的液滴生成器根本無法運作。要把這項技術商

用化並達到量產水準,還需要好幾年的時間。

ASML收購西盟後,把西盟一分為二。這是一次嚴格的資產分割,目的是避免任何利益衝突。這次分割的結果,在聖地牙哥北邊的索明特巷(Thormint Court)清晰可見,這家公司就座落在這條死巷裡。

巷子的一側是「老」西盟,一如既往地生產一般雷射,甚至持續供應給佳能、尼康等競爭對手。但ASML並不在意這些,真正重要的在巷子的另一側:那裡有戒備森嚴的EUV設施,也是真正的核心所在,只有ASML的人才能進入。

收購完成後,布令克立即把很大一部分的光源開發工作移到ASML。短短幾個月內,ASML和雷射製造商創浦就投入了一千多名工程師,是聖地牙哥團隊的四倍。他們沒時間說服西盟的員工接受布令克所說的「新思維」。要把複雜的技術加以商用化,就需要荷蘭人那種冷酷果斷的作風。

西盟最早的EUV實驗是由澳籍工程師丹尼‧布朗(Danny Brown)負責。在選定錫滴以前,他的實驗室試過各種金屬,希望能產生特殊的光源:「幸好都沒發生爆炸意外,但也都沒有一樣成功。」

ASML接手後,布朗馬上面臨提升及穩定功率輸出的壓力。ASML每年都會公布最大的技術障礙清單,而西盟總是高居榜首。聖地牙哥的工程師很快就得適應荷蘭人的工程風格:他們會像牙醫處理蛀牙一樣,直接鑽入每個弱點,而且從不浪費時間打麻藥。這種直接、強硬的作風,在美國人的眼中常常顯得極其無禮。結果,新夥伴越來越不願意回報進度落後。但他們不知道,隱瞞問題

反而最容易觸怒 ASML。范霍特在 2013 年接手這個專案時，有深刻的體會：「西盟總是說很快就會解決，他們老是說『下週就能完成』，結果當然又做不到。這讓我們很抓狂，他們就是不肯實話實說。」

為了拉近專案負責人和各部門的距離，范霍特安排大家在比利時卡斯特萊（Kasterlee）的一家飯店舉行交流會。那裡離維荷芬五十公里，可以暫時擺脫各種壓力與難題，讓大家在共進午餐與晚餐時，靜下心來評估計畫的進展。每個月都會有一位聖地牙哥的工程師加入他們。每年也會在聖地牙哥舉辦兩次類似的活動。他們必須讓這個計畫成功，而這只能靠大家同心協力。

讓 EUV 技術順利運作已經夠複雜了，ASML 還同時啟動了下一代 EUV 機台的開發，這使情況變得更加棘手。下一代系統有更大的鏡頭光圈，技術術語稱為「高數值孔徑」（High NA）系統。這讓西盟團隊相當沮喪，交流會也變成了主管搶預算的戰場。由於鏡頭製造商蔡司需要漫長的準備時間，這些機台還要十年左右才能問世。

根據范霍特的計算，ASML 光是開發 EUV，每週就要燒掉一千萬歐元，而且至今還未帶來任何收入。同時，外界對公司宣布的每次延期都抱持懷疑的態度。競爭對手則暗自竊喜：看來推動 ASML 一路前進的那把火快熄滅了。

專案負責人承受的壓力越來越大：每一步艱難的進展都攸關公司的未來。在這個關鍵時刻，團隊的凝聚力比以往更加重要。於是，管理高層別出心裁，找來一位善於照顧迷途羔羊的人來帶隊出遊：布拉邦當地的一位牧羊人。在牧羊犬偶爾的吠叫提點下，

ASML 的員工必須親自把羊群趕進羊欄。然而，好不容易把一隻羊趕進欄內，又有三隻羊趁機溜出去。對於長期投入 EUV 專案的團隊成員來說，這個過程顯得異常親切，猶如他們日常工作的寫照。

相較於充滿聖經寓意的牧羊體驗，EUV 的設計團隊則參加了比較務實的活動：紓壓課程。管理高層深知，最大的風險是機台都還沒順利運作，員工就已經精疲力竭了。范霍特為了避免技術人員過勞，試圖說服他們不要「傻傻地」拼命工作。

紓壓課程的講師面對的是一群三十歲左右、充滿熱忱的聰明人，其中幾個明顯已經瀕臨崩潰，其餘的正和自己的完美主義搏鬥：對 ASML 的員工來說，要在準時交付和追求品質之間做選擇，簡直是最大的折磨。

紓壓課從一個發人深省的觀點開始：「壓力不是發生在我們身上的事，而是我們對發生的事情所產生的反應。」螢幕上出現一張圖：一頭負重過度的驢子拉著沉重的車子，明顯很吃力，卻始終不肯放棄。這種感受，他們再熟悉不過。

其中一個減壓秘訣，似乎是為了在場學員量身打造的：「當主管說：『十分鐘後，來找我談談』，你的心跳就開始狂飆。我們都知道為什麼，因為你當下都會假設：他生氣了。」這時候有個祕訣：試著改想一些開心的事情。「騙騙你的大腦，想像笑瞇瞇的嬰兒或熱帶度假天堂。別想著大聲咆哮的主管，而是想想開心搖尾巴的小狗！」

在光源開發方面，似乎每向前邁出一步就倒退兩步。最嚴重的挫敗之一，發生在昂貴的光學系統。曝光機經常需要停機更換反射鏡，因為它們特別容易受到碳沉積物的污染。這些沉積物會附著在

表面，不但弄髒鏡片，也會削弱功率。機台必須持續抽氣，清除真空艙內的雜質：只要有一個指紋印記，就得多花二十四小時抽氣。必須等到化學分析確認污染程度低於門檻值，才能重新啟動 EUV 光源。

此外，他們還發現反射鏡會「起水泡」。鏡片的塗層是由數十層超薄的膜層組成，這些層層堆疊的微型反射鏡是用來阻擋不需要的光波頻率。就像人的皮膚在海邊曬了一整天，這些層面也會灼傷，形成的氣泡會讓光源迅速流失功率。結果就是：每小時能處理的晶圓變少，客戶也越來越不滿。當金錢損失如此巨大時，沒有人會跟你客氣，客戶對 ASML 的不滿與日俱增。

三星和台積電早在 2013 年就開始使用原型機，希望在全面採用 EUV 量產前先做測試，找出各種問題。按照規定，晶片製造商要求 ASML 發現任何問題都要立即通報，但 ASML 在傳達壞消息方面有自己的一套想法。工程師想先找出解決方案的方向，再通知這些急躁的晶片製造商。根據梅林的經驗：「如果你立刻告訴客戶有個障礙，卻連要怎麼解決都毫無頭緒，這絕對會留下壞印象。」他認為這不是不誠實，「當然，你不能胡說八道，但也不是什麼都說，這和說謊是不一樣的。」

EUV 的開發工程一延再延，整整拖了好幾年，其中光源技術的難關更是讓團隊上下備感壓力，布令克也承認。有時連他都懷疑，他們是否真的能克服困難。「但這就像當兵一樣，當下覺得痛苦不堪，回頭看卻是人生最精彩的時光。」

不過，他其實沒當過兵，他免役。這可能也是好事，畢竟，要布令克服從命令可不是容易的事。

22

陰與陽

　　在 ASML 當老闆其實沒什麼話語權。對執行長麥瑞斯來說，這是個意想不到的文化衝擊。他下達的指令時常被員工視為討論的起點，這完全不是這位法國人的行事作風。麥瑞斯就像他最崇拜的歷史人物拿破崙一樣，喜歡把權力集中在自己手上，甚至強勢到令人生畏的地步——公司員工對這點深有體會。如果你在他心情不好的時候惹到他，他的回應總是又狠又直接。但下班後，麥瑞斯就是個輕鬆、甚至還很風趣的人。飯局上，他總是先開口的人：「有什麼話題是不能聊的？性、政治和宗教。那我們先聊哪一個？」

　　「荷蘭人最大的缺點，就是他們不是法國人。」2013 年，他結束第二任期時開玩笑地說。他也毫不諱言地表示：「荷蘭人對於想要加快腳步的強勢領導者，很難迅速接受。」

　　不管你怎麼看荷蘭人，ASML 確實有一位領導者：布令克。他的名片上或許沒有「執行長」的頭銜，但他毫無疑問就是公司最堅實的靠山。公司的技術方向由他定調，專利撰寫有他的參與，策略併購更少不了他的決策。在半導體產業提起他的名字，無不令人敬

重三分。如果他的計畫在董事會遇到阻力，他會堅持到底，直到通過。說到底，誰才是 ASML 的掌舵者不言而喻。

布令克的周遭形成一種獨特的文化，獨裁之中帶點無政府主義——每個人都可以自由地提出更好的想法。就像他自己說的：「在 ASML，每個人都應該相信自己能夠帶來改變，因為事在人為。」

到了 2013 年，ASML 已有約一萬三千名員工，要管理那麼龐大的組織是很大的挑戰。

2012 年，隨著麥瑞斯的合約即將到期，監事會開始思考接班人選。他們真的有必要再找一個外來者來牽制布令克嗎？監事心裡都明白，執行委員會中其實已有合適的人選：親和力十足的溫寧克。很多人早就把他當成執行長看待了。身為財務長的他，是公司裡最受矚目的人物，與當地的供應商熟稔到直呼其名，還常在海牙為荷蘭的製造業發聲。只有看他胸前的識別證，才會知道他的正式職稱。

1999 年以來，溫寧克和布令克之間的信任越來越深厚。兩人對彼此的個性瞭若指掌，一起處理併購案，一起拜訪客戶，面對法籍執行長大發雷霆時也總是並肩作戰。這些艱難的衝突使他們更加團結。每次麥瑞斯與布令克起衝突時（這種情況經常發生），都是溫寧克從中協調。他最擅長溝通協調。但這種居中調停也很累人——畢竟，一山不容二虎。

溫寧克認為，ASML 不需要再從外面找個像麥瑞斯那樣的強勢領導人。最好不要再有為了滿足自尊心而牽制布令克的「大咖」。他也不想再跟那種「到處劃地盤、到處宣示主權」的人打交道，更

不想再扮演和事佬。他寧可自己來做這個工作，但前提是一定要和布令克一起。最後，布令克和溫寧克都表明自己有意願領導公司，同時也願意接受對方當領導者。董事會也清楚這兩個人對公司都是不可或缺的，而且完美互補。正如一位監事所說的：「他們就像陰與陽。」

於是，2013 年，ASML 任命了兩位總裁。溫寧克擔任總裁兼執行長，布令克則是總裁兼技術長。這樣的安排雖不尋常，但兩人的角色分工毫無疑問。在 ASML，執行長負責掌舵，布令克決定方向。溫寧克心知肚明，正如他所說的：「有布令克坐鎮，就等於手握王牌。誰會拿著一手好牌去亂打呢？」

至於薪資，溫寧克提出了一個簡單的計算方式：把前任執行長和財務長的薪水加起來，再平分。雖然比麥瑞斯拿得少，但他們很快就能彌補這個差距。

在接下來的半年，這對搭檔一起規劃了 ASML 的未來藍圖。不過，一開始的合作並非一帆風順。溫寧克剛接任時對新角色還不太有把握，加上布令克事事都愛插手，這種不安感更加明顯。布令克對晶片產業的深厚知識背景，再加上他的火爆性格，常讓人應付不來。對非工程背景出身的溫寧克來說，每次進到布令克的辦公室，感覺都像在接受考試。

兩位總裁重啟了馬里斯時代的傳統，每年為 ASML 的管理高層舉辦烤肉聚會。由於只有布令克和范霍特的家有夠大的庭院，搭起帳篷可容納一百五十人，所以聚會就在他們兩家輪流舉辦。相較之下，溫寧克在維荷芬郊區的房子沒那麼起眼，不過裡面有個酒窖。

溫寧克從不懷疑布令克的技術直覺:「與布令克共事,目標總是很明確。我們知道明年要交付什麼機台,也知道十年後要做什麼。就這麼簡單,沒什麼好討論的,這讓工作輕鬆多了。」

但兩人共同領導並不容易。你必須收斂自我,在對外或對公司內部談話時,也不能隨心所欲、暢所欲言。溫寧克與布令克不見得總是意見一致,但重要的是,他們已經建立起絕佳的默契。常常在對方開口以前,就已經知道對方要說什麼。

每隔幾週,兩人就會相約到布拉邦的坎皮納自然保護區（Kampina）散步。在那裡,他們能找到寧靜的空間,聊聊工作,也談談孩子的近況。在附近的樹林裡,常常可以看到布令克一大早騎著單車運動的身影。他和前妻育有兩個孩子,現在和第三任妻子育有兩個繼子女。溫寧克則在第二段婚姻中有兩個孩子。

溫寧克總是設法讓所有人都能和諧共事。他很清楚技術團隊那種愛爭論的文化:「他們不是在爭論意識形態,而是在爭論技術。大家都想證明自己是對的,每個人都想當最聰明的那個。」他希望把 ASML 打造成一個讓所有人都感到自在的地方,而不是只有身經百戰的工程師才能適應的地方。他覺得整天大聲咆哮毫無意義,「人聽久了就麻痺了,反應就只剩『好啦,隨便你』。我偶爾也會動怒──但正因為不常發生,反而更有效果。」

不過,有陽就有陰。布令克從不掩飾他的怒火,有時員工是哭著離開他的辦公室。在一次會議中,他突然無預警暴怒:「到底是哪個混蛋讓那個不受控的傢伙進來的!」原來他看到競爭對手出現在對客戶的簡報會上。但團隊成員向他解釋清楚後,他的怒氣來得快、去得也很快。他只是想搞清楚狀況,再繼續生氣下去對他來說

只是浪費時間。隨後,他會開個玩笑,化解尷尬氣氛。

跟布令克開會,議程永遠走不到第一頁之後。他總是一開始就主導談話走向,有時光是談論他剛看過的新聞內容,就能說上四十五分鐘,只留下十五分鐘討論正事。他自己也心知肚明:有位同事送他一塊台夫特藍瓷磚(Delft Blue tile)[3],上面印著他最常說的結語:「投影片沒看幾張,但我們的智識都成長了。」

只要有人來找他討論,布令克總愛質疑對方。即使他完全認同你的提案,他也會故意唱反調來測試你的決心。他最愛用的武器就是諷刺,只要心中稍有懷疑,他就會用揶揄的語氣問道:「有意思,這個主意肯定比你上次的點子好吧?」

ASML 的員工大多已經習慣他的暴躁脾氣,這是在 ASML 工作的日常。真正要擔心的是,他一直盯著筆電看的時候──顯然你還不值得他抬起頭聽你說話。

同事們都很佩服他擁有非常強的抽象思考力。這點從他的舉動就看得出來:當他全神貫注地說話時,眼睛常會閉上好幾秒。當他思考得越投入時,右手會不自覺地抵住額頭,三根手指指向天空──彷彿要把即將跑掉的思緒塞回腦中。

布令克對技術細節很敏銳,日常生活卻常心不在焉。出差時,他很容易在行李轉盤上拿錯行李,甚至完全忘了行李。有一次在韓國機場過海關時,他突然驚呼:「啊,我的筆電還在飛機上。」原來他下飛機時把隨身行李直接忘在座位上了。一位同事打趣地說:

---

3 荷蘭台夫特(Delft)地區著名的手工製藍白瓷。這種瓷磚以獨特的藍色圖案聞名,常用藍色的釉料來繪製出各種圖案。

「加州的荷蘭領事館已經幫他準備了一疊備用護照。」布令克滿腦子只想著 ASML，腦中再也容不下其他東西。對他來說，不在他腦子裡的東西，就等於不存在。

當布令克把外界拋諸腦後時，溫寧克卻在積極面對外界：在股東會上代表公司發言，與供應商、媒體、願意傾聽的政治人物互動。不過，在維繫 ASML 與晶片製造商的關係方面，兩人仍像多年來那樣攜手合作：一起出席一場接一場的會議，一趟又一趟的飛行，輾轉於各大洲之間，最後一如既往地回到維荷芬。溫寧克認為，晶片產業講求的是人與人之間的互動：「促成交易的從來不是律師，而是那些做決定的人——是那些能夠坐在一起，正眼看著彼此說『我信任你』的人。交易就是這樣談成的。」

不過，他們剛開始合作的幾年，市場對 EUV 技術的信心逐漸動搖。技術問題導致 EUV 機台的發布日期一延再延。2014 年在矽谷的一場災難性的簡報，更是雪上加霜：ASML 的開發機台當場故障，讓台積電對這個專案失去信心。美國分析師在評論中嘲諷：「摩爾定律已死！」他們像操場上的小孩那樣幸災樂禍：彷彿能聽見他們在下新聞標題時，那些「我早就說了吧」的嘲笑聲。

簡報後的隔天早晨，ASML 代表團在聖荷西吃早餐時，氣氛格外凝重。布令克趕緊向媒體透露技術細節來控制災情，宣稱台積電的 EUV 機台只是出了點小問題，很快就能重新運作。ASML 必須讓全世界相信摩爾定律依然有效。但三星還在等待 ASML 承諾的光源：一個能量產晶片的高功率穩定光源。依照約定，至少要有 100 瓦。

ASML 面臨的風險越來越多。儘管現有的 EUV 機台還未達到

EUV 曝光機的運作流程

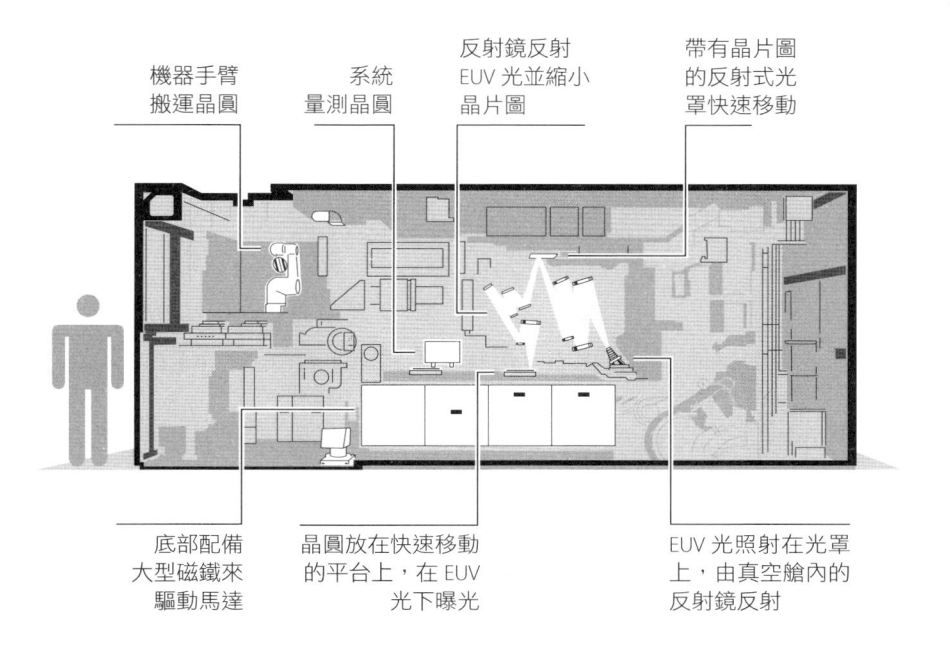

- 機器手臂搬運晶圓
- 系統量測晶圓
- 反射鏡反射 EUV 光並縮小晶片圖
- 帶有晶片圖的反射式光罩快速移動
- 底部配備大型磁鐵來驅動馬達
- 晶圓放在快速移動的平台上，在 EUV 光下曝光
- EUV 光照射在光罩上，由真空艙內的反射鏡反射

　　量產水準，下一代的機台（也就是 High NA 系統）的準備工作卻已經展開。這需要蔡司投入數十億歐元，因為蔡司必須蓋一座全新的工廠，並添購昂貴的設備，才能達到新的技術要求。

　　然而，這些計畫並未讓 ASML 的監事會欣然接受。他們對再次投資一台尚未運作的機台感到遲疑。儘管如此，溫寧克和布令克還是設法爭取到了核准。2016 年 11 月，ASML 斥資十億歐元，取得蔡司半導體事業部「蔡司 SMT」（Carl Zeiss SMT）24.9％的股權。有了這筆投資，德國人就可以動用 7.6 億歐元，在上科亨開發下一代的 EUV 反射鏡。他們可以開始鑄造鏡片，工程師已經迫不

及待在這個未來科技的新實驗場大展身手了。

但布令克還面臨另一個挑戰。他必須立刻為這個仍處於藍圖階段的新機台尋找客戶。2017 年，他特地安排晶片製造商到阿姆斯特丹的梵谷博物館參加私人導覽，在向日葵畫作前與晶片製造商洽談生意。但三星對 High NA 機台沒興趣，韓國人的回應很直接：「先把你們承諾的 100 瓦光源搞定，再來談吧。」

那年年底，溫寧克與布令克飛往南韓，會見三星半導體部門的負責人金奇南。一下飛機，布令克瞄了一眼手機，露出得意的笑容，他把手機遞給溫寧克看。那是來自澳籍工程師布朗的好消息：「我們達到 100 瓦了！」

聖地牙哥團隊終於做到了。但要真正說服三星，他們需要在南韓當地展示完全運作的 EUV 光源，而不是在地球另一端某個不穩定的測試系統。而且，收集 EUV 的反射鏡仍然太容易受到污染。對一個需要二十四小時不停運轉的晶片廠來說，這根本行不通。布令克說道：「所以說穿了，我們依然沒有拿得出手的東西。」他一向務實，不到最後一刻絕不輕言成功。

在聖誕節前的週六早晨，三星的技術長來到維荷芬，他想看見成果。「你們先走吧。」布令克對妻子這麼說。他正要和家人出發去滑雪，但光源還是有問題。聖地牙哥的技術總監和團隊每天都和布令克通話，急著想解決反射鏡變黑的問題。ASML 必須在 2018 年 3 月以前讓三星的機台正常運作，現在卻連一個可以跟客戶報告的好消息都沒有。

與此同時，另一個期限也迫在眉睫：布令克向監事會承諾，他會在年底以前拿到 High NA 機台的訂單，否則這個計畫就得喊

停。他只好請求延長三個月：再給他一季，決定 EUV 技術的商業命運。布令克不敢保證一定會成功。他似乎聽到那些分析師又要開始幸災樂禍了。

這時，英特爾確實正在考慮購買一批 High NA 機台，但 ASML 的報價比美國人願意支付的價格高出五億美元。布令克聽了目瞪口呆，他說：「天啊，既然你們想要這些機台，那我們就各退一步吧。」英特爾同意了，雖然細節還需要進一步協商。布令克立刻召集業務團隊，他們必須盡快跨過這個巨大的財務門檻。接著，他連忙飛往台灣，去爭取下一個 High NA 機台的客戶。

起初，台積電對這種新一代的機台興趣缺缺。但 2 月布令克和溫寧克一起飛抵台灣時，台積電被說服了。溫寧克以巧妙的比喻向他們承諾：「這雖然是放手一搏，但我們也一起跳下去、跟你們同進退。」就是這句話打動了張忠謀，讓台積電買下了第一批 EUV 機台。萬一導入新技術時遇到挑戰，ASML 也保證會提供備用機台或替代方案，確保生產不中斷。

三星那邊則比較難搞定。南韓人為了一台能用的 EUV 機台，已經等了七年，現在他們已失去耐心了。布令克親自寫了一封信給金奇南：「再給我們一個月就好——四月，屆時一定會有結果。」

2018 年 2 月，一個偶然的發現成了 EUV 技術的轉捩點。一位工程師注意到一件奇怪的事：「每次打開真空系統更換零件時，鏡子竟然會自動變乾淨？」團隊中的化學家安東尼・坎本（Antoine Kempen）提出了解釋：很可能是因為氧氣進入的緣故。他們立即做了一連串的測試，結果證實了這個猜測：在原本用來清潔的氫氣中再加入一些氧氣，光源的反射鏡就能持續運作更久。

3月底，布令克前往韓國，證明EUV技術已經準備好生產了。「我們什麼都沒告訴三星，只說機台需要一個小小的升級。加一條輸送氧氣的管子，問題就解決了。」三星對結果很滿意，立即簽下了High NA機台的合約。

　　布令克特別授予坎本「ASML研究員」的榮譽頭銜，表彰他在「解決EUV鏡面污染的開創性貢獻」。多虧他指出氧氣這個關鍵，ASML總算可以鬆一口氣、大口呼吸了。

23
他們不會回家

　　奈米城（NanoCity），名字雖小，但全球有40％的記憶體都在這裡生產。從311號高速公路下來，駛向三星位於華城市的記憶體晶片廠時，很難想像南韓曾是個極度貧困的國家。經歷日本殖民統治的壓迫，又飽受韓戰的摧殘，南韓的生活水準曾一度落後北韓。然而，自1970年以來，南韓的人均GDP已從600美元躍升至40,000美元。這要歸功於軍事獨裁時期的嚴格計畫經濟，以及三星、LG、現代（Hyundai）等大企業的崛起，使南韓蛻變為工業強國。如今，南韓20％的經濟命脈掌握在單一企業手中，因此有了「三星共和國」的綽號。

　　這座規模驚人的晶圓廠外牆上鋪滿了一系列紅、黃、藍的三色面板，每片都有數公尺高，讓人不禁聯想到荷蘭藝術大師蒙德里安（Piet Mondriaan）的經典作品，但誠如一位三星員工所說，這不是藝術，而是記憶體晶片上的電路放大圖。你手機的儲存空間或筆電的工作記憶體，都是在這些廠房裡生產的。

　　走進三星的晶片廠，首先映入眼簾的是一塊刻有員工十大行為

準則的牌匾,其中一條是「超越你的目標」。創辦人李秉喆推崇中國的儒家思想,也深受日本工廠那種鋼鐵般的紀律所啟發。繼任者李健熙接棒後,三星開始轉向西方市場,成為手機市場的領導者。李健熙深信,三星身為南韓最大的企業集團,必須快速適應新興市場。他最愛掛在嘴邊的一句話是:「除了老婆和小孩,一切都要改變。」

奈米城位於南韓首都首爾的南方,裡面有一條開放參觀的完整生產線。導覽員指著身後的無塵室說:「這條生產線的規模有三個足球場那麼大,我們甚至有十一個足球場大小的生產線。」透過一大片玻璃牆,參觀者可以把整個空間盡收眼底。映入眼簾的幾乎都是機器設備。人類進出會帶來灰塵微粒,影響生產,所以能進入的人數十分有限。儘管如此,仍有三十名員工隨時待命,一旦出狀況就能馬上處理。

機器人和自動運輸車來回穿梭,運送著一疊疊的晶圓,每片晶圓上可製作多達一萬顆的記憶體晶片。一片晶圓要經過六週才能完成所有製程,之後還要送到另一個工廠,切割成單顆晶片。

應用材料、科林研發(Lam Research)、東京威力科創(Tokyo Electron)、ASML等晶片設備大廠都在三星附近設立分公司,一有狀況就能立即支援。導覽人員指向大廳後方沐浴在黃光中的掃描機說:「這種黃光有助於微影製程,就像在暗房中沖洗照片一樣。」廠內最昂貴的設備沐浴在金色的光環中。

晶片部門是三星電子最賺錢的事業體。然而,記憶體市場的需求波動劇烈,一旦市場下滑就會重創三星的營收。此外,相較於先進的運算處理器,電腦記憶體的利潤較薄,這也是為什麼韓國人如

此重視效率與產能。只要 EUV 曝光機順利運作，減少停機，就能節省寶貴的生產時間。

2018 年底，奈米城內林立著大型的黃色起重機，一座八層樓的新廠房開始動工。光是開辦費就高達 150 億美元，後來又額外追加了 110 億美元。由於三星等於是在建兩座重疊的晶圓廠，因為他們也打算用 EUV 曝光機來生產記憶體晶片。廠區內已堆滿了印有 ASML 商標的藍白貨櫃，隨時準備啟用。

憑著努力不懈和軍事化管理，三星和曾隸屬現代集團的 SK 海力士（SK Hynix）稱霸了全球晶片市場。他們對供應商的要求同樣嚴格。誠如一位 ASML 的員工所說的，在南韓工作就是「拚命，再拚命，更拚命」。

ASML 的業務總監桑妮·史泰納克（Sunny Stalnaker）生於韓國，與韓國技術人員有密切往來。當她被問及這些晶圓廠與其他客戶有何不同時，她立即回答：「很簡單，他們極度專注。」韓國人對於曝光機使用效率的追求近乎執著，絕不容許絲毫差錯。

1997 年亞洲金融風暴重創了三星和 SK 海力士，讓這兩家公司負債累累。南韓經濟最終是靠著國際貨幣基金組織（IMF）數十億美元的援助才得以復甦。史泰納克表示，當時這些晶圓廠完全是憑意志力撐過來的：「亞洲的晶片製造商都很注重成本，但沒有人像韓國人這麼拚，他們的拚勁令人難以置信。」

舉例來說，只要設備出問題，負責的三星員工會守在現場，直到機台恢復正常運作為止。「在問題解決以前，他們連回家的念頭都沒有。如果你問他們這個問題，他們大概只會笑一笑。」這種敬業精神也感染了韓國的 ASML 員工：辦公室裡特地設了床鋪，讓

他們在應付拚命的晶片製造商之餘，也能小憩片刻。

三星有句名言：「利刀要配好廚。」ASML 的員工注意到，韓國人追求的是完全掌握微影製程。史泰納克說：「一旦機台出問題，他們會用鉅細靡遺的分析報告轟炸你，不放過任何細節。這些分析不見得都攸關問題所在，但你還是得一一過目，才能掌握全貌。同時，你必須回答他們提出的無數問題。即使一小時內什麼也沒發生，他們也會要求每小時更新進度。」1990 年代初期，日本的微影設備製造商在維修時，經常把機台遮起來，就是為了避免韓國客戶看到內部零件。相較之下，ASML 採取完全開放的態度，讓客戶一覽無遺。

范霍特說，韓國人有一種「殺手心態」。他領導 ASML 支援部門的那幾年，經常獨自面對一群激動的韓國人。但他知道，跟他們硬碰硬是沒用的。「他們都承受著來自上司的龐大壓力。一旦你解決他的問題，他就會變成你一輩子的朋友。」

為了表達謝意與表彰他的貢獻，韓國人頒了韓國的哈梅爾獎（Hendrick Hamel award）給代表 ASML 的范霍特。亨德利克‧哈梅爾（Hendrick Hamel）可能是你從未聽過的荷蘭知名人物。這位來自霍林赫姆（Gorinchem）的簿記員，十七世紀時在荷蘭東印度公司任職時，因為船難來到朝鮮半島。他寫下的遊記開啟了朝鮮的對外貿易大門，在韓國被視為民族英雄。哈梅爾在韓國的名氣，幾乎和帶領南韓國家隊創造佳績的足球教練希丁克（Guus Hiddink）不相上下。三百多年後的今天，ASML 仍因哈梅爾的冒險奇遇而受惠。根據荷蘭中央統計局的資料顯示，2023 年荷蘭對南韓的出口總額達 120 億歐元，其中「專用機械」就占 63 億歐元，這些機台

大多是來自 ASML。

布令克還記得 ASML 剛開始供貨給三星時，韓國那種充滿攻擊性的氛圍：「許多供應商都習慣順從三星，但當時我們還很小，無法滿足他們所有的要求。」1990 年代，為了跨越文化鴻溝，ASML 把韓國晶圓廠的維修業務外包給當地的中介商。後來 ASML 建立自己的維修團隊，主要雇用韓國員工，因為他們習慣嚴格的階級制度，以及每週超過五十小時的工時。南韓的高教育程度是另一大優勢，當地有相當多女性讀理工科系。即使是求學時期，追求卓越的壓力也極其沉重。史泰納克認為，這是亞洲文化的一部分：「新加坡、韓國、香港、台灣、日本──這些國家的孩子都讀書讀到深夜。」

雖然比約定晚了七年，ASML 終於讓三星的 EUV 光源達到了標準。幾乎同一時間，三星的競爭對手台積電也開始生產 EUV 晶片。由於只能有一個「第一」，ASML 想出了讓雙方都能出風頭的方法：台積電成為首家每小時可曝光超過一百五十片晶圓的廠商，三星則能標榜它擁有最強大的光源。這時，ASML 已經快突破 250 瓦的極限。

有一段時間，遠東地區是唯一能以 EUV 生產晶片的地方。2018 年，美國晶片製造商格芯（GlobalFoundries）因為無法達到有經濟效益的產能，關閉了在紐約馬爾他（Malta）的兩台 EUV 機台。英特爾在各方面都落後亞洲的競爭對手，直到 2023 年才開始使用 EUV 技術生產晶片。

美國政治人物總認為晶片技術是被亞洲搶走的，就如同「他們的」EUV 光源技術被荷蘭公司拿走一樣。但布令克抱持不同看

法:「EUV 的發展持續了二十五年,他們做了前五年,但後面二十年都是我們做的。」簡單來說,亞洲晶片製造商之所以能夠領先,是因為他們比美國的競爭對手更願意承擔風險。

2019 年 8 月,第一款採用 EUV 製程晶片的智慧型手機上市:採用 7 奈米技術的三星 Galaxy Note 10。布令克收到一支三星送來的手機——這是那位經常讓他痛不欲生的韓國老闆送來的一點心意。2019 年底,台積電為中國的華為手機生產了類似的晶片。蘋果迅速跟進,2020 年的 iPhone 就是採用台積電以 5 奈米 EUV 技術所製造的晶片。

晶片製造商用來形容這些技術世代或「節點」的說法,其實都要打個折扣。實際上,晶片上最小的電路和連接線,都比廠商宣稱的尺寸大了五到十倍。「奈米」這個詞原本代表的是精確的長度單位,但作為行銷口號時,精準度就不是重點了。

「EUV 晶片」這種說法也不完整。每顆處理器都是由數十層結構堆疊而成:如果把晶片切開,你會看到各種不同的微影技術層層疊加,就像樹木的年輪一樣。其中只有少數幾層最關鍵的電路是使用 EUV 曝光,其餘圖案的製作仍是由傳統機台完成。

2020 年 12 月,ASML 慶祝第一百台 EUV 掃描機的銷售,但這項技術離成熟還很遠。晶圓廠裡的機台需要大幅升級和維修:每當雷射系統拆下來檢修時,整個生產線就得停擺好幾週,甚至好幾個月。這表示必須有大量的備用機台隨時待命。

晶片製造商也常誇大機台的問題。他們當然不可能一遇到問題就把價值數百萬美元的機器換成競爭對手的版本,所以他們喜歡不斷強調問題及提出一長串的抱怨,讓 ASML 繃緊神經。工程師常

常收到上百頁的投影片簡報，少一顆螺絲到零件延遲到貨，每一個問題就是一頁投影片。

不過，最令人頭痛的還是那些導致晶圓偏差的污染微粒。這些問題會迅速轉交給 ASML 的專家，協助改善生產流程。一位在亞洲的 ASML 員工表示，這是壓力很大的工作。白天要見客戶，晚上要和維荷芬的設計師開會，一大清早還得和聖地牙哥視訊。感覺就像不間斷的馬拉松會議，每晚頂多只能睡五小時。「要是突然出了狀況，又睡得更少了。」

用來收集錫滴爆炸後那些光線的反射鏡，需要定期清潔。最初每隔幾週就得清潔一次，後來延長為幾個月一次。ASML 開發了一套類似自動洗車的系統，配備專門為反射鏡設計的高壓清洗裝置。由於亞洲已經有這麼多 EUV 機台在運作，在當地執行清潔作業，顯然比不斷把反射鏡運回荷蘭清潔來得方便。

這也是為什麼 ASML 在台灣林口的分公司每年要清潔兩百多面 EUV 反射鏡。就連南韓的反射鏡也運到台灣清潔，這些反射鏡都會送到工程師凱西（Cathy）的無塵室。這位剛畢業的機械工程師，此刻正專注地處理一項新任務：清理一面沾滿錫漬的反射鏡，那些錫漬就像馬虎的油漆工隨意塗抹補土所留下的痕跡。凱西設定了計時器：用二氧化碳清潔十二小時後，這面反射鏡就能重新裝回機台了。

大部分的反射鏡都會回到最大客戶台積電的機台中。畢竟，儘管韓國提供數位記憶體，但全世界的算力都要仰賴台灣。

24
與張忠謀同行

每到下午五點,新竹科學園區就會出現特別的景象:紅燈轉綠時,大批的機車從台積電廠區湧出,穿梭在滿載著氣體與化學品的大卡車,以及「Fab 20 晶圓廠」工地的工程車之間。這座即將在 2025 年投產的新世代晶圓廠,將生產 2 奈米製程的晶片。龐大的廠房擠在台積電的其他廠區之間,幾乎佔滿了廠區僅存的空間。

要認出台積電的員工其實不難:機車擋泥板上的「T」字識別貼紙、脖子上掛的橘色識別證,或是透明的隨身提袋,都是最明顯的標誌。透明提袋是防止機密外洩的強制措施。在這裡,連手機都不能帶進廠區。

台積電的生產線全年無休,生產線的員工分成兩班,每十二小時輪一次班。2023 年,台積電打算增雇六千名員工,但在台灣少子化的影響下,人才招募並非易事。為此,公司甚至開始招攬高中生每週到廠區打工幾小時,為目前已經有七萬人的「台積軍團」注入新血。台積電在半導體業舉足輕重,不僅為索尼的 PlayStation、蘋果的 iPhone 生產處理器,也為輝達(Nvidia)生產用於 AI 應用

程式的繪圖晶片。此外，特斯拉（Tesla）、亞馬遜、阿里巴巴、微軟等企業的資料中心，也都仰賴台灣提供算力。2022 年，台積電供應了全球過半的晶片，在最先進製程的市場中更是掌握九成的市占率。

建造一座先進的晶圓廠所費不貲，因此許多晶片設計公司選擇向台積電這樣的專業代工廠租用產能。就連英特爾在自家 EUV 產線的產能未滿載之際，也把部分訂單外包給台積電代工。

台積電的靈魂人物張忠謀，堪稱全球化的最佳代表。1931 年生於中國，赴美攻讀機械電子，曾在德州儀器任職，之後來到台灣。前面提過，1987 年他獲得飛利浦的投資，創立了台積電。從那時起，他總是隨身帶著一本黑色記事本，隨時準備記下新的晶圓訂單。他的煙斗更是與他形影不離，即便台積電的辦公室內禁菸，他仍我行我素，ASML 的人也感到意外，但沒有人敢多說什麼。

2005 年，張忠謀卸下執行長一職，但 2009 年他以七十八歲的高齡重掌兵符，力圖讓公司重返正軌。他不認同繼任者蔡力行的策略。在蔡力行的領導下，台積電投入太陽能電池和 LED 照明晶片的生產。張忠謀則是看準了行動革命的機會，並在 2013 年成功拿下蘋果訂單，同時也為 ASML 帶來了超過三十億歐元的大單。2018 年 6 月，在台積電導入 EUV 技術後，他正式退休，但即便在耄耋之年，他的影響力依然無遠弗屆。台灣雖不是君主立憲國家，但外國政要仍視這位「晶片大王」為科技工業界的皇室。對企業家來說，他更是重要的精神標竿，AMD 總裁蘇姿丰和輝達執行長黃仁勳都出生在台南，也正是台積電為他們的公司代工晶片的城市。

在台積電新竹總部的牆上，掛著張忠謀親筆寫下的座右銘：

「嚴峻挑戰的後面是美好的未來。」在台灣工作的四千名 ASML 員工都深深明白這句話背後的意涵，因為挑戰確實不少。作為 EUV 技術的領頭羊，台積電自然也首當其衝，率先面對這項技術帶來的各種挑戰。

布令克的辦公室裡，擺著一塊來自台積電的紀念牌，上面寫著：「EUV，2018 年 4 月」。這是他最引以為傲的珍藏。他回憶道：「那就是突破的時刻，成敗在此一舉，是成功、還是失敗？」

最終，他們成功了。

然而，2018 年，這些新型微影機台的運作並不如預期。機台內神祕的漂浮粒子不僅讓工程師頭痛不已，更降低了晶圓的良率。對台積電來說，良率是至高無上的目標：當你每年要生產逾一千五百萬片晶圓，而每片都包含數百顆先進處理器時，即使良率只差零點幾個百分點，都會造成重大的影響。

由於 EUV 製程的線條極其細微，任何污染都可能造成嚴重後果。ASML 密切追蹤台積電每週發現的微粒數量。一旦錫粒子沾上光罩，台積電就會暴跳如雷，因為這影響重大：光罩一有瑕疵，每次曝光都會在每片晶圓上重複出現同樣的缺陷。雖然可以在光罩上覆蓋一層業界稱為「光罩護膜」（pellicle）的保護膜，以防微粒破壞（就像戴著有點髒污的太陽眼鏡，你還是看得見），但不管這層保護膜多薄，它總是會吸收一些寶貴的 EUV 光，導致晶圓的曝光時間拉長。在 ASML 的世界裡，每個解決方案都有代價。

有了新機台後，台積電在晶片上繪製精細線條時，暫時不需要重複曝光兩到三次，因此省下不少成本與時間，但要掌握這項技術並不容易，這不是精確的科學，而是需要不斷嘗試、犯錯，再從錯

誤中調整的過程。台積電從一開始就收集「晶圓移動」的資料，讓資料分析師使用這些資訊來提升良率。為了加速建立資料庫，台積電更是不惜重金，盡可能向 ASML 大量採購機台。這樣做可說是一石二鳥：台灣多買一台，南韓競爭對手就少了一台可用的設備。由於 ASML 的產能有限，尤其是最新一代機台的供應更是緊繃，晶片製造商自然樂於利用這種稀缺性。

ASML 的現場工程師一方面忙著協助台積電優化工廠運作，另一方面還得絞盡腦汁說服荷蘭總部的同事提供支援，兩邊都讓他們疲於奔命。ASML 與台積電部門之間的討論經常劍拔弩張，火藥味十足。維荷芬的設計師常暗示是台積電操作 EUV 機台不當，或說是晶圓廠的其他機台造成污染。如果台積電的主管在 Teams 線上會議時憤而中斷離線，ASML 團隊就知道，又得由他們來收拾殘局了。

范霍特說：「台積電在協助與施壓之間拿捏得很好。」每次遇到技術問題時，兩家公司總能迅速地合作解決。文化上的契合也是關鍵：台灣人普遍英文不錯，而且和 ASML 一樣抱著「外包思維」：只要有人能做得更好，就讓他們去做。

相較於 ASML，台積電的企業文化比較重視階級，但不像南韓企業那麼軍事化。研發部門承擔了最重的工作量，這些專家有時難免心裡不是滋味──他們協助 ASML 解決的問題，最後可能還便宜了其他競爭對手。

位於台灣西北部的新竹，是台積電發展新製程技術的重鎮。公司內部分設紅、藍兩組工程師團隊，輪流精進新一代的製程。等新製程的技術成熟後，就會在台南、台中等地展開晶圓量產。這些廠

區原本都是稻田與果園,直到台積電開始在那裡興建超大晶圓廠。廠房運轉的聲響瀰漫著整個區域,就像一架永遠在滑行中準備起飛的飛機。

　　EUV 機台本身約有一輛公車那麼大,但要容納這套設備所需的整體建築結構卻要跨越好幾層樓。台積電的主廠房挑高逾十公尺,裡面有微影系統、量測設備和其他的晶片製造機台。下方還有「附屬廠房」(sub-fab)和「地下設施層」(sub-sub-fab),裡面架設著各式電子設備、雷射裝置,以及用來控制冷卻水、氣體、化學物質的機器。這些 EUV 機台的影響力,從荷蘭對台出口的資料即可見一斑:從 2016 年到 2022 年,出口金額從 31 億歐元飆升至 116 億歐元,翻了近四倍。這筆投資雖然驚人,卻很值得:台積電自 2019 年起,年營收已翻倍成長至約 700 億美元。如今掌握了 60% 的晶圓代工市場,規模是最大競爭對手三星的四倍。

　　台積電的一個成功關鍵,在於對客戶資訊的嚴格區隔。負責蘋果案子的工程師,對輝達的晶片開發一無所知。ASML 的員工也必須遵守這樣的保密規範:寄送任何文件都需要明確的許可,會議室白板上的內容更是嚴禁隨手拍照。部分廠區的量測資料可以透過安全連線遠端存取,省去往返無塵室的麻煩。

　　然而,台積電仍無法完全防範外在風險。廠區內豎立著許多紅色柱子,一旦發生緊急狀況,員工就會在那裡集合。這家台灣的晶片巨擘也難以倖免於重大天災的威脅。1999 年 9 月,一場強震迫使工廠暫時停擺,後續出現的晶片短缺更在整個產界掀起一波經濟震盪。

　　台灣每年都會發生數十次地震,強震發生時,ASML 的技術人

員會立即趕赴工廠檢查機台。這些掃描機配備先進的氣壓懸吊系統，可以吸收震動，而且極其精密敏感。一旦地面震動過於劇烈，系統就會自動關機，之後需要重新啟動。有時只要按下電源鍵就能解決，就像重新啟動當機的電腦一樣簡單。然而，儀器面板上有二十多個指示燈，只要任何一個燈轉為紅色，就必須徹底檢查整個系統。

ASML 約有四成的營收來自台灣。不過，無論台積電與 ASML 的關係再怎麼密切，當 ASML 與其他客戶討論太多 EUV 技術的可能性時，台積電仍會感到不悅。ASML 的管理高層不時會造訪聖地牙哥的高通（Qualcomm），蘋果的員工也偶爾會出現在 ASML 的維荷芬總部。由於台積電極力想要掌控技術機密，這種交流反而加劇了他們對技術外洩的疑慮。

同時，台灣的高科技從業人員常被華為、中芯國際等中國科技公司挖角。他們在中國可以輕易獲得現有薪資三到五倍的收入，但代價是失去在台灣享有的諸多自由。其中最引人注目的案例，莫過於曾任台積電資深研發處長的梁孟松。他先是把公司的機密洩露給競爭對手三星，繼而在 2017 年加入中芯國際。在昔日同事的眼中，這是一種雙重背叛。不久的將來，全世界都會意識到梁孟松對中國半導體業的擴張有多麼關鍵。

更嚴重的是，台灣也面臨著來自中國的更嚴峻威脅。中國共產黨把台灣視為叛離省份，只要發動一次軍事行動，就可能併吞或封鎖全球最先進的晶片廠。然而，台積電仰賴西方的技術以及 ASML 等的公司，因此萬一發生併吞，隨之而來的抵制將導致高速晶片嚴重短缺，使全球經濟陷入動盪，中國也難以倖免。

中國共產黨的領導人不會冒險引發如此災難性的後果——至少台灣人是這麼希望的。他們把張忠謀的晶片王國視為一面「矽盾」：只要全球仍依賴台灣的算力，台灣就能獲得庇護。理論上是這樣，但實務上，在習近平統治下的中國，經濟邏輯往往難敵政治野心。

25
從未存在的相機

　　在荷蘭維荷芬地區的厄勒（Oerle）、澤爾斯特（Zeelst）、梅爾維荷芬（Meerveldhoven）這幾個讀音拗口的小村莊，一個強大的壟斷企業正在崛起。多年來，這家公司在一項看似不可能的技術上投入了大量資金，後來終於開花結果。2017年，ASML宣布新型的EUV機台為公司帶來逾十億歐元的營收。與此同時，ASML在傳統曝光機系統的市占率已攀升至九成。

　　有一家公司正咬牙切齒地看著這一切：尼康。1990年代以前，這家日本科技集團一直是曝光機的市場龍頭，直到ASML橫空出世，一舉顛覆市場，奪下霸主的寶座。不過，當你被趕下寶座時，還有一條翻身之路：告上法庭。

　　2017年4月，尼康再度對ASML提起專利訴訟，連德國光學大廠蔡司的半導體部門也意外捲入其中。日方指控他們在荷蘭侵犯了十一項專利，同時也在德國和日本提出訴訟。一旦法院做出對尼康有利的判決，ASML將被迫停止在維荷芬的機台生產。儘管已是市場龍頭，生產禁令的威脅仍再次讓ASML陷入存亡危機。不過

這一次，ASML 對這場突襲早有準備。

ASML 對 2001 年尼康提出的專利控訴記憶猶新。當年那場突如其來的訴訟，最終在 2004 年以交互授權協議落幕。尼康、ASML、蔡司等於簽了停火協定，各方可以繼續共享技術，而不用對簿公堂。這項協議讓 ASML 付出了 8,700 萬美元，蔡司也另外支付了 5,800 萬美元給尼康。

交互授權協議的部分條款在 2009 年到期，ASML 曾主動接觸尼康商討協議的延展事宜，但日方始終不發一語。2013 年，當剩餘協議也即將到期時，ASML 再次主動詢問尼康，但尼康依舊不願回應。ASML 其實願意支付合理的續約金，但尼康對於延續既有的協議毫無興趣，他們也想從 ASML 的營收中分一杯羹。2017 年，ASML 的營收已超過 90 億歐元。尼康打算從中分得數億歐元，彌補自家微影技術研發的投資。日方的 EUV 計畫在 2009 年就已經停滯不前，等於自動讓 ASML 在這個領域擁有壟斷地位。此後，日方一直心懷怨恨：他們不僅輸了第一場專利戰，也因此失去了市場龍頭地位。

相對的，ASML 對任何與日本競爭對手有關的事物都很排斥。你絕對不會看到 ASML 的資深員工使用佳能或尼康的相機。他們寧可選擇奧林巴斯（Olympus）或索尼——畢竟，日本確實生產全球最好的相機。

這讓 ASML 當時的執行長麥瑞斯想到一個主意，他自認是超棒的點子。2011 年，就在這位法籍執行長卸任的前兩年，他找布令克提出了一個計畫：一旦日方對曝光機提出任何控訴，ASML 就應該用相機專利反擊，直攻尼康的痛處。麥瑞斯有預感風暴即將來

襲，他語重心長地警告布令克：「你遲早會遇上麻煩，必須主動出擊，在他們的主場給予反擊，務必要拿到那些專利。」

布令克雖然經常與麥瑞斯意見相左，但他知道這個法國人很聰明。他把這個警告牢記在心，並把管理 ASML 微影專利組合的湯恩・范赫夫（Ton van Hoef）找來討論。他們需要收購專利，而且最好做得神不知鬼不覺。

company.info 的資料庫顯示，2011 年 10 月，一家名為 Tarsium 有限公司（Tarsium B.V.）的公司成立了。這是 ASML 為了躲避尼康律師的法眼而設立的空殼公司。表面上，Tarsium 登記的地址是阿姆斯特丹以及恩荷芬的一處住宅區。公司名稱似乎源自眼鏡猴（tarsier），這種生活在東南亞群島的夜行性靈長類，以在黑暗中捕食昆蟲著稱。2012 年至 2014 年間，Tarsium 斥資近一千萬歐元，從惠普、全錄、聯發科、美國專利聚合公司高智發明（Intellectual Ventures）等公司收購數位攝影專利。2012 年 11 月取得的第一項專利，是一種圖像人臉辨識方法，這對快速拍攝團體照很有幫助。

2014 年交互授權協議到期後，ASML 聘請威廉・霍英（Willem Hoyng）前來協助，他是阿姆斯特丹的霍英洛克蒙尼爾律師事務所（Hoyng Rokh Monegier）的合夥人，也是智財權領域的專家。ASML 與尼康的這場糾紛，成為他五十年職涯中最重大的案件。霍英默默組了一個二十人的律師團隊，一切暫時平靜無波。2015 年與 2016 年，ASML 與尼康之間的調解再度失敗，無可避免的法律戰終於爆發了。新一輪的專利戰就此開打，尼康於 2017 年 4 月 24 日發起首波攻勢後，ASML 馬上祭出祕密武器。4 月 28 日，Tarsium 把所有累積的專利轉讓給 ASML 與蔡司。同一天，這兩家公司就對

尼康提出訴訟。

外界得知反訴竟然是針對相機時，都大感意外，這不是有關微影技術的訴訟嗎？執行長溫寧克否認 ASML 侵犯日方的專利，並在新聞稿中說明了反訴的原因：「我們別無選擇，只能提起這些訴訟。尼康從未認真看待協議。我們會動用一切可能的手段來自我防衛。」

這場官司在全球各地如雪球般越滾越大。但首先，ASML 必須在荷蘭因應日方的指控。霍英去見布令克，兩人一見面，布令克就問：「啊，你就是那位大名鼎鼎的律師！你覺得我們的勝訴機率有多大？」霍英估計可能高達八成。布令克頓時發火：「我們有超過十五個案子要打官司。你算過 80％乘 80％再乘 80％是多少嗎？照這樣下去，到最後我連你的律師費都付不出來了。我要的是 80％開十五次根號[4]！在達到這個目標以前，你每週五下午都要來向我報告進度。」

於是，幾乎每週五，律師團隊都按要求來到 ASML。他們先與智財權部門開會，之後必定會到布令克的辦公室腦力激盪，集思廣益。他們認為，尼康並不是真的想讓 ASML 停產：他們只想要錢，而且是很多錢。但布令克並不打算讓競爭對手予取予求。

荷蘭法官看著桌上堆積如山的案件，文件裡充斥著像「onderdompelinglithografiebelichtingsinrichting」這樣的荷蘭文字——這個四十六個字母的文字是「浸潤式微影曝光裝置」的意思。法官不勝其

---

[4] 譯註：大約是 98.52％。即使每個案子有 98.52％的勝訴機率，15 個案子全部勝訴的總機率也只有 80％（因為 $0.9852^{15} \approx 0.8$）。

煩,傳喚了雙方律師。如果這只是金錢糾紛,那肯定能更快解決。他強制要求尼康與 ASML 展開協商,但尼康毫無談判意願:他們想先贏一個案件,再拿這個勝訴當籌碼逼 ASML 支付更多的錢。後來在舊金山召開的會議不到兩小時就結束了,律師們當天就搭機返回阿姆斯特丹。

在荷蘭的專利訴訟中,前四個案件都判 ASML 和蔡司勝訴,但這還不是慶祝的時候。每個案件都攸關公司的存亡:只要接下來的任何一次敗訴,就前功盡棄了。如今與 ASML 已密不可分的蔡司,更是憂心忡忡。雖然兩家公司在對抗尼康的法律戰中站在同一陣線,但布令克說,他們只能被動配合法院龜速般的審理進度。而在專利爭議中,要迫使對手屈服,就必須掌握足夠的攻勢,才能逼出轉機。

一年半後,轉機終於出現了。2018 年 8 月,美國國際貿易委員會(ITC)裁定,尼康侵犯了 ASML 與蔡司擁有的相機專利。突然間,尼康的相機部門面臨美國的進口禁令,日方開始緊張了。

身為 ITC 的申訴方,ASML 與蔡司必須證明他們確實蒙受經濟損失,這表示他們需要在美國市場上銷售一款使用這些專利技術的相機。令大家意外的是,2018 年秋天,蔡司宣布推出 ZX1 相機。這是一款搭載定焦鏡頭和大型觸控螢幕的數位相機:全黑機身、稜角分明,內建相片編輯軟體和網路連線功能。還配上一個朗朗上口的標語:「拍攝、編修、分享,一氣呵成」(Shoot, Edit, Share)。

這個消息讓業界媒體困惑不解。蔡司上次製造相機,還是底片時代。自從 iPhone 問世後,數位相機的銷量就一路下滑,多數人

都用手機拍照。蔡司這時居然要進軍這個式微的市場，這是認真的嗎？

蔡司承諾 ZX1 將於 2019 年初上市，但拒絕透露售價。美國分公司的團隊打造了幾台原型機，蔡司也在科隆的世界影像博覽會（Photokina）上發表了這款相機。發表會的場面相當盛大，員工以熱烈掌聲迎接到場的媒體，彷彿整個潮流完全翻轉似的。12 月時，YouTube 上出現一支影片，內容是一位德國攝影師首次試用 ZX1，在杜塞道夫的小東京區逛壽司店時隨手拍攝。又是一記對日方的暗諷。

尼康開始擔憂了。在輸掉四個官司又面臨 ITC 的威脅下，日方終於軟化，決定以更合理的條件重新談判協議。曾經處理過尼康與 ASML 上次專利訴訟的美國法官愛德華．英凡特（Edward Infante）出面促成了雙方的會談。2019 年 1 月 20 日，尼康、ASML、蔡司發表聯合聲明：協議已經達成。德國和荷蘭方面支付尼康 1.5 億歐元（其中 ASML 支付 1.31 億）取得使用其專利至 2029 年的權利，ASML 也需要為它出售的每台浸潤式設備支付 0.8% 的權利金。這個比例遠低於尼康最初的要求。

回顧這場爭端，尼康顯然高估了自己的談判籌碼。兩家公司的優秀工程師在開發同一種產品時，很容易產生相似的概念。尼康持有的許多專利，都是歐洲專利局過於寬鬆核發的結果。但不可否認，相機專利帶來的心理打擊是最後致勝的關鍵。

2019 年 10 月，空殼公司 Tarsium 悄然消失。至於那款標榜「拍攝、編修、分享，一氣呵成」的 ZX1 相機呢？

只有少數的評測人員拿到了原型機。一些影片和部落格讚賞它

的金屬鏡頭蓋和無聲快門,還有隨附的背帶。但他們都有同一個疑問:這台相機究竟什麼時候才能買到?

2020年10月,這台相機曾短暫地出現在美國某個線上商店,售價約六千美元。然而,ZX1始終沒有真正開賣,更遑論出貨。每次有攝影師詢問時,蔡司的官方回應都是:「我們對相機的每個細節都力求完美。」故事就這樣結束了。到了2020年,蔡司改口說ZX1只是一台「概念相機」。彷彿它從未存在過,彷彿它的存在只是為了讓尼康難堪。

不過,ZX1倒也不是完全沒留下蹤跡。布令克在他的辦公室裡翻找著獎盃與紀念品時,最後拿出一個白色盒子。盒子正面印著「Zeiss ZX1」的字樣——塑膠包裝依然完整,說明書未曾翻動。他把相機舉到眼前,露出笑容。

「全新的,不知道能不能用,我從來沒用它拍過照。」

26
月球上的高爾夫球

「抱歉,褲子也得脫掉。」蔡司的技術高階主管彼得・庫爾茲(Peter Kurz)和托馬斯・斯坦姆勒(Thomas Stammler)可不是在開玩笑。要進入他們戒備森嚴的無塵室,不只要穿上防塵衣,連內衣都必須是無纖材質。在空氣浴塵室吹二十秒後,你才能進入這個位於德國南部小鎮上科亨的生產大廳。蔡司正在這裡開發未來的先進科技。

ASML下一代的EUV機台俗稱「高數值孔徑」(High NA)。這台龐然大物高達十四公尺,配備寬達一公尺的大型反射鏡。光學系統本身就包含兩萬個零件,重達十二噸,比目前EUV機台的光學系統重了七倍。規格升級,當然價格也跟著水漲船高:一台「普通」的EUV系統售價約兩億歐元,新機種的價格可能翻倍。

High NA的最大價值在於它能以2奈米、甚至更小的精度來製作晶片結構。要達到這樣的突破,關鍵在於擴大光學鏡片的開角。以專業術語來說,就是把數值孔徑(NA)從0.33提升到0.55──

這就是一般低數值孔徑與高數值孔徑的差別所在。

ASML 的供應商多年來一直在為這款新機台開發零組件。由於製造光學鏡片需要大量的前置作業，蔡司必須提早投入生產。這也是促使 ASML 在 2016 年入股蔡司的原因，而蔡司也運用這筆投資來啟動研發流程。光是研究所需的各項材料，就花了整整五年的時間。

蔡司的先進實驗室坐落在上科亨的群山之間，建在一層厚實的防震混凝土上。在這裡，蔡司在 ASML 的協助下開發出製造新型反射鏡所需的量測技術。EUV 反射鏡不像浴室的鏡子那樣平整，它們有極複雜的曲面——就像遊樂園裡的哈哈鏡。最大的挑戰在於，如何量測整個鏡面是否夠平滑，確保光線能夠無誤差地反射。德國人常說：「測不準，就做不好。」

庫爾茲和斯坦姆勒走下樓梯，眼前的景象彷彿是電影 007 中的場景。偌大空間的中央矗立著兩個閃亮的鋼製圓柱，圓柱都寬如潛艇，還配備厚重的金庫式大門。身穿藍色無塵衣的工作人員，小心翼翼地在這些充滿科幻色彩的設備周遭走動。圓柱內部是真空環境，與曝光機裡的化學成分一樣，是用來檢測反射鏡是否有偏差。在這裡，精確度是到原子等級。左側角落的資料中心，負責處理多達好幾 TB 的量測資料。在圓柱後方，一台黃色機器人有條不紊地從架上取出反射鏡。這些反射鏡不僅重到人力無法搬動，更是貴得不容絲毫閃失。

鏡面上的極小偏差都會反映在晶圓上，因此這些反射鏡必須採用幾乎不受溫度變化影響的特殊材料製成。幸好蔡司能夠運用以前航太部門的技術知識。雖然衛星和晶片設備看似毫不相關，但它們

都必須在極端環境下精準地運作。

這些反射鏡需要由機器人拋光好幾個月,接著蔡司再逐一清除殘留的原子。然後再鍍上五十多層超薄的反射層,反射鏡才算大功告成。斯坦姆勒說:「如果角度對得好,用這面鏡子就能打中月球上的高爾夫球。」他也做了另一個生動的比喻:把 High NA 系統的反射鏡放大到德國的面積那麼大,其表面最大的不平整處也不會超過 20 微米——甚至比一根人類頭髮還細。

在這裡感到頭暈目眩,再正常不過。這不是無菌空氣造成的,而是光想到製造未來的手機晶片所需的所有超複雜設備,就足以讓人暈眩。一台在荷蘭維荷芬發明的機器,集結了來自歐洲各地的零組件,運往亞洲和美國的晶片廠後,便開始生產載滿處理器和記憶體晶片的矽晶圓,而這些晶片在短短幾年內就會出現在你的手中。

幸好,揚‧范斯霍特(Jan van Schoot)對這一切瞭若指掌。身為 ASML 的系統架構師,他不僅參與了第一代 EUV 機台的設計,也投入新一代 High NA 的開發工作。為了符合新光學系統的需求,機台需要做許多調整。誠如他所說的:「新問題層出不窮。」而這些問題都有賴他來解決。

光在整個 EUV 系統中不斷地反射:先從光源反射到光罩,再從光罩反射到矽晶圓。每面反射鏡都會吸收 30% 的光線,而新的 High NA 機台比第一代少了兩面反射鏡。這項改良代表光線更強,曝光更快,能為製造商節省寶貴的時間。

那為什麼不一開始就直接製造這種配備大反射鏡的機台呢?范斯霍特解釋,ASML 不喜歡貿然躁進:「量測反射鏡的設備越來越複雜。每次我們都會評估,能把技術推進到什麼程度,以及願意承

擔多大的風險。在開發第一代光學系統時，我們已經把當時的可用技術發揮到極限了。」

晶片製造商也必須跟上這樣的技術進展。在新系統中，光束保持極銳利的區域稍微變小了。這就好比人像攝影師只把你的眼睛對焦清晰，讓臉部的其他部分模糊一樣。因此，晶圓表面的任何偏差都需要格外注意，其他晶片設備上的塗層也必須更薄。

還有另一個問題：在 High NA 系統中，極紫外光是以較大的角度照射在光罩上，導致只有一小部分的圖形能夠正確反射。為了在光罩上容納更多的圖形，系統採用了「寬銀幕」變形反射鏡，但這也使得視野變小，因此晶片的設計必須配合這個限制做出調整。

另外，還有所謂的「死亡時間」，ASML 為晶圓未曝光的寶貴秒數取了這個陰森的名稱。為了縮短這段時間，晶圓平台的速度被大幅提升了：它們現在是以超過重力加速度的十倍以上的飛速衝向光源下方的定位點，比戰鬥機還快。這還不是機台裡最快的部分——載有原始晶片圖形的光罩，移動速度是它的四倍快。為了平衡這些強大的力量，系統裡還有一個配重裝置同時往相反的方向高速移動。

這種結合強大力量與原子級精密度的系統，全靠軟體來控制。計算反射鏡的定位，也需要強大的算力，並搭配一系列感測器，持續追蹤反射鏡的狀態，以及它們對晶圓上的影像所造成的影響。

斯坦姆勒推開一座新生產大廳的大門，這裡正在做 EUV 反射鏡的量產組裝作業。大廳裡傳來一陣敲擊聲，一名工人正在用橡膠槌敲打著光學零件，但沒有人因此緊張。高科技的世界有時也會用上這種老派的技巧。這些鏡子會以一種不會對材料施加壓力的方式

懸掛在系統中。蔡司表示，雖然無法逃離重力，但這些鏡子看起來仍像是在「飄浮」。

在附近的房間裡，機器人正在用假物件，練習預先編寫的動作。真正的 High NA 反射鏡已經開始製造了，只是處於不同的完工階段。要做好一面反射鏡，需要整整一年的時間。

這整套反射鏡系統不久將安裝到「光學列車」中。完整的微影機台是一座令人讚嘆的龐大設備，有兩層樓高，內部充滿未來科技。光是要容納這台龐然大物，無塵室就必須跟著擴建。從蔡司園區就能一眼看出 High NA 光學系統的組裝地點——那是整個園區內最高的建築。

蔡司約有一千名員工投入這項新技術的開發。為了維持順暢合作，他們定期與 ASML 開會。隨著 ASML 與蔡司的技術完全交織在一起，資訊透明變得非常重要。布令克開玩笑說：「這比婚姻還麻煩，我們現在永遠也擺脫不了彼此了。」蔡司的人也開著同樣的玩笑。這段「婚姻」的條件很簡單：蔡司只為 ASML 提供光學系統，ASML 也只採用蔡司的光學系統。雙方完全共享智慧財產權，「兩家公司，一個事業」的老口號至今依然適用。雙方都無意完全併購對方。德國方面希望蔡司半導體部門保持獨立，因為他們的半導體部門收入豐厚，營收從 2016 年的 12 億歐元，成長到 2023 年的 36 億歐元。這是一段成果豐碩的遠距合作關係，雙方都無意在短期內改變這個局面。

蔡司可能已經做好了準備，但 High NA 機台仍無法如期在 2022 年推出。由於其他型號的掃描機需求暴增，讓 ASML 和他們的供應商應接不暇，不得不延後最新機種的推出時程。為了爭取時

間，魯汶的研究機構 imec 立即使用維荷芬的第一個 High NA 機台來做生產測試。快遞員不停地在維荷芬與比利時的無塵室之間來回運送已曝光的晶圓。若要把系統拆解後再到魯汶重新組裝，至少還要多花一年的時間，但晶片產業已經等不及了。英特爾是首家取得 High NA 系統的客戶。把這個機台從維荷芬運到英特爾位於奧勒岡州希爾斯伯勒（Hillsboro）的研究基地，需要動用七架貨機。這台堪稱全球最大的複印機，重達一百五十噸。 這個機台最快要到 2025 年才會開始生產晶片。

27
一點巫術

你可能以為一台動輒數億歐元的曝光機，一定能完美複製晶片的結構，但事實並非如此。

光罩上有晶片的原始圖形，但轉印到光阻層時，並不會形成完全一樣的複製品。晶圓表面上的化學反應會導致線條粗糙不整。但利用數學模型，我們可以算出如何塑造光罩，讓最終在晶片上形成的圖案，即使有上述偏差，也能夠正確地傳遞電子訊號。這有點像 TikTok 或 Instagram 上的美顏濾鏡，可以修飾臉上的「瑕疵」，讓你看起來像名模。不過，製作光罩比自拍複雜多了，把晶片的圖案轉換成完美無瑕的影像，往往需要好幾週的時間。

這種技術稱為「運算式微影」（Computational lithography），是晶片製造過程中不可或缺的環節。1990 年代末期，布令克在規劃 ASML 的長期發展策略時，就已經意識到這點。隨著晶片尺寸不斷縮小，容錯空間也隨之減少。到了某個程度，只能仰賴軟體來做修正，才能持續生產出可用的晶片。

ASML 透過一系列併購來累積所需的專業技術。1999 年，他

們收購了美國新創公司 MaskTools。2006 年，ASML 更斥資逾 2.7 億美元併購在矽谷和中國都設有分公司的睿初科技（Brion）。MaskTools 開發的軟體可以模擬曝光機的運作來製作光罩。一片複雜的 EUV 光罩，製造費用超過五十萬歐元，計算時間也很漫長。如果能運用智慧型軟體來加速這個開發過程，就能省下大筆成本。

ASML 也自行開發了名為 Yieldstar 的量測儀器，能用攝影機來追蹤晶圓上的瑕疵。2016 年，ASML 更以 27.5 億歐元收購了台灣的漢微科（HMI）。漢微科的設備是用電子束隨機抽樣檢查晶圓。這些應用程式都會產生大量資料，全部都儲存在晶片廠內的大型電腦系統中。這形成了一種特殊的循環：要設計和製造效能更強的電腦晶片，就需要更強大的算力支援。

矽谷是半導體業的發源地，但該區的最後一座主要晶圓廠已於 2009 年關閉。不過，專精晶片軟體的人才仍留在加州，他們很快就在新崛起的科技巨擘中找到重要職位。

ASML 的矽谷分公司設在聖荷西的西塔斯曼大道（West Tasman Drive）上。一進大廳，就能看到睿初和漢微科（HMI）的亞洲背景展露無遺：一條由氣球組成的巨龍矗立在公司的專利牆旁邊。這裡慶祝農曆新年，也歡慶荷蘭的國王節（4 月 27 日）。為了更凝聚向心力，ASML 的員工也會慶祝墨西哥的 5 月 5 日節。睿初的共同創辦人曹宇認為，這些節慶活動有助於培養團隊的歸屬感。

ASML 矽谷分公司的營運模式與其他據點截然不同。2007 年併購睿初時，ASML 的執行長麥瑞斯曾叮囑睿初的創辦人，別讓荷蘭總部管太多：「如果 ASML 想把你們硬塞進公司架構中，不必理

會。實在不行的話，就直接打電話給我。」荷蘭總部有嚴格的專案組織，全心投入曝光機的製造，這與漢微科和睿初的運作模式大不相同。

睿初也為三星和格芯等同樣位於聖荷西的公司提供光學鄰近修正技術（OPC）軟體。相較於 ASML 的微影系統，漢微科的量測技術在市場上面臨更多的競爭。不過，量測技術、修正軟體、掃描機這三大要素結合起來，就成了「全方位微影解決方案」（holistic lithography）的三大台柱。ASML 精心打造這個生態系統，以降低晶片廠的誤差率，提升生產效能。這個在 ASML 內部稱為「應用部門」的事業體，如今創造出數十億元的營收。

然而，矽谷有數千家科技公司，ASML 只是其一。正因如此，2023 年一整年，聖荷西的電車車身都貼滿了 ASML 的巨幅廣告。畢竟，任何能提升知名度的機會都不能放過。就像矽谷的其他科技公司，ASML 也一直在招攬優秀的軟體人才。ASML 的員工常常前往美國各地的科技大會和大學校園，向大家介紹這家荷蘭公司，以及公司七千名美籍員工的工作內容。ASML 甚至還在電視上打廣告。不過，軟體專家阿赫曼・艾爾賽德（Ahmad Elsaid）認為，對不在這個行業的人來說，廣告標語應該更吸引人一點：「你知道我太太看到廣告後問我什麼嗎？她說：『技術創新，一次推進一奈米』（pushing technology one nanometer at a time）[5] 到底是什麼意思？」

---

[5] 台灣的 Slogan 是「微影創新，改變世界」（Changing the world, one nanometer at a time.）。

在聖荷西，ASML 在人才爭奪戰中面臨激烈競爭。2018 年到 2020 年間，不少員工跳槽到 Google、臉書等鄰近公司，也有人轉往蘋果、Waymo，或甚至投入特斯拉的自駕車軟體開發。雖然矽谷的大型科技公司開出的薪資可能較高，但對物理學家來說，ASML 是更有吸引力的雇主。至少睿初部門的員工張晨（Chen Zhang）是這麼想的：「在這裡，我們游走在基礎科學與經濟效益的交界，每天都能學到新東西。」她的主修是原子、分子與光學物理，所以比較喜歡為晶片設備開發優化軟體，而不是為 TikTok 開發美顏濾鏡。

在聖荷西，雖然英語是主要語言，但這裡也常聽到中文。ASML 的矽谷分公司與深圳的數百名軟體開發同事密切合作。ASML 還有一支一千五百人的團隊，負責維護晶片廠的量測設備等工作。

在聖荷西的一間無塵室裡，一台全新的漢微科系統正在接受檢查，它的艙蓋像修車廠裡待修的汽車般打開著。那台設備使用電子束來掃描晶圓上的缺陷。這個版本帶有一點荷蘭色彩：電子感測器來自台夫特的邁普公司。2018 年底，邁普公司戲劇性地宣告破產後（詳情稍後說明），ASML 不僅取得了他們的電子束技術，還網羅了一百位經驗豐富的技術人員。諷刺的是，邁普原本立志開發一款能與 ASML 掃描機競爭的產品，沒想到他們極具前景的多重電子束技術最後反而成為 ASML 的產品。如今，台夫特的科學家正與聖荷西的團隊密切合作，共同開發全新升級版，預計 2025 年完成。這個新版本具備處理海量資料的能力，能更精確地檢查晶圓。

在聖荷西，一切都圍繞著資料運作。執行大量運算的資料中心

就設在無塵室的旁邊。目前的軟體運行是採用一般的處理器，或稱中央處理器（CPU），但新版將導入雲端運算，並採用快速的圖形處理器，特別適合把 AI 運用在資料集上。

由於量測資料呈爆炸性成長，已經無法用可預測的公式來涵蓋所有變數。因此，睿初運用 AI 來瞭解光束、光罩、晶圓上化學反應之間的交互作用。他們採用機器學習技術，讓神經網絡在巨量資料中尋找規律模式。

在機器學習中，電腦會得出你無法自行重現的結論。軟體甚至能事先預測，如何調校曝光機，才能獲得最佳結果。這促使布令克為它創造出一個詞：巫術軟體。「沒有人能完全瞭解機器學習的內部運作，」他表示，「但如果你完全仰賴 AI，你就沒有創造出任何額外的價值。你甚至不需要了解它在做什麼，而這就會開始出問題。」

布令克認為，技術應該是可以計算、可以理解的。從一開始，ASML 就依據物理定律和數學模型來打造產品。連蔡司最複雜的光學元件，歸根究柢也是計算的結果，因此你知道你製造的東西是正確的，最終也一定能正常運作。

「布令克討厭投機取巧，」聖荷西的營運長吉姆·庫門（Jim Koonmen）解釋，「他最受不了有人說：『我看不懂這個模型，乾脆讓電腦學習，希望有好的結果。』他會質疑這裡的人：為什麼你選擇機器學習，而不是使用物理原理來建模呢？」

過度依賴這種黑魔法是有風險的：如果你什麼都用巫術軟體來做，就和競爭對手沒什麼差別了。布令克認為，機器學習是有價值的輔助工具，但只能作為加速尋找解決方案的最後一步。他強調：

「我們必須與眾不同。如果不運用我們的物理模型所帶來的附加價值，那麼任何人都能做到。」

他以生成式 AI（如 ChatGPT）來打比方，這類工具雖然能在幾秒內產出可讀的文字，卻沒有創造出任何新東西。他說：「這就好像請 ChatGPT 寫一本有關布令克的書一樣。」說到底，聖荷西開發的軟體是串連機台所有元件的關鍵：沒有這些軟體，就無法完美地調校光源系統、光罩、透鏡。

但軟體也有缺點，最大的問題就是容易被複製。2014 年，六名睿初的前員工竊取了商業機密，以電子郵件盜走了兩百萬行的程式碼、演算法和使用手冊等資料，並利用這些內容在矽谷創立了一家競爭公司。當三星打算終止與睿初的合約，轉向一家產品異常出色的新競爭對手時，ASML 警鈴大作。這家新公司名叫 Xtal，發音同「crystal」（晶體）。

2016 年，ASML 對這些前員工提起訴訟。睿初的創辦人兼技術靈魂人物曹宇花了數十小時在法庭裡說明那些複雜的證據。法官和陪審團在閉門會議中檢視 Xtal 的程式碼時，確認了演算法確實遭到抄襲。

2019 年，法院判決 ASML 獲得 8.45 億美元的賠償金。但由於 Xtal 早已破產，這筆錢根本無從追討。這個高額判決的用意在於產生嚇阻作用，威嚇其他打算竊取商業機密的人。

值得一提的是，Xtal 的創辦人俞宗強約莫同一時期也在中國成立一家公司。他創立的東方晶源電子（Dongfang JingYuan Electron）至今仍在營運，還獲得中國政府的補助。ASML 雖然警告客戶遠離東方晶源，但公司高層決定不把這起訴訟公開。他們認

為這只牽涉到 ASML 不到百分之一的營收，而且被盜的資料以及 ASML 與三星的合約都已經安全無虞了。

結果，這個決定最後產生嚴重的反效果。荷蘭《金融日報》（*Het Financieele Dagblad*）報導了這起訴訟，並把矛頭指向中國政府，懷疑這起資料竊取案是他們策劃的。這導致該事件演變成政治議題，令 ASML 十分困擾。ASML 在新聞稿中對這些「陰謀論」表達不滿，並指出：「這種說法毫無證據。」但這樣做還是無法阻止 ASML 被捲入一個新戰場：地緣政治。在這個領域，大家覺得與中國有關的所有事物都很可疑。

中美科技戰在 ASML 的聖荷西分公司裡築起了一道無形的藩籬。由於美國政府不配合發放新的工作簽證，某些員工因國籍問題而無法參與 EUV 計畫或其他為中國公司開發的先進技術。在中國工作的數百名 ASML 員工擔心新出口管制規定對祖國的影響。不過，這也有一個好處。王晨（Chen Wang）說：「ASML 現在常常上新聞，至少我在中國的父母終於知道我在哪裡工作了。」。

媒體和政治人物開始發現 ASML 對各大晶片廠有多重要。全世界的目光開始聚焦在這家被國會山莊的議員稱為「那家公司」的荷蘭科技巨擘上。這家神祕的公司有四萬多名員工，運用一點巫術，製造出地球上最複雜的機器。如今，這個祕密已經曝光，再也無法隱藏。

ASML 最新的高數值孔徑（High NA）系統長達 14 公尺，重約 150 噸，造價約四億歐元。運送一組這樣的系統給客戶，需要動用七架貨機。

ASML 位於荷蘭維荷芬的總部園區，占地廣大且仍在擴張中，從照片前排的高樓（八號大樓）一直延伸至地平線遠處的 5L 物流中心。

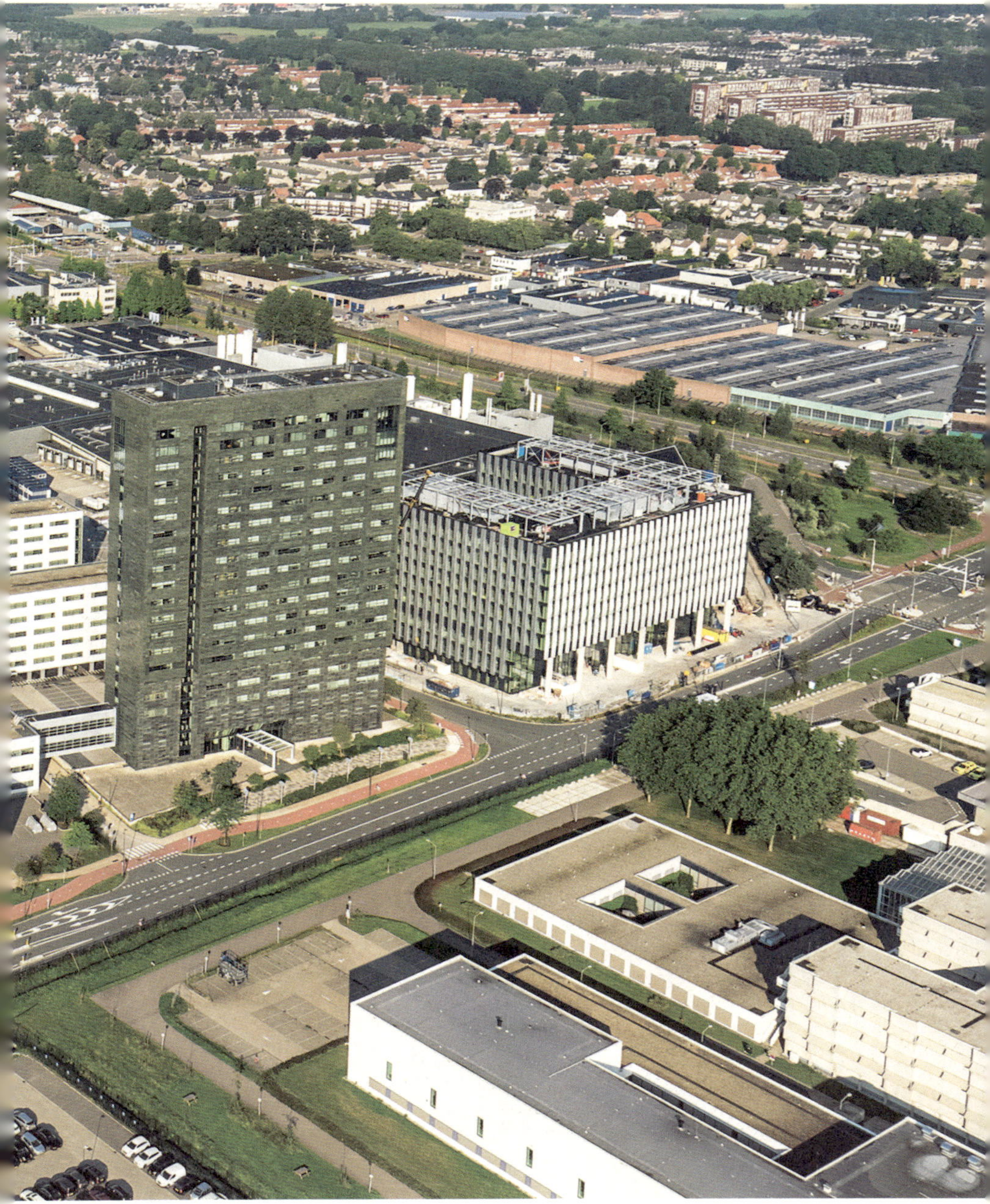

飛利浦物理實驗室 NatLab 早期的微影技術：1973 年的晶圓重複曝光機（上）和 1980 年代初期拍攝的 PAS 2000（左下）。

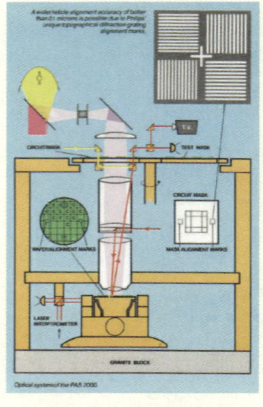

ASML 的傳奇領導人物布令克，就是被這本介紹 PAS 2000 的手冊打動，決定在 1983 年加入飛利浦。

早期的無塵室還沒有強制戴口罩的規定，但從 1990 年代後期開始，ASML 為了防止設備污染，訂定了愈來愈嚴格的無塵室規範。

特羅斯曾領導飛利浦的微影技術部門，並在 1987 年至 1990 年間領導 ASML。這張照片攝於 2022 年，當時他九十七歲。

斯密特是 ASML 合資時期的首任執行長，任期從 1984 年到 1987 年。這張照片攝於 2023 年。

馬里斯在 1990 年至 1999 年間擔任 ASML 的執行長。

英籍的鄧恩於 1999 年底到 2004 年間領導 ASML。

法籍的麥瑞斯在 2004 年至 2013 年間擔任 ASML 的執行長。

1985 年啟用、如今已走入歷史的 ASML 一號大樓，是由建築師范艾肯設計的，設計理念是呈現像矽谷科技公司的未來感。這座金字塔形建築被當地孩童稱作飛碟，在荷蘭的田園風光中非常突出醒目。

後來將主導 ASML 發展的兩位年輕工程師范霍特（左）與布令克，在 1986 年時搭機前往亞利桑那州的鳳凰城，準備與美國的客戶和供應商展開為期一週的會議。

1986 年,傳奇企業家弗里茲・飛利浦雖然一開始找不到地點,最終仍順利抵達 ASML,進行參訪。坐在他對面的是特羅斯和斯密特(右)。

1989 年的研發團隊會議。坐在中間的是領導研發部門的維特科克。白板上寫著歐洲研究計畫 Jessi 和 Esprit 的名稱。

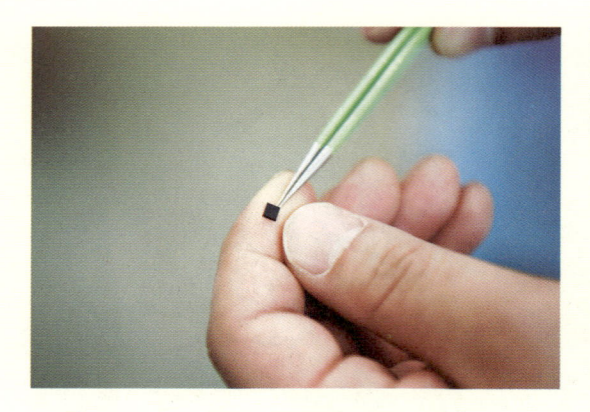

三星製造的現代記憶體晶片。由於尺寸能夠愈縮愈小，晶片表面就能塞進更多的電晶體。

由多個晶片組成的矽晶圓。這是英特爾的晶圓，上面是用於伺服器的 Xeon 處理器晶片。

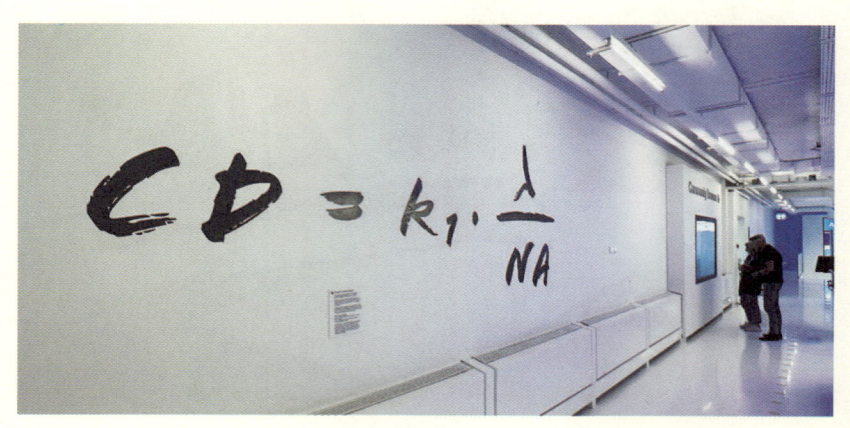

ASML 維荷芬總部牆上的萊利公式，這道公式決定了微影機台能製作的最小圖形尺寸：波長除以光學系統的數值孔徑，再乘以 k1 變因。該變因反映了晶片製程的複雜度。

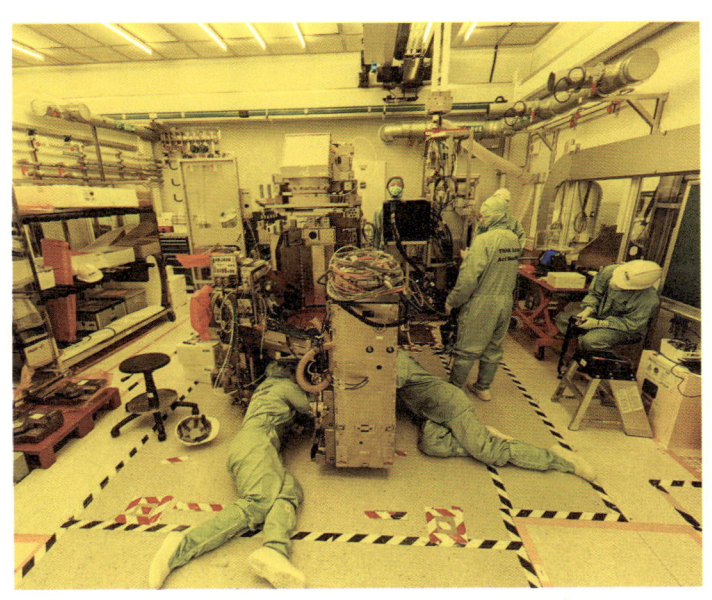

在台灣林口 ASML 的「二手店」裡，技術人員正在一間小型維修室內檢修 PAS 5500 系統。這些超過二十五年歷史的機台至今仍在運作。

在 ASML 的無塵室裡，每立方米空氣中，最多只允許十個介於 100 到 200 奈米大小的灰塵粒子。這比醫院手術室的潔淨度高出一千多倍。

1999 年 10 月，布令克向研發人員說明，ASML 將如何轉型生產更大尺寸的矽晶圓。

溫寧克（右二）原為 ASML 的會計師，1999 年出任財務長，之後更晉升為共同總裁，與布令克並肩領導公司。布令克專注於技術研發，溫寧克則擔任公司最具影響力的外交代言人。

2019 年的法說會上，執行長暨共同總裁溫寧克（左）與達森（右）一同出席。達森和溫寧克都曾在德勤會計師事務所任職。

技術長布令克於 2013 年和溫寧克共同接掌公司的領導權。這張照片為他在 2022 年的法說會上說明 ASML 的策略。

213

在龐大的真空艙內，ASML 最重要的供應商之一、德國的蔡司正在檢測 EUV 光學系統的反射鏡是否夠平整。最後的瑕疵會以逐個原子的方式消除。

德國的蔡司光學博物館中，一組 EUV 掃描機的鏡頭系統懸掛在天花板上。

EUV 機台的雷射系統是由德國創浦公司研發，由約四十五萬個零件組成。

台積電位於台中的一座晶圓廠。台積電生產全球 90％ 的先進處理器。

南韓首爾南方的三星記憶體晶圓廠有「奈米城」的暱稱。廠房外牆的彩色面板是放大的晶片圖形。

台積電廠房內的天花板上，小型機器來回穿梭，把晶圓從一個機台運到另一個機台。

美國總統拜登參訪亞利桑那州鳳凰城北方正在興建的台積電晶圓廠。拜登的左側是輝達執行長黃仁勳、蘋果執行長庫克,以及身穿紅衣的美國商務部長雷蒙多。拜登右側是溫寧克和台積電董事長劉德音。

由左到右分別為布令克、現任執行長富凱,以及溫寧克。

亞利桑那州錢德勒市的英特爾奧科蒂洛園區內,正在興建兩座新廠。這兩座晶圓廠將使用 ASML 的 EUV 機台生產晶片。

第四部

鎂光燈下

機器人播放著旋律輕快的〈夢裡水鄉〉，這是 1980 年代的中國民歌。華為的員工一聽到這個熟悉的旋律就知道該讓路了：一台載滿零件的無人運輸車正要通過。

2017 年夏天，在深圳大都會區外圍的新興城市東莞，華為的工廠裡約有兩萬一千名員工。一樓有五十條生產線，每天生產三萬八千個行動通訊基地台所需的功率放大器。樓上是智慧型手機的組裝線。由於工作過於單調，每兩小時就有十分鐘的休息時間，多數員工會利用這段時間滑手機放鬆。不過，一天有兩次，大家會聚在一起唱歌跳舞，活動一下在產線上站了好幾個小時的身體。

對華為來說，2017 年還有很多值得慶祝的事。在手機革命的浪潮下，數億中國民眾都離不開微信。憑著龐大的內需市場、政府補助和低廉的人力成本，華為的科技產品比起歐洲的競爭對手愛立信（Ericsson）和諾基亞（Nokia），在成本效益上更具優勢。出口歐洲的營收占比將近三成，在智慧型手機市場上，華為更是與蘋果分庭抗禮。

華為成為科技界的明星，投入數十億美元發展自家的網路技術與軟體。2017 年，華為向歐洲專利局提交了兩千三百九十八件專利申請，是當年申請量最多的企業。這波密集的專利申請只有一個目的：華為正在為新一代的行動通訊技術 5G 做準備。5G 可讓大規模的裝置連上網，在社會、工業、經濟持續數位化的未來，是不可或缺的關鍵。掌握這個網絡，就等於掌握了世界。

網際網路源於美國軍方與學術界的合作計畫，長期以來一直深受美國的影響。中國對這項基礎網路技術表現出濃厚興趣，絲毫不令人意外：畢竟，中國的網路使用者已突破十億，超過了北美和歐

洲的總和。科技實力正從西方逐漸東移，原因很簡單：全球五十三億網路使用者大多集中在亞洲。

美國對華為的崛起一直抱著懷疑的態度。美國政府禁止主要電信業者在網絡中使用華為的設備。早在 2012 年，美國的政策制定者就指控華為說謊、欺騙、偷竊。中興通訊是另一家規模較小的中國電信業者，美方對它的評價也好不到哪裡去。

然而，歐盟的電信業者對中國的技術印象深刻，因為價格遠比他們習慣的便宜。況且，史諾登事件（Snowden）也讓歐洲人對美國心存芥蒂。2013 年，吹哨者史諾登揭露美國中情局（CIA）利用科技巨頭設下的後門，以及駭入電話網絡和網路電纜，進行大規模竊聽。連歐洲的政府領袖也被這個盟友監聽。

史諾登的爆料動搖了歐洲對美國科技的信任。因此，2016 年，德國最大的電信業者德國電信（Deutsche Telecom）與華為合作，建立公有雲端服務。華為期望藉此與微軟、亞馬遜等美國的雲端巨擘一較長短。就這樣，中國技術悄然滲入歐洲的資料中心和通訊網絡。美國人感到難以置信，認為歐洲人太天真了。

華為（意為「中華有為」）成立於 1987 年，是深圳經濟特區最早成立的民營科技公司之一。這座城市為全球生產電子產品——智慧型手機、電腦或電視所需的零組件，應有盡有。台灣的電子業巨擘富士康也在這裡蓋了超大廠房，雇用了數十萬名員工為蘋果組裝 iPhone。富士康廠區的對面，就是華為園區。華為蓋了大片宿舍安置數萬名員工。華為創辦人任正非的辦公室就在園區旁邊，從那裡可以俯瞰一片美麗的湖泊，還有黑天鵝優游其中，宛如童話場景。

中國是全球最大的電子產品製造中心，也因此是全球最大的晶片消費國。然而，中國本土的晶片產業仍在起步階段，幾乎所有的先進處理器都仰賴進口，其中大部分來自美國。同樣的，中國電子產品所使用的記憶體晶片大多也來自國外公司。為了減少這種依賴，2012 年上任的習近平決心發展中國的半導體產業。他提出「中國製造 2025」的十年計畫，撥出逾一千億美元的國家資金，來建設新的晶片廠及取得國外的晶片技術。中國的目標是在 2025 年以前，在十大戰略產業中達到七成的自製率，其中包括推動現代化的最重要基石──晶片。如今的中國晶片製造商不再是效率低下的國營企業：晶片廠透過國家和地方投資基金獲得資金，刺激創新和創業。雖然出現了一連串的失敗與貪腐案件，但這項政策也帶來了長江存儲這樣的成功案例。成立於 2016 年的長江存儲很快就累積了市場競爭力，蘋果一度考慮向它大量採購 iPhone 用的記憶體。但由於美方認為這筆交易過於敏感，蘋果最終只得作罷。

中國也透過華為旗下的海思半導體（HiSilicon）或紫光展銳（Unisoc）等公司，參與手機 5G 晶片的研發競爭。這些公司與國家級的晶片龍頭中芯國際一樣，都是在 2000 年代初期成立的。中芯國際大量借鑒台積電的經營模式，甚至在多起專利侵權官司中敗訴，同時也充分運用了從海外回國的中國技術人才的經驗。這也是習近平的戰略之一：從西方企業吸引高科技的專家返回祖國效力。

習近平期望在 2049 年實現中華民族偉大復興的中國夢。屆時中華人民共和國將邁入建國一百週年，他希望中國能重拾世界最強文明的地位。十九世紀末期，中國仍是全球最富有的國家，但不久後就被美國取代。到了二十世紀最後十年，中國開始從一個貧窮的

共產主義國家，轉型成為全球第二大經濟體。這波快速崛起的關鍵是鄧小平，他推動國家現代化，並透過深圳等經濟特區讓中國逐步開放，與全球市場接軌。長期以來，以美國為首的西方國家認為，只要讓中國參與全球貿易，它就會走向民主。尼克森是第一位試圖與中國改善關係的美國總統，1972年2月，他展開別具歷史意義的中國行，希望能與毛澤東聯手抗衡蘇聯。1980年代，雷根總統放寬了對中國的出口管制。到柯林頓時期，美國甚至用中國火箭發射先進衛星。1996年的這起事件引發了爭議，因為這似乎已經踩到美國國家安全的底線。然而，柯林頓對這些批評不以為意，他向大眾保證「絕對沒有不當移轉任何技術給中國」。

經過多年談判，中國在2001年加入世界貿易組織（WTO）。在這之前，龐大的中國市場和廉價勞力早就吸引許多外國企業家進入中國。他們帶來了資金和專業，讓中國變得更富裕、技術更純熟，但並沒有因此變得更民主。公開批評政府是違法的，抗議活動會被鎮壓，政府對於外國企業受到貪腐和技術竊取的侵害，也沒有積極保護。中國政府用精密的監控和臉部辨識系統來監視人民，分析及審查他們的網路行為。對歐巴馬政府來說，中國在亞洲日益壯大的經濟與軍事實力，促使美國的外交政策轉向亞太地區：中國已對美國主導的自由世界秩序構成威脅，必須加以圍堵，甚至反制。美國的政黨雖然嚴重分歧，卻在這一點上有共識：中國的科技進步威脅到自由世界。而且，在AI與網路間諜活動方面，這個強勁對手很快就會超越美國。

對美國來說，這一切發展似曾相識。美國正面臨另一個「史普尼克時刻」：1957年，共產蘇聯率先把史普尼克人造衛星送入地球

軌道，展現了領先的科技實力，震撼美國。如今，就像 1950、1960 年代的美蘇太空競賽，中美兩國正在科技主導權上展開角力。而在 5G 領域，美國又再次落後了。美國曾是網絡技術的先驅，但其電信供應商不是破產，就是被收購。如今，美國不得不依賴歐洲供應商，卻眼睜睜地看著他們被華為打敗。

2017 年初，歐巴馬政府開始針對習近平的「中國製造 2025」計畫，著手規劃因應對策。然而，這項策略的實際執行，卻落在歐巴馬的繼任者川普身上。但川普有不同的想法：他想先解決中美之間的貿易失衡。

2017 年 1 月 20 日，川普手按兩本聖經，宣誓要「讓美國再次偉大」。果不其然，美中貿易衝突迅速演變成一場全面性的科技戰，華為成了首要目標。全球化的晶片產業捲入了這場地緣政治角力，位於荷蘭小鎮維荷芬的 ASML 也意外成為眾所矚目的焦點。科技公司很快就見識到川普最愛用的武器：難以預測的推文，以及同樣難以預測的出口管制規定。

28
先開槍,再瞄準

然後,原子彈就投下來了。

2019年5月15日,美國媒體形容川普在對中貿易戰中祭出「核子武器」:他把華為列入向來令人聞之色變的美國商務部產業安全局(Bureau of Industry and Security,簡稱BIS)的實體清單。從此,美國企業若要供應產品給這家中國電信巨擘,都必須先申請許可,並接受國安標準的審查。這其實是一種變相的出口禁令,阻止華為購入新的美國軟體與晶片——這些都是生產手機與電信網路設備所不可或缺的關鍵技術。

實體清單的威力早有前例可循。2016年,中國的中興通訊(ZTE)因違反美國對伊朗與北韓實施的制裁令,就曾遭此出口管制重創。當時中興的晶片供應被切斷,幾乎破產,最終在2017年認罪並同意支付十二億美元和解金,才度過難關。美方在研究中興通訊的相關文件時,發現華為似乎也有無視制裁規定的證據。這條線索最終導致華為的財務長孟晚舟於2018年底在加拿大被捕。

把華為列入實體清單,本來就是為了給這家中國巨擘致命的一

擊。美方認定，華為對國家安全構成明確的威脅：據稱該公司不僅涉及商業機密的竊取、為中國從事間諜活動，甚至還受到中國軍方的操控。川普的國安顧問提姆・莫里森（Tim Morrison，2019年底離職）明確表達了美方的立場：「華為就是共產黨的工具。這家公司必須被消滅，讓它徹底倒閉。」

然而，原本大家預期的核爆效應並未出現。短短五天內，對華為的禁令就延後三個月執行，讓這家中國企業有機會囤積半導體存貨。此外，華為子公司海思半導體當時仍能請台積電代工生產最先進的晶片，因為這部分還不受美國的出口管制。莫里森後來回顧這次失敗的封殺行動時，感嘆道：「我們讓華為變得太大了。當年我們還能把中興打個措手不及，但華為已經看見局勢走向，早有準備。」

川普政府也低估了出口管制對美國晶片產業的衝擊，因為這種單方面的出口限制促使華為轉而尋找美國以外的供應商。這讓美國的晶片業者大為震驚，因為他們恐怕會瞬間失去三分之一的營收。這些企業提醒政府，與中國「脫鉤」將帶來嚴重的後果：一旦切斷美中企業之間的相互依存關係，美國反而會更加落後，因為來自中國的收入正是發展新技術所需的重要資金來源。

不過，企業公開批評川普的政策是一件很冒險的事。總統只要發一則充滿驚嘆號的推文，就足以讓公司股價瞬間暴跌。於是，科技業轉而私下去敲商務部的大門，並試圖在國防部尋找盟友。他們的論點很簡單：如果國防部想要用國產晶片打造優良武器，就需要一個蓬勃發展的晶片產業，而這個產業必須有足夠的獲利才能維持領先地位，掌握最先進的技術。因此，美國晶片製造商在檯面下持

續取得對中國出口的許可。

華為事件代表著美國的出口管制開始變成經濟武器。「一開始是因為華為違反了對伊朗和北韓的制裁令，」一位前美國國務院官員談到他在川普任內如何協調對華為的管制措施，「但後來各種政策考量逐漸堆疊。因為大家突然警覺，一家中國公司即將在5G技術領域稱霸全球，而他們的軟體很可能埋設後門。」

政府從未向大眾做出完整的交代。這位官員表示：「向大眾交代太浪費行政資源。川普政府最擅長快速決策，然後把殘局丟給我們收拾。」這正是川普時代的特色：先開槍，再瞄準。

實體清單並非由單一個人或機構負責，而是由國防部、國務院、能源部、商務部這四個部門共同編列。負責執行出口管制的產業安全局則隸屬於商務部。

川普入主白宮後，政府部門之間一直缺乏協調。連他自己都對2016年的勝選感到意外，事前既沒有準備任何政策，也沒有安排合適人選來接掌各部門的重要職位。一群基層官員就這樣被推上重大決策的第一線。一旦出錯，就會立刻被革職。由於總統容易衝動行事，獨斷獨行，幕僚都不敢把太多的議題呈送到他面前。

一些官員甚至刻意避開總統，讓自己的工作計畫遠離「川普瘋狗秀」。川普只用一則推文，就推翻了把中興重新列入實體清單的決定。他還暗示，如果美中達成貿易協議，對華為的禁令也可能解除。2020年2月18日，他的推文寫道：「美國不能、也不會在外國購買我國產品時故意刁難，包括動輒搬出國安理由這種藉口。」接著又以他一貫的作風補上一句：「美國準備好做生意了！」

這則推文讓美國的盟友陷入一片茫然：美方一直力勸他們以安

全考量為由,把華為逐出交易網絡,現在美方似乎又對華為敞開大門。同年1月,共和黨議員又提出一項有威脅性的法案,主張美國應停止與繼續使用華為設備的國家分享情報。這讓荷蘭感到緊張,因為該國的三大電信商中,有兩家的基地台和網路都採用華為的設備。美國駐荷蘭大使皮特・霍克斯特拉(Pete Hoekstra)接受荷蘭大報《新鹿特丹報》採訪時,試圖安撫各界疑慮。但他只能含糊地表示:「我們會想辦法解決。」

國務卿麥可・龐培歐(Mike Pompeo)又採取不同的做法時,政策矛盾越來越多。他想把網際網路一分為二,呼籲所有「嚮往自由」的國家加入「乾淨網路」(The Clean Network)計畫。這個朗朗上口的名稱,代表著一個沒有中國的網路世界:行動通訊網路不用華為、智慧型手機不裝微信和抖音、雲端空間不用中國伺服器。

與此同時,川普的一位經濟顧問正積極與戴爾、微軟、AT&T合作,鼓吹他們加速開發「反華為」的技術。司法部長威廉・巴爾(William Barr)則是提議,讓美國取得歐洲電信設備商愛立信和諾基亞的控股權,「削弱華為稱霸的企圖」,但翌日就被白宮否決了。

全世界不可置信地看著這些天馬行空的計畫互相打架,互扯後腿。華府彷彿失去理性,只剩下各方角力和急於表現的衝動。一位川普的幕僚後來回憶:「那種混亂程度已經不只是像在雞舍裡,而是三個雞舍混在一起。」

2020年5月,川普祭出更重的武器,禁止台積電為華為生產先進晶片。這項措施之所以成立,是因為台積電的工廠普遍使用美製設備,例如晶片設計軟體和晶片製造機台。美國藉此把域外管轄權

延伸到華為。全球的晶片廠都採用美國的技術,這表示所有的晶片廠都必須遵守美國的出口管制。

華為被禁後,台積電頓時失去大筆營收。這波衝擊立即波及到ASML,因為台積電馬上縮減了晶片機台的訂單。接下來發生的連鎖反應是大家始料未及的:其他的中國科技公司害怕隨時可能被美國列入黑名單,紛紛開始大量囤積晶片。他們不只搶購最新款的處理器,連智慧型手機使用的普通晶片也一併下單,導致汽車產業面臨晶片短缺。台積電的訂單爆量,突然向ASML緊急追加能提升產能的曝光機。

中國企業的擔憂不無道理。2020年12月,中國最大的晶片製造商中芯國際被控生產軍用晶片,也被列入實體清單。美方隨即提出新一套的出口規定:不准把生產先進處理器的設備運給中芯國際。理論上,技術較舊的晶片機台依然可以出口,但這項禁令還是影響到ASML:若沒有出口許可,ASML也無法再向中芯國際供應來自美國的零件。

華為陷入了生存危機。Google不能再為華為提供安卓作業系統,華為的手機銷量一落千丈——畢竟沒有人想買不能用YouTube和Google地圖的手機。在接二連三的指控下,華為的名聲受損,加上晶片出口管制,也讓外界質疑華為未來產品的性能。

在歐盟各國收緊網路監管後,華為在歐洲的影響力也逐漸式微。不過,歐洲的做法不像美國那麼激進。畢竟,中國是重要原物料的關鍵供應國,歐洲不願太得罪這個貿易夥伴。

歐盟讓各成員國自行決定是否允許華為進入其網路市場,但各國仍須遵守歐盟的安全規範。歐盟花了好幾個月才商討出「5G網

路安全指南」（5G security toolbox）：在美國決策者的眼中，這簡直就像在看草長大一樣緩慢。反觀美國只要兩天就能把一家公司列入實體清單，既不需要通知任何人，也不用公開說明——這就是美國作風。

相較於美國對華為的連環攻擊，歐盟的決策進程確實很慢。然而，情勢開始出現轉變。2019 年底，荷蘭要求電信商必須有能力輕易移除「受惡勢力影響的供應商」所提供的可疑設備。當局刻意避免提及華為或中國。中國駐荷蘭大使徐宏在荷蘭報紙上發表聲明回應。他不點名地指控美國在毫無證據的情況下，對荷蘭施加「政治壓力」，要求荷蘭斷絕與華為的關係：「他們的作為既違背歷史潮流，也違背文明進程。」

面對嚴密的審查，華為主動出擊，讓歐盟仔細檢視。他們在布魯塞爾的華為網路安全透明中心設立了一個可直通深圳的「紅區」。透明中心的位置選擇極具策略性，位在各國大使館、歐洲議會、歐洲網路安全組織之間。要進入紅區，必須先通過安檢門和金屬探測器，沿路還會經過一排以夏農（Shannon）、愛因斯坦、特斯拉等著名發明家命名的房間。這反映了華為員工如何看待自己——他們以發明家自居，而不是中國共產黨的附庸。

地板上鋪著資料電纜，透過安全連線直通深圳總部。從此，專家可以在布魯塞爾的大樓裡深入檢視中國電信設備的原始碼，仔細過濾數以百萬計的程式碼，尋找任何潛在的後門和漏洞。

不過，原始碼並非主要顧慮。這場「科技戰」早已超越技術層面——核心其實是一場經濟與政治的較量，也是文化與意識形態的對決。歐洲各國政府所擔憂的，是另一種與中國的連結。他們擔心

中國正在轉變成極權國家,能夠強迫中國的跨國企業為共產黨從事間諜活動。這對西方的 5G 基礎建設構成了重大的威脅。

對美國來說,華為是個理想目標,但絕非終點。這場經濟戰涉及龐大的利益,華府才剛開始發威而已。

29
重商精神

　　走進 ASML 位於維荷芬的總部，一眼就能看出哪些客戶對他們的最新曝光機感興趣。ASML 向來以與全世界做生意為榮，從不遮掩。南韓客戶來訪時，接待處的荷蘭國旗旁邊就會擺上南韓國旗。中國企業來訪，則會看到中國國旗飄揚。這樣的親切小舉動，反映了 ASML 對所有客戶一視同仁。只可惜，如今世界的運作已不再那麼單純了。

　　在數以百億計的政府補助資金挹注下，中國的晶片廠如雨後春筍般崛起。2017 年，中國客戶下單的曝光機總值高達七億歐元。當年底，ASML 的執行長溫寧克向投資人宣布：「創下新紀錄！」並預測中國市場將為所有投資人帶來「明確的成長契機」。幾個月後，中國晶片製造商中芯國際的執行董事梁孟松在上海簽下了他們的第一台 EUV 曝光機訂單。

　　監事會立即指出這筆訂單的風險，直言：「各位，這恐怕會出問題，美國不會放行所有的交易。」但 ASML 的管理高層毫不在意這些顧慮。他們認為 ASML 不涉政治，而且多年來一直都有供

貨給中國最大的晶圓廠中芯國際。當時,這位重要客戶的廠房內已有數百台 ASML 的掃描機正在運轉。

2018 年 11 月,ASML 的管理高層安排監事會一同訪問中國,與上海市長、工信部部長,以及國家發展和改革委員會的主席會面,其中國家發展和改革委員會是直接向習近平進言的重要機構。

溫寧克常到中國出差,一年會去五、六趟。他深知在中國與客戶洽談,往往免不了要與政府打交道。在這些接觸中,智慧財產權總是敏感話題。ASML 願意對中國出口最先進的機器,但有一個條件:無論如何,對方都不能複製這項寶貴技術。中國官員向他保證,中國會遵守智慧財產權規範,甚至願意為此調整法律制度。溫寧克雖然覺得這個承諾不可靠,但他認為保持對話、留有餘地才是明智之舉,他一向不願把事情做絕。

2019 年 1 月,溫寧克表示,ASML 想參與中國的成長,「但我們一發現智慧財產權被明目張膽的侵犯時,就到此為止了。中國想在未來十到十五年趕上我們?門都沒有。他們落後我們好幾光年!是光年!」

當時,溫寧克仍相信 EUV 曝光機可以出口到中國。儘管美方的反中情緒日益高漲,但他並未感受到來自美國政界的任何壓力。「ASML 會遵循法律。我們能夠出口到中國,是因為我們有荷蘭政府發給的出口許可證。如果有任何壓力,那也是政府之間的事。」

事實證明他說得沒錯。ASML 向荷蘭申請對中國的出口許可時,美國立即展開外交行動,試圖阻止 EUV 曝光機進入中國。2018 年底,荷蘭首相馬克・呂特(Mark Rutte)在布宜諾斯艾利斯的 G20 高峰會上與川普會面時,「ASML 議題」就被提出來了。

呂特維持務實的態度：他不想被美國總統周遭的混亂所影響。對他來說，與美國維持良好關係更重要。呂特與川普對話的策略是：不提爭議，保持微笑，專注於「實質內容」。

後來，川普的國安顧問莫里森多次造訪荷蘭，與荷蘭政府的代表會談。這場美國外交攻勢是由國防部、國務院，以及白宮幕僚共同策劃的。川普平時大多在嘲諷國際夥伴關係，但這次他卻基於多邊協議向荷蘭提出緊急呼籲。莫里森表示，這不是美國在對友邦施壓：「我們都知道 EUV 技術有多重要，荷蘭政府可以自行決定這件事。」當然，最好是做出美國也認同的決定。

當科技受制於國安邏輯

EUV 技術受到《瓦聖納協定》（Wassenaar Arrangement）的管制，這是一項針對常規武器及軍民兩用商品與技術的多邊出口管制協議。該協定於 1995 年 12 月在海牙近郊的富裕小鎮瓦聖納的維滕堡城堡（castle De Wittenburg）定案。談判過程一直膠著到最後一刻。就在慶祝晚宴開始前，法國與俄羅斯代表仍無法就最終的文本達成共識。他們的爭議拖到最後關頭，才在城堡廚房的一角解決。1996 年 7 月，協議正式生效，如今已有四十二國共同規範敏感技術的出口。瓦聖納協定是輸出管制統籌委員會（COCOM）的延續，COCOM 是一個多邊委員會，它在 1993 年以前致力阻止共產國家取得軍事技術。這也是 EUV 技術的出口需要許可證的原因。

《瓦聖納協定》規範可能用於軍事用途的設備出口，這包括最先進的曝光機。參與國的專家每年會到奧地利首都維也納聚會，決

定要把哪些新的敏感技術列入軍民兩用清單。如果某項設備已經普及，經過協商後就可以把它從清單中移除。

2001年，美國同意ASML收購其美國競爭對手SVG時，EUV技術的壟斷權就落入了荷蘭人手中。然而，《瓦聖納協定》讓美國有辦法影響哪些國家能使用這項技術。它可以限制中國取得5奈米或7奈米晶片，藉此減緩中國的創新步調。如果中國想大規模製造更精細的處理器，就必須使用EUV曝光機。

荷蘭內閣陷入兩難：畢竟，荷蘭別無選擇，必須為自家的科技巨擘負責。雖然歐盟原則上幫不上忙（在歐盟，出口管制在法律上屬於各成員國的權限），但他們也不能無視來自美國這個強大盟友的壓力。有內部人士形容，這就像把「爛攤子」丟給荷蘭外交部，無論怎麼處理，都會弄髒手。

荷蘭人陷入這樣的困境，其實一點也不意外。美國不想和中國真的開戰，因此試圖用其他一切手段來控制中國的科技發展。晶片有如現代經濟的石油，當你順著這條價值鏈追溯時，很快就會來到荷蘭的布拉邦——更確切地說，是通往維荷芬南區的高速公路32號出口。

ASML向來把政治視為細枝末節的議題。政治頂多是在爭取創新補助或在危機時期縮短工時的時候派上用場。任何分散技術注意力的事情，都是不必要的麻煩，很快就會被擱在一旁。但2018年的夏天，一切都變了。當時美國封殺了美製晶片設備銷往中國的記憶體晶片製造商晉華集成電路。由於這個事件是源於該公司與美光的糾紛，相較於備受關注的華為事件，這件事受到的矚目較少。儘管如此，美方的這番舉動仍然驚動了ASML。

早在 2018 年初，ASML 就已經任命一位董事來加強 ASML 與政府的關係，因為當時其他歐盟國家正在抱怨歐盟補助財力雄厚的 ASML。這位董事就是范霍特，從 2018 年到 2021 年退休為止，他帶領政府事務團隊，在決策者面前代表 ASML 的策略利益。當他發現他的工作量因為地緣政治緊張而突然暴增時，他意識到政治遊戲的規則正在改變。

范霍特說，ASML 本質上就不擅長外交：「我們很直接，想拒絕就說不，答應就說好，就是這麼簡單。政府得習慣我們這種作風。」但 ASML 也得習慣政府的行事方式，有時政府也會說不。雖然 ASML 在最重要的晶片設備市場占主導地位，但如今它已無法完全掌控自己的命運。

這仍然引發了很大的抗拒。在 ASML 看來，制定規則的人並不了解「這一切」是如何運作的。「這一切」是指整個晶片產業，包括所有的全球依存關係、脆弱的供應鏈和複雜的技術。這是一個靠相互信任、長期協議、自由市場機制運轉的世界。政府不能破壞這個脆弱的生態系統：最主要是因為 ASML 從中賺取豐厚的利潤（包括在中國的收益），也在荷蘭創造了許多就業機會。

ASML 認為，美國主要是靠封鎖 EUV 技術來輔助對中國的經濟戰。這項技術可用來大量生產先進的半導體，減少技巧需求與錯誤。這些晶片是用在手機上，不是戰鬥機。對 ASML 來說，擔心 EUV 技術被用於軍事用途，完全是無稽之談——武器產業使用的是已經上市多年的成熟微影技術。而且，武器中使用的多數晶片都是「現成」的，跟筆記型電腦、洗衣機或汽車裡的晶片一樣，在世界各地都能輕易買到。

但美國的看法不同。美國對「軍事」的定義遠超出傳統武器的範疇。他們擔心中國的 AI 崛起、中國的超級電腦在全球排名中占主導地位，以及中國當局未來可能掌握的強大網路武器。而這些全都有一個共同需求：先進晶片。

捲入美中科技封鎖戰

2021 年以前，EUV 技術出口許可的決定權是在外貿部長西赫麗德‧卡赫（Sigrid Kaag）的手中。ASML 一向與經濟部的關係較好，2017 年至 2021 年間是由艾瑞克‧維貝斯（Eric Wiebes）擔任經濟部長。然而，維貝斯當時正忙著處理格羅寧根省（Groningen）因天然氣開採而引發的地層震動問題，因此在 2018 年初把產業相關事務移交給副部長夢娜‧凱澤（Mona Keijzer）處理。但最終，經濟部在出口許可方面幾乎沒有發言權。它只能提出建議，並透過駐華盛頓大使館努力減輕川普政府連串反中措施所造成的傷害。

EUV 技術出口許可的最終決定權，是落在呂特的第三屆內閣手中。在這個內閣中，情報部門以及司法安全部、國防部的地位都高於經濟部。

經濟部向來對企業採取不干預的態度，讓企業能充分利用世界貿易的優勢。身為一個新自由主義的貿易國，荷蘭乘著全球化的浪潮前進了三十幾年。這也表示他們不在乎中國的崛起，寧願讓企業自己去面對棘手的政治決策。誠如一位荷蘭外交官所說的：「你可以說那很天真，但這為我們賺進了難以想像的財富。」ASML 就體現了這種重商精神。

然而，荷蘭對中國的看法開始轉變了。2019 年 5 月，荷蘭外交部針對中國發表了一份名為〈新平衡〉的重要報告。報告指出，中國有涉入不公平貿易、網路間諜活動、竊取技術等問題。報告也提到人權狀況的惡化，並對中國想要稱霸 AI 領域的野心提出質疑。報告對「中國製造 2025」的可行性表示懷疑，但更深層的憂慮在於：這最終可能導致中國成為一個依循自己的規則、不受國際公約約束的科技與科學強權。

一年後，2020 年 6 月，荷蘭情報部門發布警告，指出中國正鎖定半導體公司發動間諜攻擊。這並不令人意外，多年來高科技產業一直是攻擊目標。例如，2015 年初，ASML 就遭到網路攻擊，駭客是透過其深圳子公司睿初的帳號侵入 ASML 的網路系統。ASML 和西盟的網路相連時，聖地牙哥的一名員工立即察覺到異狀：有人正在用錯誤的密碼嘗試登入系統。警報隨即響起！難道是出了什麼問題嗎？總部維荷芬那邊證實，確實出事了。

ASML 請來多家資安公司評估損害程度，ASML 在美國的設施也接受了徹底的檢查。這些應變小組的調查持續了數週，就像數位消防隊一樣。駭客在系統中建立了後門，取得了帳號與密碼，然後開始透過日本的電腦位址，把竊取的資料以壓縮檔的形式傳輸出去。資安專家確信，中國駭客組織非常清楚他們在找什麼：曝光機的相關文件。

荷蘭情報安全總局（AIVD）的偵查小組突然主動前來維荷芬，但受到 ASML 的冷淡接待，因為 ASML 覺得這些情報人員只是來多管閒事，尤其荷蘭情報部門的網路安全專家曾指出 ASML 對經濟間諜的風險太過輕忽。

這次資安破防讓公司不得不面對殘酷的現實。2015 年，ASML 的網路安全措施確實嚴重不足。一支新的網路安全團隊決心「加高堤防」，並開始加強與 AIVD 的合作。身為首要攻擊目標，ASML 已證實是情報部門的重要情資來源。只要密切關注維荷芬的狀況，就能深入了解中國駭客組織的攻擊手法與能力。

　　ASML 於 2013 年 5 月併購西盟，所以 2015 年初，科技新聞網站 Tweakers 報導了這起資安破防事件。理論上，駭客可能已經潛伏在公司網路中很長的時間。但 ASML 表示，這個資安漏洞很快就被擋下，也沒有證據顯示有任何重要的資訊遭竊。ASML 在一份簡短的新聞稿中指出：「我們無法確定駭客的身分。」但有一件事是確定的：ASML 的伺服器已經成為網路戰的最前線。

　　ASML 長期以來一直試圖避開地緣政治的舞台。但回頭看，范霍特認為，以為能避開這場角力是很天真的想法。當你的機器是用來印製現代世界的基礎架構時，你不可能永遠躲在鎂光燈外。

　　2020 年 1 月，外交角力終於公開化。路透社報導，美國已要求荷蘭封鎖 EUV 技術的出口，ASML 頓時成為眾所矚目的焦點。川普的貿易戰、間諜案件，以及有關華為和 5G 的爭議，全都交織在一起，掀起了一場輿論風暴，ASML 登上了各大媒體的頭版。

　　只要出口許可仍「在審查中」，中國就無法取得 EUV 曝光機。外貿部長卡赫建議 ASML 向美方說明這點，好讓美方放緩施壓。但要應付川普政府並不容易，荷美雙方安排了數次線上會議，每次都有近二十人參加，一邊是 ASML、外交部和荷蘭駐美大使館的代表，另一邊是美國各部門的代表。會議中沒有攝影機，不做介紹，只有一連串冷冰冰的提問。

與此同時，美國持續施壓。2020 年 10 月，荷蘭國防部的一份機密分析報告詳細記載了他們收到「最重要戰略夥伴的緊急呼籲」，警告：中國國防工業若取得 EUV 微影技術，就能為飛彈、無人機、網路戰開發更有智慧的演算法。

荷蘭當局最終根據這項建議，否決了 ASML 的許可申請，但措辭上避免明確禁止對中國出口。縱使表面上用外交辭令來包裝，但結果依然不變：EUV 曝光機不會運往中芯國際。

呂特希望持續按下這個暫停鍵，能讓美中兩個超級大國都滿意。美國人很高興，但仍持續盯著荷蘭。萬一 ASML 意外獲得 EUV 技術的出口許可，他們已經準備好備案了。誠如 2020 年 11 月川普陣營中一位主張對中國採取強硬立場的鷹派人士所說的：「子彈已經上膛了。」

美國總是握有「微量原則[6]」（De Minimis Rule）」這張王牌。這條規則就像一把隨時可能落下的利劍，威脅著整個國際半導體產業。只要設備中含有一絲美國技術，商務部就能對整台設備要求申請許可。這個門檻通常是設在 25％的美國技術含量：如果降到 10％或更低，就會使 ASML 陷入困境。

EUV 機台約有 90％的技術來自歐洲，因此不受美國出口管制。但掃描機確實有部分光源是在聖地牙哥製造，比如喬安親手焊接的噴嘴，或是需要定期更換的液滴生成器。

6　又稱最低比例原則，亦即美國技術或美國原廠設備所占比率，以市價計算，低於商品價值的 25％，方能豁免。

政治干預下的矽鏈轉向

美國想知道曝光機裡的每個零件（甚至是最小的螺絲）以及每個組件的最終目的地。為了迫使 ASML 就範，美國官員多次拒絕批准 ASML 向急需零件的晶片製造商供應備用零件。這個策略的背後有強大的美國國安會在運作，他們想藉此取得詳細的零組件清單。

荷蘭外交官代表 ASML 抗議這種暗中施壓的手法。這已經近乎勒索，連國安會的成員也質疑這是不是對待盟邦的方式。但顯然，只要涉及中國，美方覺得這樣做也無妨。

ASML 不情願地編了一份清單，但也發揮創意、加入夠多的模糊表述，讓清單失去實際用途。後來，一位負責追查此事的美國專家也承認，國安會的立場本來就站不住腳。

2020 年，ASML 來自中國的營收比重下滑。由於對中國的限制，更多高價的 EUV 機台轉而賣給了台灣與南韓，這使得來自中國以外地區的營收比例上升。荷蘭並非唯一受到 EUV 技術禁令影響的國家：南韓製造商 SK 海力士原本為公司在無錫的工廠訂購了 EUV 曝光機，但在美國的壓力下只好取消訂單。ASML 的第二次 EUV 許可申請也遭到否決。

溫寧克眼看著公司錯失了一個重要的成長市場，心中不無遺憾。雖然他的公司被迫在中國市場踩煞車，美國企業卻反而加足馬力，趁勢擴大自己在該市場的利益。中國晶片製造商仍然可以用傳統的 DUV 曝光機，透過多重曝光技術來生產更先進的晶片。這種技術就像是一台印刷機，在原本印刷的行間再印上額外的句子，使

一頁上的字數加倍。不過,這種技巧需要更先進的沉積和蝕刻設備,而這些技術主要是來自美國的晶片設備製造商,例如應用材料、科磊(KLA)、科林研發(Lam Research)。對這些美國公司來說,只要能保住營收,他們樂見 ASML 在中國市場失去優勢。這當中的利害關係可以用數字計算:在使用 DUV 掃描機和多重曝光技術的晶片廠中,曝光機占總投資的 20%。若以 EUV 曝光機取代多重曝光,這個比例會上升到 30%。一座新晶圓廠的造價可達 150 億美元,利害關係可想而知。

EUV 風波促使 ASML 加強與政府的關係,包括與荷蘭各部會以及美國商務部培養更深入的合作關係,並在歐盟和華府設立代表處。此外,ASML 也在美國設立了自己的遊說團隊,不再完全依賴美國半導體業協會(Semiconductor Industry Association,簡稱 SIA),因為 SIA 主要是為美國晶片公司發聲。

到了 2023 年底,ASML 在美國的遊說支出從幾乎零增加到 140 萬美元。相較之下,同業應用材料公司那年在華府花了兩百萬美元來影響政策。ASML 在歐盟的年度遊說費用也增加了六倍,達到三十萬歐元。儘管這些預算和其他的科技巨擘相比仍不算多,但有一點很清楚:對 ASML 來說,政治已不再是次要議題。

30
華府的箝制

那個戴著獸角頭飾的男子一登上全球新聞版面，畫面就深深烙印在觀眾的腦海中。2021年1月6日週三，綽號「匿名者Q薩滿」（QAnon Shaman）的雅各‧錢斯利（Jacob Chansley）無法接受總統大選的結果，與一群暴民闖入美國的國會大廈。川普的落敗，以及隨後爆發的暴力事件，重創了美國民主體制的核心。儘管共和黨與民主黨關係惡化，他們仍有一個共識：日益強大的中國是頭號公敵。川普發現他可以運用出口管制來箝制中國的科技公司，他的繼任者、民主黨籍的拜登總統更打算進一步優化這項武器。拜登上任後，美方不再滿足於限制EUV機台的出口。美國政府決心掐住中國晶片產業的咽喉，而迫使ASML做出更多讓步，正是達成目標的最佳手段。

究竟誰在華府主導這場科技戰的規則？當你通過拉法葉廣場的安檢後，不要左轉走向白宮，而是往右走，經過總統會見記者的西廂，走上艾森豪行政辦公大樓的階梯。這棟採用法蘭西第二帝國建築風格的五層樓花崗岩建築，正是美國行政部門的所在地。

1888 年落成時，這棟行政大樓曾是戰爭部的駐地。如今，辦公室門外仍懸掛著昔日在此任職的政府官員的牌匾，見證著那段歷史。大樓內部的走廊鋪著黑白相間的地磚，宛如無限延伸的棋盤。即使輕聲細語，也能聽見回音。

　　這裡是美國總統的幕僚單位辦公的地方，其中最具影響力的是國安會（NSC），負責為拜登提供國家安全與外交政策的建言。國安會坐落在二樓，也是整棟大樓中最氣派的辦公空間。

　　川普執政期間，國安會陷入一片混亂：重要官員突然離職，許多人被革職。但拜登上任後，國安會擴編至三百五十人以上，他們齊心推動一項計畫：遏止中國崛起，同時投入數十億美元的國家資金來扶植美國的晶片產業。國安會也確保相關部會嚴格執行既定策略。地緣政治講究紀律，不能各自為政，一盤散沙。

　　拜登甚至在就職前，就已經展開全面的外交攻勢，與盟友協調出口管制事宜。美國開始在多個層面同時布局。美國與歐盟透過美歐貿易和技術委員會（Trade and Technology Council，簡稱 TTC）這個策略對話平台，討論出口限制以及扶植本土晶片產業的振興方案等議題。歐洲和美國一樣，正在規劃投入數百億歐元的補助，扶植本土晶片產業。這些龐大的補助就像一座金礦，目的是吸引製造商把產能擴展到亞洲以外的地區。

　　美國也試圖與日本、台灣、南韓組成「晶片四方聯盟」（Chip 4 alliance）。然而，日韓之間有戰爭與領土糾紛等錯綜複雜的歷史恩怨，要協調這些國家並非易事。

　　對 ASML 來說，美日荷之間的閉門三方會談（所謂的 trilats）特別重要。這三個國家掌握了晶片製造所需的關鍵設備與軟體，

他們希望限制中國取得先進晶片製造機台，藉此維持西方的技術優勢。在成功管制 EUV 技術後，美國國安會又鎖定 ASML 的另一項創新技術：先進浸潤式微影系統。這種系統使用深紫外光（DUV），ASML 在這個市場上囊括了九成市占率。雖然這些設備生產的晶片不如 EUV 製程先進，但只要運用適當的多重曝光技術，仍然可以製造出能處理複雜運算的強大的處理器。

荷蘭其實早就知道美方想討論這些系統的出口管制議題。2020年 12 月，川普任內的第四位、也是最後一位國安顧問羅伯·歐布萊恩（Robert O'Brien），在美國駐法官邸與荷蘭國安官員傑佛瑞·范呂文（Geoffrey van Leeuwen）會面，並提出 ASML 對中國出貨的議題。范呂文當時認為，這只是在討論技術主導權這個大議題時的次要問題。

只要留意華府那些有影響力的智庫動向，就能預見華府即將祭出更嚴格的管制措施。拜登的國安顧問傑克·蘇利文（Jake Sullivan）正在根據國安會的成員塔倫·查布拉（Tarun Chhabra）和賽伊夫·可汗（Saif Khan）的研究，規劃全新的戰略。在進入宏偉的艾森豪大樓任職以前，兩人曾在布魯金斯學會（Brookings）、網路安全與新興技術局（CSET）等智庫發表過長篇分析研究報告。

華府有數百家非營利智庫，不僅為現任政府提供資訊，也是政府人才的重要來源。美國各部門的最高層官員都是政治任命，兩大黨各自培養並運用自家智庫人才。這種體系常被批評為「旋轉門」政治，但智庫人士比較喜歡把它形容為政策與新思維的共生關係。無論從哪個角度看，這正是驅動華府運作的核心引擎。

2019 年，查布拉發表了〈中國挑戰、民主與美國大策略〉一文，闡述美國及其盟友的「民主資本主義」如何受到中國「威權資本主義」的威脅。查布拉認為，中國的目標很簡單：創造經濟依賴，再加以利用。中國與俄羅斯結盟在歐亞形成了一個敵對勢力集團，這對美國的繁榮與安全構成了「無法容忍的風險」。

2021 年 3 月，可汗發表了一份研究報告，探討中國對西方晶片設備的依賴。該報告指出，中國在這場競賽中遠遠落後，卻正試圖從內線超車，透過技術竊取、外國投資與歸國工程師，來加速自家晶片設備的研發。可汗的結論是：能否取得 ASML 的先進微影系統，是中國最大的發展瓶頸。但要讓中國真正感受到壓力，必須要荷蘭政府的配合。事實上，這需要徹底改變現有規則。

前面提到，荷蘭是根據《瓦聖納協定》的軍民兩用清單來管制出口許可。由於新技術 EUV 的出現，DUV 機台在 2014 年被移出清單。2019 年與 2020 年，美國曾試圖利用《瓦聖納協定》來重新管制 DUV 設備。但荷蘭在比利時與德國的支持下表態反對。ASML 與荷蘭政府都認為，既然已經限制對中國出口 EUV 設備，ASML 做出的讓步已經夠多了。

但美國還不滿意。如果無法透過《瓦聖納協定》來制約中國，那麼荷蘭、日本等盟國就必須自行對其晶片設備製造商和 DUV 掃描機實施出口管制。否則，美國就會用美式作法來處理——採取單邊措施。

2021 年初拜登就職以來，美國就一直與這些國家各別商討可能的管制措施。關鍵問題是：誰該做什麼，何時行動？

美日荷之間的三方會談起初是一種緩慢的外交進程，誠如一名

代表拜登政府去做初期談判的美方談判代表所說的：「我們必須先限制本國產業，藉此展現美國的決心。如此一來，才能真誠地與日本和荷蘭展開對話。」

小國大廠的外交試煉

ASML 起初試圖阻止荷蘭參與三方會談。溫寧克曾形容荷蘭是個「米老鼠國家」，ASML 認為讓這樣的小國捲入大國之間的角力並不明智。但轉念一想，溫寧克認為，與其讓美國不經商議就強行實施規則，還不如參與談判，爭取發言權。

就國家安全考量來看，荷蘭政府願意對銷往中國的浸潤式掃描機實施某種程度的出口管制。但有個前提：三個相關國家必須同步採取行動，而且要確保現有的晶片短缺問題不會惡化。任何類似封鎖或「脫鉤」（decoupling）的極端措施，都不在考慮之列。畢竟，中國是全球最大的稀土供應國，這些元素對能源轉型和晶片產業都不可或缺。而且，荷蘭與美國不同，荷蘭這種小國沒有天然資源可以開採。

荷蘭對中國的天真看法已經改變，只是這個轉變來得比他們願意承認的要晚。2018 年，荷蘭首相呂特率領龐大的荷蘭貿易代表團訪問中國，並頒獎表揚華為，表彰該公司在荷蘭的大量投資。但僅僅一年後，呂特就對這個超級強權在科技上可能取得主導地位的想法感到不安。如今，荷蘭與美國的立場已經一致，而且越來越向華府靠攏。

中國崛起還有另一個令人擔憂的戰略考量。如果放任中國無限

制地發展並強化其晶片生產能力，中國對台積電等台灣工廠的依賴就會減少。這將降低中國在建國百年之前就犯台的門檻。這種情況將使全世界陷入困境，但對中國本身的影響反而不大。

然而，盲目信任美國，就和過度依賴中國一樣危險。荷蘭經濟部曾警告，美國也在利用國家安全的名義來推動貿易政策，保護其本土晶片公司的地位。為了維護商業與貿易利益，荷蘭經濟部要求參與談判。ASML 是推動荷蘭經濟的重要動力，他們不會坐視美國無端地限制這個成長引擎。

與此同時，荷蘭經濟部對中國的野心也提高了警覺，再加上安全部門的警告，促使政府加強對商業部門的干預。例如，2020 年，經濟部迅速入股總部位於恩荷芬的晶片新創公司 Smart Photonics，防止中國投資基金取得其高科技的技術。荷蘭終於意識到，自己也必須開始保護這個開放經濟體系。

荷蘭政府與美國政府之間的溝通管道十分暢通。自從英國脫歐後，荷蘭成為美國跨大西洋最親密的盟友與最佳夥伴。美國的國安顧問蘇利文與荷蘭的國安顧問范呂文每兩個月就會透過加密線路、WhatsApp 或 Signal 交流最新狀況。ASML 經常是他們討論的話題，但隨著俄羅斯的侵略威脅升高，以及中國似乎正轉變為極權國家，ASML 已不再是他們的首要討論議題。這兩位國安顧問都同意，維持西方的技術優勢是必要的，但問題是該怎麼做？

美方提出第一步：不能讓中國獲得製造 14 奈米以下處理器的能力。至於記憶體晶片，則採用另一套標準。

為了評估這些措施的影響，荷蘭談判代表非常依賴 ASML 提供的資訊。他們相信，這家觸角遍布全球半導體產業的公司，對整

體局勢有更全面的掌握。身為出口管制的「受害者」，ASML 也配合行動，以免情況進一步惡化。在維荷芬，溫寧克親自為范呂文上了一堂密集的晶片技術速成課，幫他掌握這個主題。晶片產業一直是一條精密優化的價值鏈，對溫寧克來說，讓一群對系統運作一知半解的人在裡頭胡亂拉扯，簡直是場惡夢。

許多技術討論是在海牙中央車站旁的外交部進行，或是在瓦聖納的美國大使館舉行（大使館就在當年起草《瓦聖納協定》的城堡附近）。兩國專家會聚集在大使館二樓一間可以俯瞰庭院的會議室。會議桌是霧面的白玻璃，桌邊可坐十人，其他人可以透過大螢幕上的安全視訊連線參與討論。牆上的裝飾很簡單，只有一面白板、一個時鐘和一張荷蘭地圖——這就是用來遏制中國半導體業的所有工具。

有時討論會分成兩場會議：一場可以討論國家機密，另一場則包括兩家荷蘭科技公司的專家。ASML 是其一，另一個是熟面孔：先藝（ASM），也就是 1984 年與飛利浦一起為 ASML 奠定基礎的公司。他們憑著先進的薄膜沉積設備，獲得了參與討論的資格。

美國不僅努力阻止中國晶片產業的技術進步，甚至想讓它倒退。然而，當時各類晶片（包括中國大量生產的較低階或「成熟」處理器）都面臨嚴重短缺，因此這個主張並未獲得支持。這波缺貨有部分是新冠疫情造成的：2021 年，遠距工作所需的運算力和雲端容量，已超出晶片產業的供應能力。

法國和德國的汽車製造商因為晶片短缺而被迫暫停生產，他們擔心如果中國企業再受到更多的限制，短缺情況會更加惡化。荷蘭代表團持續向法國和德國通報談判進展，但是令 ASML 不滿的

是，歐洲的參與僅止於此。ASML 積極遊說，希望把三方會談擴大為涵蓋整個歐盟的討論，讓法國和德國也能發揮影響力。他們認為，歐洲若能統一立場，就能在中美之間站穩陣腳。但最終，荷蘭還是得獨自面對。在維荷芬，ASML 得出了不同結論：看來荷蘭的談判代表高估了自己相對於美國的影響力。荷蘭人或許個子很高，但這次他們確實高估了自己的份量。

ASML 頭號外交官

在華府，國安會嚴格控管產業安全局的實體清單。隨後，數十家與軍方有關連的中國企業都被增列到名單中。在川普任內，許多出口許可被輕易放行。在國安會看來，他對產業的管控過於寬鬆。國安會希望透過「由上而下」的政策，嚴格掌控出口管制。

實體清單的擴大引發了重大爭議，當時 ASML 需要申請美國許可，才能完成中芯國際的一筆大訂單。掃描機的部分零件是在美國生產的，例如聖地牙哥的 ASML 子公司西盟所生產的 EUV 光源，以及康乃狄克州分公司製造的模組。即使這些零件是經由荷蘭轉運到中國，卻仍受到美國法規的管轄。華府的影響力深入各處，連遠在維荷芬的 ASML 也逃不出華府的掌控。

因此，執行長溫寧克認為，有必要加強 ASML 與美國新政府的關係。2021 年 6 月，G7 高峰會在布魯塞爾舉辦，溫寧克會見了美國商務部長吉娜・雷蒙多（Gina Raimondo）。受新冠疫情的影響，他直到當年 10 月才得以親自造訪華府。溫寧克與荷蘭的外交官商議後，在短短幾天內安排了十二場會議，首站是拜訪美國的汽

車產業協會,討論晶片短缺的問題。汽車產業的遊說團體很有影響力,他認為可以藉助其力量來說服政界不要過度限制 ASML。

在華府期間,溫寧克在政府大樓之間馬不停蹄,搭乘國會地鐵穿梭於各個會議之間,與政界人士對談、會見產業安全局和國防部的代表、與國安會的人士共進晚餐。所有人都為「那家荷蘭公司」騰出了時間。

溫寧克再次證明他是 ASML 的頭號外交官。他在這些政要之間如魚得水。他在華府下榻的飯店裡召集團隊成員,事先演練與美方的對話。當團隊成員提出關鍵問題時,他會逐一羅列論點,步步為營地建立論述,就像在裝飾聖誕樹那樣有條不紊。溫寧克擅長以和諧的方式來解決問題,建立人際關係對他來說輕而易舉:他深知一個會意的點頭、一個眼神或一句貼心的話語,都能讓對方放鬆下來。

這位執行長儘量避免意識形態的辯論,但並不總是能如願。某次與美國的外交官共進晚餐時,他被問及晶片產業在中國維吾爾族的議題上扮演的角色。這個穆斯林少數民族受中國政府壓迫,並受先進電子設備監控。溫寧克回答:「這不是晶片產業該負責的事。我們是製造晶片的,不是抓人的。」當他反問美國校園槍擊案及槍械製造商應負的責任時,現場陷入尷尬的沉默。他憑什麼對美國說教?

溫寧克習慣用事實說話。在一小時的會議中,通常有四十五分鐘都是在聽他講解各種細節。他天生就是好老師,尤其解釋晶片世界中相互依存的關係時更是如此。他一再警告美國的政界人士,箝制中國會影響到他們的汽車和洗衣機的供應,而且新的晶片廠要興

建好幾年才能開始生產。他拿出數字佐證：美國企業在晶片產業獲利最多，他們在中國賺到的錢，都可以用來擴大技術領先優勢。他經常這麼說：「你們的自信跑去哪了！」

誠如 ASML 的一位監事所說的，溫寧克對這個主題瞭若指掌，常把解決方案講得像「現成的產品」一樣，幾乎讓人無從反駁。溫寧克會避免魯莽行事，也盡量壓抑個人想法，他認為敘事應講求「縝密」且細膩。

但他不見得每次都能耐住性子。有一次，一位參議員談論中國造成的威脅，整整講了十分鐘，他不禁打斷對方說：「你不了解所有的事實。」

後來他從荷蘭外交官那裡得知，這些時候他的表現太過直接了。美國人很容易被他那種「我說的一定會應驗」的口吻，以及動不動就舉起食指示警的動作給惹惱。不過。到了 2021 年底，ASML 已經為中芯國際取得必要的出口許可了。

與此同時，美國人對三方會談的進展緩慢感到不耐。荷方談判代表則是一步步仔細審視美方的每一項提案細節。但 2022 年 2 月，荷蘭人展現出，他們在必要時也能果斷行事。俄羅斯入侵烏克蘭時，歐洲各國立即祭出嚴厲的制裁措施反擊。歐盟展現出即便傷及自身經濟也在所不惜的決心。國家安全變得切身有感，多數歐洲人只要看看自己的電費帳單就深有體會。

荷蘭展現的決心也體現在對烏克蘭的武器援助，讓美方又驚又喜。歐洲爆發戰爭，凸顯出技術優勢的戰略重要性，而新一代人也終於體會到這背後的現實意義。「普通」的荷蘭晶片最後出現在轟炸烏克蘭城市的殺手無人機上，而先進晶片則用於協助烏克蘭的防

空系統、衛星資料收集，以及協調在敵後發動的飛彈攻擊。在戰爭的冷酷現實下，一切都有了不同的意義。

又發生一場危機，促使美、荷、日的三方談判加速。2022 年 8 月，美國眾議院議長南西・裴洛西（Nancy Pelosi）訪問台灣。美國擔心中國受到俄羅斯入侵烏克蘭啟發，準備入侵台灣。中國則對於美國利用這類象徵性訪問，把「叛離省份」當作獨立國家對待，表達強烈不滿。

台灣與中國對立已長達七十年，對許多台灣人來說，中共軍事威脅早已成為生活日常。在部分台灣人眼中，裴洛西的訪問打亂了兩岸微妙的現狀。然而，多數民眾仍然歡迎美國的支持：他們不願被迫與中國靠攏，尤其是目睹習近平以嚴苛的國安法摧毀香港的民主運動之後。

中國與台灣的經濟關係很緊密。身為亞洲第一個通過同性婚姻的民主政體，台灣卻離不開與中國的貿易依存關係。2022 年，台灣對中國的貿易額占其國民生產毛額的 40％以上，是台美貿易額的三倍以上。

中國以大規模的軍事演習來回應裴洛西訪台，暗示著封鎖台灣的意圖。這種封鎖對企業與全球經濟來說都是災難。近兩年，美國試圖打造一個聯合科技陣線，制衡中國的勢力。但是當中國的軍艦開始環繞台灣時，美國知道他們必須先出手了。

31
任務代號未定

　　岡薩洛・蘇亞雷斯（Gonzalo Suarez），朋友都叫他「岡佐」（Gonzo），他深知自己身處歷史重地。他指著辦公室的天花板說，二戰期間，曼哈頓計畫的總部就在這棟大樓的五樓，也就是他辦公室的正上方。1942 年，萊斯利・格羅夫斯將軍（Leslie Groves）就是在那裡主導美國第一顆原子彈的研發工作。

　　時間是 2023 年，這棟華府的政府大樓如今是外交部的所在地，但依然是一個重要的戰場：美中科技戰的最前線。身為國際安全與防擴散局（Bureau of International Security and Nonproliferation）的副司局長，他肩負著重要的使命：確保「有策略安全價值的產業」不落入敵手。在弗萊徹學院（Fletcher School of Law and Diplomacy）深造時，他學到了不少外交技巧。比方說，外交官喜歡談笑，但他們想說服你重要的事情時，音量會越壓越小，直到你幾乎聽不見。

　　蘇亞雷斯參與了美國與荷蘭、日本之間所有關於出口管制的討論。不過，蘇亞雷斯與《芝麻街》裡那隻總愛以誇張動作引人注

意的藍色大鳥「岡佐」不同，蘇亞雷斯選擇在幕後默默運作。2021年起，他一直領導談判團隊，目標是限制中國的發展。舉例來說，如果依美方的意思，中國工廠將不被允許生產採用「鰭式場效電晶體」（fin-fet transistors）的晶片。這種鰭狀的開關元件，可用於處理器最微小的部分。鰭式電晶體技術是在 2011 年問世，之後台積電、三星、英特爾等企業陸續開發出效能更好的開關，能更有效率地在 0 與 1 之間切換。要製造這些開關，需要先進的晶片製造設備和設計軟體。這正是美國政府想全面封鎖中國取得的關鍵技術。

美國擬定了一項計畫，試圖阻斷中國取得先進晶片技術的管道，使中國技術發展倒退十五年。為達成這個目標，並為美國供應商畫出紅線，商務部、國務院、國防部、能源部各派出兩三名熟悉晶片產業供應鏈的專家，組成談判小組。2021 年起，他們透過加密視訊或在艾森豪行政辦公大樓的國安會辦公室會面。這些討論是由國安會主導，外交談判主要是交由蘇亞雷斯和他的團隊負責。至於技術細節，則仰賴五角大廈或能源部的專家提供支援。

要製造好的晶片，少不了優質的蝕刻機、量測設備，以及薄膜沉積設備。這些設備的供應商包括應用材料、科林研發、科磊等公司，他們都是市值數十億美元的企業（雖然如今市值略低於 ASML）。誠如溫寧克所說的，一直以來，美國企業從中國的晶片生產中獲取了豐厚的獲利，如今可能因出口管制損失大筆收入。他們不斷向拜登政府抱怨這件事。對此，蘇亞雷斯以外交辭令回應：「這些質疑聲浪從未停歇，但我們正謹慎地拿捏分寸，盡量避免造成重大的經濟傷害。」私底下，商務部站在一邊，國防部與國務院站在另一邊，雙方展開激烈的討論。他們在國安會的嚴密監督下，

不斷修改內容暴增的共用 Google 文件。

與此同時，中國的科技實力持續精進。2022 年夏天，中芯國際證實已經能運用荷蘭的標準掃描機生產 7 奈米晶片。西方雖切斷了 EUV 設備的供應，但這並未阻礙中國的技術發展。中國工廠為了改良晶片，主要是使用美國製造的設備。從技術角度來看，ASML 的浸潤式掃描機可把線條精確投影至 38 奈米，而更精細的部分則需仰賴其他的晶片設備供應商。這讓 ASML 很不滿：他們認為美國把經濟損失轉嫁到這家荷蘭公司身上。

但時間緊迫，拜登政府已不願再繼續觀望。2022 年 11 月的期中選舉迫在眉睫，共和黨對手指責民主黨對中國的態度太軟弱，要求採取更嚴厲的措施。

他們如願以償了。2022 年夏天，計畫的細節首度曝光，到了 10 月 7 日週五，完整的計畫正式公布。這個時間點的選擇，展現出精密的外交算計：就在習近平準備宣布第三任期的前夕，但又不會太接近中共全國代表大會的召開，以免讓習近平有理由對美國採取更強硬的立場。儘管準備如此縝密，國安會與國務院都沒想到要替這項計畫取個像「曼哈頓計畫」那樣引人注目的代號。蘇亞雷斯不禁莞爾：「我們就是一群無趣的官僚，所以只叫它『措施』，忘了取個代號。」

產業安全局以一份一百三十九頁的文件來說明技術細節。連出口管制專家中的權威凱文・沃夫（Kevin Wolf）都看得頭暈腦脹。「我做這行三十年了，知道會看到什麼內容。但這些規定實在太錯綜複雜了，我得把這一百三十九頁反覆看上十遍。」他認為，美國的出口管制規則對一般人來說太艱澀難懂了。

歐巴馬時期，沃夫在產業安全局任職，設計了如今這場科技戰中使用的出口管制規定。當年正是他運用實體清單，讓中國的電信公司中興束手就範。如今，這位法律專家在知名的安慶國際法律事務所（Akin Gump）執業，為科技企業指點迷津，帶領他們在錯綜複雜的出口管制法規中找到方向。他們的辦公室坐落於華府遊說的核心地帶 K 街，入口處非常寬敞，即使幾輛卡車並排停也不怕刮傷車門。畢竟，在華府，遊說可是一門大生意。

套用國安顧問蘇利文的說法，美國為了確保在科技上繼續領先中國，採取了「小院高牆」策略。不過，對晶片公司和供應商來說，要精確判斷這道「高牆」的界線並不容易。簡言之，他們不能再為中國晶片製造商提供能生產 14 奈米以下製程的設備。至於動態隨機存取記憶體（DRAM）廠，製程限制是 18 奈米；儲存記憶體（NAND）則最多只能有 128 層結構。

出口管制的範圍更擴大到所有先進的商用晶片。沃夫認為，這使情況變得特別複雜：「我在產業安全局任職時，訂定的規範僅限於可能用於軍事的特定半導體，比如可程式化的處理器和抗輻射晶片，但現在的管制措施是針對整個國家。」

這些規範的制定十分精準：管制措施通常不是針對整個企業，而是以工廠為單位，有時甚至精細到生產線的層級。這樣可以確保中國持續供應較低階的晶片，畢竟美國人還是需要買車和洗衣機。

不過，去年 10 月管制措施一公布，立刻在晶片產業引發恐慌，讓沃夫經歷了職涯最忙碌的一段時期。企業最憂心的是「美國人條款」（US Persons clause），這項規定禁止美國公民為中國晶片公司工作。輝達、AMD 等晶片設計公司突然發現他們無法再向中

國供應最先進的晶片,美國晶片設備製造商的股價也隨之重挫。

ASML 則是從嚴解讀規定,要求所有的美籍員工暫停在中國的活動,直到法規影響完全釐清為止。一位美國國安會的成員後來坦承:「我們當時公布的內容確實有些草率。」不過,那份一百三十九頁的文件倒是一次就引起全球業界的關注了。

這些管制措施也影響到在中國設廠的外國企業,像是台積電以及南韓的記憶體大廠三星和 SK 海力士。產業安全局很快就提出修正案,給這些企業一年的緩衝期。但這樣做幫助不大,因為晶片廠的投資動輒數十億美元,而且建廠計畫往往需要好幾年的時間才能完成,一年的緩衝期根本不夠。

2022 年 11 月,荷蘭首相呂特展開亞洲行。他所到之處,談論的主題都離不開 ASML。他先在峇里島的 G20 高峰會上與中國國家主席習近平會面。習近平當時警告,不要讓歐洲與中國的經濟脫鉤。幾天後,呂特又在首爾與南韓總統尹錫悅會晤,他們一起參與了 ASML 執行長溫寧克與三星及 SK 海力士領導階層的會談。雖然 ASML 一直在南韓擴大投資,但尹錫悅希望這家荷蘭公司能因應半導體產業的「重組」,在南韓加碼投資。南韓媒體大幅報導了南韓總統與呂特及溫寧克的這場會談,彷彿有兩位荷蘭首相來訪。布令克當時也在南韓,但他刻意避開鎂光燈,專注與客戶討論技術。

荷蘭的晶片外交孤局

美國已在 10 月 7 日採取第一步行動,接下來就看日本和荷蘭如何跟進。一位彭博社記者在白宮外引用匿名消息來源指出,這項

「協議」即將達成。這個消息的外洩，顯然是為了向荷蘭傳達「該採取行動了」的訊息。但負責此任務的荷蘭外貿部長莉希・施萊內馬赫（Liesje Schreinemacher）和經濟部長米琪・亞德良森（Micky Adriaansens）在接受荷蘭《新鹿特丹報》採訪時回應，荷蘭需要更多的時間，做深入、審慎的評估，而且絕對不會逐字照抄美國的出口管制規定。

2022年聖誕節前的一個週五下午，三位荷蘭部長齊聚ASML的維荷芬總部，與溫寧克和財務長羅傑・達森（Roger Dassen）會面。跟亞德良森與施萊內馬赫一起前來的是外交部長沃普克・胡克斯特拉（Wopke Hoekstra）。經濟部與ASML試圖盡量爭取更多的盟友，希望捍衛企業界的利益。他們認為，荷蘭在EUV技術的出口禁令上已經做出足夠的讓步，而且經濟部擔心，若對ASML採取更嚴厲的措施，將波及其他在中國做生意的荷蘭企業。

說服三位部長是一回事，但最終的決定權還是在「老闆」手上——首相呂特必須做出決定。他認為國家安全重於經濟利益，尤其是在全球局勢看似一觸即發，而中國行事難以預測的時刻。中國構成的威脅並非空穴來風，美國政府施加的外交壓力也不容小覷。荷蘭的立場已經逐漸向華府靠攏，而ASML也被迫跟著走。

2023年1月底，三方合作終於定案。呂特應邀訪問白宮，而日本首相岸田文雄已在同月稍早到訪。在媒體面前，呂特和拜登你來我往互相恭維，兩人在橢圓辦公室壁爐前的互動，更是讓兩國的友好情誼進一步升溫。雖然他們都沒有提到ASML，但美國總統不經意說溜嘴的一番話，卻透露了他的內心想法：「我們的公司……我們的國家正密切合作，共同因應中國帶來的挑戰。」

當拜登興致勃勃地讓荷蘭首相坐在他的辦公桌時，國安顧問蘇利文和范呂文在艾森豪行政大樓會面。對他們來說，三方會談已經結束了。但這次會談並沒有簽署任何文件，也沒有例行的互贈簽字筆儀式[7]。這是盟友之間的共識，代表著一段長期的夥伴關係就此展開。現在開始才是最困難的部分：如何制定細節。

　　3月初，當施萊內馬赫部長宣布荷蘭將與日本和美國共同實施出口管制措施時，具體細節仍未明朗。ASML立即與經濟部商議，並於商議後發布新聞稿。新聞稿指出，根據ASML的評估，只有最新一代的浸潤式掃描機才需要申請許可。

　　但這還不是最終的定案。雖然這項「協議」看似塵埃落定，但技術限制的談判仍在進行中。如果一切都按照美方的意思，這場談判恐怕永遠不會結束。美國國安會持續要求削減中國現有的產能，這表示ASML已經交付的部分機台可能必須停止運作。

　　這對美國來說是最理想的情況，但對荷蘭而言簡直難以想像。ASML在中國的晶片廠有超過八百台微影機正在運作。如果無法維修、保養和更換零件，最先進的機台很快就會停擺。ASML有義務防止這種情況發生，他們也想履行這些義務。

　　美國確實有能力迫使ASML切斷供應，但他們不願太快打這張牌。連川普也從未這麼做過——對如此用心經營的盟友關係採取這種激進手段，似乎很不妥當。美國比較喜歡採柔性策略，利用追加規定來「填補協議中的漏洞」，這也讓原本已經負荷過重的產業

7　在國際協議或正式文件簽署的場合，交換筆是一種象徵性的慣例，用來象徵協議的締結和雙方的合作。這種做法常見於政府或高層會議中，參與者會在簽署重要文件後，互相交換簽字的筆作為紀念。

安全局變得更加忙碌。在華府的商務部二樓，三百五十名員工正忙得焦頭爛額，試圖掌控晶片產業裡錯綜複雜的限制、制裁和交易。

但問題是……美國的出口管制規定把中國晶片廠以及在中國設廠的跨國企業區分開來。此外，美方還另外創造出第三類「特別敏感」的中國生產線。這類生產線完全禁止使用荷蘭的晶片設備，就連現有機台的維修也在禁止之列。這類生產線總共涉及九家晶片廠，其中六家使用 ASML 的掃描機。美方表示，這些晶片廠生產的晶片是用於軍事用途。由於這些中國企業經常更換名稱和地址，美國希望能夠立即擴大黑名單，而不需要花時間與三方夥伴協商。負責出口管制的官員把這些管制比喻為打地鼠遊戲：必須快速打擊，而且你永遠不知道下一個目標會從哪裡冒出來。

這種出口管制的區分，意味著美國可以直接影響荷蘭的出口政策。但荷蘭人覺得這是無法接受的，掌握主權很重要：一旦失去主權，他們就無法確保這些限制措施純粹是出於國安考量，而非經濟目的。

這個分歧始終沒有解決，美國與荷蘭最後只能同意維持各自立場。協議內容仍然模糊不清，這種不確定性成了 ASML 揮之不去的困擾。如果荷蘭政府在任何時候決定不配合，美國可能祭出令人聞之色變的「微量原則」，強迫 ASML 終止與中國客戶的合約。ASML 認為，這等於讓美國得以假公濟私，藉經濟利益之名來箝制中國的晶片製造商。這場對抗不像西洋棋能以和局作結，ASML 彷彿被困在一場無止境、看不到解方的拉鋸戰裡。

荷蘭反對讓中國和西方經濟進一步脫鉤，美國人堅稱這不是他們的本意，但只要聽聽國會裡那些共和黨鷹派的言論，這種說法其

實很沒有說服力。大聲要求大家對中國採取更強硬的態度，依然是美國最愛的政治把戲。不過，這些高分貝喊話主要是仍是政治作秀，一種不需付出實際行動、就能輕鬆博取選票的手法。

不過，美國國安會確實希望，必要時能夠「強化」出口管制措施，以防習近平對台灣採取行動，或決定在烏克蘭戰爭中支持俄羅斯。萬一發生緊急情況，就直接癱瘓中國的晶片廠。他們需要的只是一把鎚子。美國手上握有好幾張牌可以箝制中國，例如，切斷中國使用美國晶片設計軟體的管道，或是禁止中國企業取得英國安謀公司（ARM）無所不在的晶片設計。而透過 ASML，荷蘭也掌握了一項前所未有的經濟武器。

這對一個小國來說，是個沉重的責任。為了在強權之間站得更穩，荷蘭持續尋求更多的多邊支持。2023 年 3 月，荷蘭提議把針對 DUV 的出口管制加入《瓦聖納協定》的軍民兩用清單中。這個舉動看似奇怪，因為荷蘭先前還阻擋美國提出相同的提案。而且，由於烏克蘭戰爭爆發，《瓦聖納協定》已陷入停擺，荷蘭外交官都很清楚這項提案的成功機率不大。但這項提案與其說是為了實際效果，不如說是為了向外界，尤其是中國，展示荷蘭這些管制措施背後的邏輯：如果使用 EUV 的晶片設備需要瓦聖納的出口許可，那麼其他能生產出與 EUV 同等級晶片的技術，也應該適用相同的規範。

這聽來簡單，但從地緣政治來看，這其實代表的是荷蘭不願單獨扛下重擔。荷蘭試圖拉攏其他的歐盟成員國，把這些出口管制措施加入歐盟新的軍民兩用清單中。主要是為了避免萬一中國採取報復行動時，只有荷蘭首當其衝。但這一切來得太晚、力度也太弱。

技術圍堵與意外的反作用力

中國立即做出了回應。3月中旬，中國代表團前來海牙造訪外貿部，討論出口管制議題。中方已向世界貿易組織提出申訴，指控這些管制措施假借國家安全之名，本質上卻是產業政策。中方認為，美國是只顧自身利益、罔顧其他國家的「惡霸」。中國商務部的副部長凌激，向施萊內馬赫傳達了明確訊息：請謹慎行事。施萊內馬赫強調，荷蘭無意癱瘓中國的晶片產業，但顯然不足以讓中方信服。

4月初，中國敦促世貿組織釐清新的出口管制措施。不久後，荷蘭代表團與中方的出口專家在上海前法租界的錦江飯店會面。地點選在這裡別具意義：1972年，尼克森和季辛吉就是在這棟建築內簽署第一份中美協議。

中國認為，荷蘭和中國都是美國保護主義的受害者，都承受著來自美國的壓力。出人意料的是，中國晶片產業的所有高層都專程前來與會。來自中芯國際、長江存儲、晉華集成電路等公司的六位高層坐在會議桌對面。在長達一小時的會議中，他們輪流向荷蘭代表團做簡報，每一位都強調他們的生產線有多依賴ASML。

2023年4月，溫寧克飛往中國，與晶片製造商及商務部的部長王文濤會面，討論ASML在這種情況下還有多少轉圜的餘地。所有的中國客戶都在問：「這一切什麼時候才會結束？」但溫寧克無法給出答案。唯一可以確定的是，美國不會放鬆對全球的域外管轄權，而荷蘭也會繼續配合。

6月底，施萊內馬赫正式宣布管制措施。從9月開始，能製造45奈米或更精細晶片的DUV機台都需要申請出口許可。更重要的

是，能把晶片各層對準精度（即「微影疊對」精度）控制在1.5奈米以內的ASML機台也將受限，這使中國的晶片製造商無法利用多重曝光技術來生產先進晶片。這項措施是為了牽制梁孟松，這位晶片技術行家從台積電跳槽後成為推動中國科技野心的重要推手，自2017年起就在中芯國際不斷地精進這項技術。

施萊內馬赫估計，每年約有二十個機台需要先取得許可才能出口到中國。實務上，這項限制要到2024年1月才正式生效（這是與日本及美國達成的默契），而且完全沒提到那些已交付的掃描機的維修服務。中國駐荷大使館發出公開信，強烈抗議這些「不公平」措施，言詞尖銳地指出：荷蘭甘願淪為美國遊戲中的棋子，損害了其貿易大國的形象。

中國境內共有八百多台ASML機台，其中一半為中國本土晶片製造商所有，而這些機台主要是集中在中芯國際的手中，其餘則分布在三星、SK海力士、台積電等外資企業的中國分公司。溫寧克預期出口管制不會影響ASML的營收。外國晶片製造商只會轉往他處擴張產能，而中國反正也已經專注發展成熟製程的半導體技術。ASML試圖維持掃描機的出貨，卻陷入官僚程序的泥淖：「禁運」機台的數萬個零組件，現在都需要分別登記。在ASML的聖地牙哥與威爾頓分公司，地緣政治的阻礙無所不在，因為美國公民不得參與製造某些銷往中國的產品。

與此同時，中國客戶不斷增加晶片設備的訂單。2023年第三季，ASML有近一半的營收來自中國。原因之一是包括英特爾與台積電等其他客戶因為市場低迷而暫緩下單，中國訂單自然排到了最前面。此外，中國的大客戶也試圖囤積備用零件，延長設備的使用

壽命。不過，ASML 不願意配合這種做法，他們想要確實遵守管制措施。他們也沒有為中國市場特別打造新機型。ASML 向來不願在灰色地帶遊走，更無意挑戰限制，踩美國底線。他們奉行說到做到的文化：可以就是可以，不行就是不行。

中國被迫轉向「超越摩爾定律」的策略，把重心放在不見得需要最先進技術，但對能源轉型、電動車、家庭用品或工業自動化等用途大規模需求的晶片。與此同時，中國的晶片製造商也變得更謹慎，不再高調宣揚技術進展，以免引起美國的注意。為了規避限制，有些工廠甚至把現有的 14 奈米製程改稱為「17」。沒有人願意成為美國的箭靶。

2023 年，華為推出一款搭載中芯國際 7 奈米晶片的 5G 手機，這證明中國的技術雖然落後，並非毫無進展。然而，這種晶片的生產方式太耗費人力，中芯國際能否量產仍是未知數。技術上來說，7 奈米晶片並不是什麼新鮮事，但是美國商務部長雷蒙多造訪中國時，華為仍忍不住炫耀這成果。這簡直是自找麻煩，美國立刻把矛頭指向 ASML，對荷蘭施壓，要求荷蘭在 2024 年 1 月停止供貨。荷蘭當局撤銷了數張已核准 ASML 向中國出口機台的許可。後來發現，華府之所以突然收緊管制，是因為 ASML 銷往中國的 DUV 機台數量遠遠超出預期。當晶片產業普遍按下暫停鍵之際，中國卻持續囤貨。在維荷芬，溫寧克不得不透過視訊，向中國客戶傳達這個壞消息：機台已經準備好出貨了，但美國堅持要 ASML 立即停止發貨。ASML 接到的訊息是：「現在就關上門！」不僅如此，美國還調整「微量原則」，來加強管制 ASML 對中國的出口。

為了擺脫美國的箝制，中國政府鼓勵本土晶片產業發展替代設

備。這個策略似乎在晉華集成電路奏效了——這家在 2018 年被美國列入實體清單的中國工廠已經轉型，現在為華為生產處理器。在北方華創（Naura）、中微（Amec）等本土設備製造商的協助下，中國晶片製造商似乎成功以國產技術取代了西方技術。四年來晉華未曾接收任何美國的晶片設備，但生產線仍源源不絕地產出晶圓。

這時人才的重要性就凸顯出來了。中國透過歸國的美商前員工，學到了大量的技術。中微已發展到能為台積電供應晶片設備的程度，甚至控告美國競爭對手科林研發侵犯其專利。

但微影技術則是另一回事了。2001 年 ASML 收購 SVG 公司後，掌握了美國最後的微影技術。這表示，中國無法從美國獲得這個領域的最新專業知識。這也就是為什麼目前中國仍離不開荷蘭的掃描機。

中國目前還有一家公司在製造微影設備：上海微電子（SMEE）。這家成立於 2002 年的公司毫不諱言它在仿製 ASML 的微影技術。早期，中國甚至公開訂購了一台 ASML 的 PAS 5500 機台，企圖破解其中的奧秘。但 ASML 的設備過於複雜，無法輕易複製，因此中國的技術開發並未突飛猛進。2018 年與 2019 年，范霍特與布令克造訪這家競爭對手時發現，上海微電子的起步相當緩慢。他們那次參訪純粹是出於好奇，想了解中國在這方面遇到了哪些挑戰。儘管有政府的財政支持，上海微電子的技術還是落後 ASML 十五年之久。

如今，這家中國公司主要是供應後段製程的設備，亦即處理與封裝現有的晶片。至於前段製程（真正的晶片生產），他們仍停留在 90 奈米的技術。上海微電子正在研發更好的技術，比如 28 奈米

浸潤式系統,但這些實驗都相當困難。目前為止,中國晶片廠還是寧願選擇 ASML 和尼康這些可靠的技術,而不願冒險嘗試國產方案。至少目前是這樣。偶爾,你可能在中國工廠的生產線上看到上海微電子的設備,但這些機台很可能只是用來展示,或給政府官員看的。真正的量產是在別處由國外進口的微影系統完成。

然而,對中國的出口管制反而給了上海微電子一線曙光。如果美國採取更嚴厲的措施,全面封鎖 ASML 和尼康的掃描機,中國製造商將別無選擇,不得不轉向上海微電子。這樣一來,這家 ASML 的競爭對手就能累積更多的實戰經驗,有機會改良自家設備。上海微電子會獲得更多資金,進而投資開發新技術,比如自主研發浸潤式掃描機。隨著中國日益被孤立,一個能夠打造完整晶片產業鏈的本土勁敵很可能會悄然崛起。

這正好與美國想達成的目標背道而馳,也是 ASML 的員工完全無法理解美方策略的原因。

2023 年 7 月,就在荷蘭公布限縮 ASML 出口的措施後不久,中國隨即做出回應:對鎵和鍺這兩種晶片產業仰賴中國供應的金屬實施出口管制。這項措施算不上嚴厲,畢竟,中國對 ASML 的依賴仍然太深。相反的,中國此舉是要彰顯自己的優勢——身為全球最大的稀有金屬供應國,掌控著全球科技和能源轉型產業賴以發展的關鍵原料。這不過是一次試探性的出拳,目的是讓西方體會一下,再進一步限制中國會發生什麼事。

地緣政治的裂痕不僅出現在晶片產業,更遍及整個科技供應鏈。許多仰賴中國作為生產基地的大型電子製造商,開始把部分產線遷往其他地區。在鄭州發生富士康員工抗議事件,導致中國最

大的iPhone工廠停工後，蘋果公司開始擴大在印度的生產規模。三星則是開始把中國工廠遷往越南。這些公司希望透過製造業回流——或稱「友岸外包」（friendshoring）——來分散風險，同時規避美國對中國商品徵收的進口關稅。但要完全擺脫中國的零組件供應商和規模龐大的電子工廠，根本不可能。世界上還有哪個地方能一聲令下就動員五萬名熟練的工人，快速組裝更多的手機呢？

中國反覆不定的內部法規，導致經濟環境每況愈下。習近平經常親自干預商業領域，突如其來地對企業家祭出一些模糊不清的新法規。在強硬的新冠封城措施結束後（解封與當初的封城措施來得一樣突然），期待已久的經濟復甦卻始終難以起步。中國的房地產市場崩盤，失業率上升，外資大幅撤離。

習近平的旗艦政策「中國製造2025」也未能按計畫發展。中國依然非常依賴進口晶片，中國工廠在全球晶片產量中的占比依然很小。美國半導體業協會（SIA）的資料顯示，2021年這個比例還不到8%。然而，晶圓廠的數量正迅速增加，因為美中關係緊張日益加劇，促使中國全國動員推進半導體產業的發展。與此同時，美國和歐洲也在大力扶植自己的晶圓廠。若要說西方與中國有什麼地方不相上下，那就是雙方都在大手筆補貼半導體產業。

32
大灑幣

雖然才 2 月,烈日依舊無情地烤著英特爾在亞利桑那州錢德勒(Chandler)廠區的屋頂。矗立在老普萊斯路(Old Price Road)上的這座高樓,在 2023 年成為見證美國晶片產業重建的絕佳地點。四周到處是起重機,工人正為兩座龐大的晶圓廠搭建鋼骨結構。這片曾經瀰漫著洋蔥香氣的土地,如今卡車與推土機捲起的塵土,與空氣處理設備排出的水氣交織,散發出另一種氣味:進步的味道。

2025 年,52 廠和 62 廠將開始量產數百萬顆處理器。這些廠房高達四層樓、寬度相當於四個足球場。廠房內將安裝 ASML 的 EUV 曝光機,並與現有的無塵室共用氣體及化學品配送中心。

這裡是英特爾於 1980 年代初期在錢德勒建立的奧科蒂洛(Ocotillo)園區。它不僅是這家美國晶片巨擘的主要生產基地,更是孕育蓬勃半導體產業的搖籃——這也是 ASML 選擇亞利桑那州作為第一個美國營運據點的原因。

在這片沙漠地帶,雨水極為稀少,因此英特爾會回收廠房所有的冷卻水。不過在錢德勒,政府補助卻如傾盆大雨般灑下,上看數

十億美元。英特爾的新晶圓廠符合美國《晶片法》的補助資格,該方案總額高達 520 億美元,其中有 390 億美元專門用來推動美國本土的晶片製造。數萬個就業機會應運而生,不僅興建晶圓廠需要人力,投產後也需要大量的人力來維持運作。美國目前仍仰賴亞洲工廠供應高階晶片。美國的晶片產量在全球的占比已從 1990 年代初期的近四成,銳減至 2023 年的不到 12%。拜登總統憑藉著《晶片法》,誓言扭轉這個局面。

想獲得政府補助,企業必須同意不在中國或其他「有疑慮的國家」建造先進的晶片廠,也不能擴充他們在這些國家的現有產能。《晶片法》的效果在各方面都很顯著:提升了美國的晶片產能,也抑制了中國的發展。

英特爾看準了時機,把握大好機會。這家晶片製造商斥資兩百億美元在亞利桑那州擴建廠房,成功爭取到八十億美元的聯邦補助,同時也獲得州政府補助在俄亥俄州的新廠。《晶片法》正是這家美國晶片巨擘需要的推力,如今它終於有機會迎頭趕上亞洲的競爭對手了。

2021 年 2 月,英特爾延攬派屈克・季辛格(Pat Gelsinger)出任執行長。這項人事任命的目的是為了結束一段頻繁更換執行長、產品屢屢延遲的動盪時期。季辛格上任後,立即主動找上 ASML。機會正好:他急需要 EUV 機台來擴展美國本土產能,同時也想善用歐盟發展半導體產業的補助計畫。

與此同時,歐盟政界已經意識到,在境內建立穩健半導體產業有重要的策略意義。新冠疫情迫使歐洲面對殘酷現實:全球供應鏈在危機時刻極其脆弱。當口罩和其他醫療物資突然短缺時,歐洲各

國陷入恐慌。此外，晶片短缺也重創了汽車產業，讓所有人頓時意識到半導體供應鏈是多麼不堪一擊。

截至2023年，歐盟的晶片產量在全球的占比僅8％。雖然完全自給自足並不在計劃中，但歐盟的數位事務執委蒂埃里・布勒東（Thierry Breton）希望，到2030年，全世界有20％的晶片能來自歐洲。他的企圖心確實不小。

為了幫英特爾順利展開在歐洲的擴張計畫，ASML協助季辛格安排初步的會談。2021年6月，英特爾的執行長到荷蘭拜會荷蘭首相呂特時，ASML還為首相準備了會議議程。由於呂特對科技一竅不通，這樣的協助確實有必要。這位首相至今仍偏好用老舊的諾基亞手機傳簡訊，而且傳完就刪。他說這樣做是為了釋出記憶體空間。

會談結束後，季辛格直接前往布魯塞爾，與歐盟的執委瑪格麗特・韋斯塔格（Margrethe Vestager）會面，並參訪位於魯汶、與ASML關係密切的研究機構imec。布魯塞爾與布拉邦之間的溝通管道相當順暢。例如，2021年夏天過後，歐盟執委布勒東致電溫寧克，詢問ASML能不能幫他建立與台積電及三星聯繫的管道。他希望能促成亞洲晶片製造商來歐洲擴廠，但相較於英特爾，這些公司似乎興趣缺缺。

11月，布勒東偕同韋斯塔格及歐盟執委會的主席烏蘇拉・馮德萊恩（Ursula von der Leyen）一起訪問ASML，進行閉門會談。隨後，溫寧克、荷蘭首相呂特、經濟事務局長佛科・費瑟拉爾（Focco Vijselaar）陪同他們參觀ASML的展示中心「體驗館」。翌日，馮德萊恩發表聲明：「ASML將在提升歐洲科技業的競爭力

與自主性上扮演關鍵角色。」

馮德萊恩行動迅速。訪問結束後,布魯塞爾立即發文過來,要求 ASML 提供一份立場文件,闡述歐洲晶片產業和歐盟《晶片法》的未來願景。這份文件必須在 2022 年初完成,好讓美歐在跨大西洋貿易和技術委員會（TTC）中能夠繼續討論。

ASML 隨即與多家晶片公司合作,著手擬定長期計畫。考量到資料中心的需求,以及 AI、自駕車、智慧電網的「爆炸性」發展,他們預估未來十年的晶片需求將會多一倍。如果歐洲想在本土生產最先進的處理器,就必須仰賴亞洲或美國晶片大廠的協助。歐洲的晶片製造商在這場競賽中已落後太多,難以迎頭趕上。此外,像汽車這樣的產業也需要更多的一般晶片,而且歐洲晶片公司如恩智浦、英飛凌（Infineon）或意法半導體（STMicroelectronics）也都需要擴充產能。

身為業界的關鍵廠商,ASML 似乎主導著歐盟《晶片法》的制定方向。但執行長溫寧克認為這有點言過其實,他覺得 ASML 的角色比較像「影響者」。畢竟,最終決定權還是在政治人物的手中,而經濟從來都不是他們唯一的考量。

但這一次,歐盟與 ASML 的步調倒是難得地一致。2022 年 2 月 8 日,ASML 發表歐洲晶片產業的立場報告。同一天,歐盟也宣布一項規模高達 430 億歐元的振興方案。

一如預期,一個月後英特爾也跟進宣布,將投入 330 億歐元在歐洲擴展業務。其中有 170 億歐元將用來在德國馬德堡市（Magdeburg）的近郊興建大型晶圓廠。這個選址幾乎完美：鄰近德國的汽車產業,附近還有大學,而且與亞利桑那州不同,這裡放

眼望去完全沒有牛。

英特爾也把資金分配到義大利、愛爾蘭、法國、波蘭、荷蘭等地。當然，英特爾也要求各國政府提供可觀的補助。單是馬德堡廠區就申請了 68 億歐元，約佔預計啟動成本的四成。同時，法國也投入 29 億歐元，補助格芯與法國公司意法半導體合資的晶圓廠。

《歐盟晶片法》象徵著歐洲政策出現一百八十度的大轉彎。過去，為了避免成員國之間的惡性競爭，歐盟禁止國家補助企業，只有在嚴格條件下才允許動用公帑。這項新法雖與歷來的原則背道而馳，但在美中緊張局勢下，歐盟也意識到：若要提升自身的強韌與自主性，產業政策勢必要改變。

歐洲戰略轉身，全球化走向終結

歐洲早就因過度仰賴外國勢力而嘗到苦果。烏俄戰爭爆發後，歐盟突然必須擺脫俄羅斯的石油和天然氣供應，引發了空前的能源危機。為了避免在半導體產業重蹈覆轍，歐盟不敢掉以輕心。全球晶片短缺已經給他們當頭棒喝了，最令人憂心的噩夢更是揮之不去：「一旦中國封鎖台灣，歐洲的晶片供應在兩週內就會斷絕。」2022 年 9 月布勒東在恩荷芬理工大學（Eindhoven University of Technology）的開學典禮上如此宣稱。

實際上，歐盟這筆 430 億歐元的振興方案是由各種資金拼湊而成，裡面有復甦基金、修訂後的創新計畫，以及最主要是由各成員國自己提撥的鉅額資金。到了 2023 年初，這項提案終於走完歐盟的層層行政程序，卻遇到半導體產業陷入低迷。儘管晶片產業長期

看來仍會持續成長，但它的起伏如同潮汐般規律，無法避免。

這波景氣低潮讓英特爾放緩了在德國的擴廠計畫。由於建廠投資成本從 170 億歐元飆升至 300 億歐元，英特爾突然要求德國政府把補助金從原本的 68 億歐元調升為 100 億歐元。英特爾解釋，這是因為台積電把亞利桑那州的投資提高到 400 億美元，為了不落人後，他們也打算在馬德堡建造更多的生產線。這個要求雖然讓人難以接受，德國最終還是同意了。

在這波大灑幣的補助中，英特爾的執行長季辛格無疑是最耀眼的焦點，不論在歐洲或美國都備受矚目。2022 年，他應邀出席拜登的國情咨文演說，當時拜登正全力推動《晶片法案》過關。然而，法案通過的過程卻比預期更加曲折：雖然兩黨都認同美國晶片產業需要政府支持，但他們在其他議題上水火不容，導致任何實際決策都難以推進。

這讓季辛格相當不滿。2022 年 6 月，他決定停止俄亥俄州的建廠計畫，他想傳達的訊息十分明確：等政府拿出振興基金，推土機才會繼續開挖。8 月，《晶片與科學法》（*Chips and Science Act*）終於在白宮玫瑰園簽署，季辛格露出了笑容：暫停建廠的威脅奏效了。

英特爾正在俄亥俄平原上建造的晶圓廠（拜登稱之為「夢想之地」），投資金額約 200 億美元，與 52 廠和 62 廠相當。這些廠房完全複製了錢德勒新廠的設計，連入口與室內設計都一模一樣，甚至連廁所的位置都相同。既然知道這個設計很好用，又何必花時間和錢去改變呢？

英特爾也把這種「完全複製」的原則應用在生產線上。他們會

先仔細檢查製程中的每個細節，找出並排除所有錯誤，然後在其他工廠完全複製整套設計。晶片專家反覆研究，最後把方法轉化為詳盡的標準作業程序。英特爾在這個過程中相當謹慎。在奧勒岡州希爾斯伯勒（Hillsboro）的研發部門中，EUV 機台已經在無塵室裡測試多年了。他們想先消除所有的風險，以便在競爭中一舉超前。但即使對這樣的晶片巨擘來說，這種躍進依舊是很大的挑戰。畢竟，台積電和三星早在五年前就已經開始大規模使用 EUV 機台生產了。這些亞洲競爭對手比較不畏懼風險，在晶片設備還在試驗階段就已經建立生產線。他們一邊生產晶圓，一邊解決問題——而這正是他們超前的關鍵。越快犯錯，也越快創新。

但英特爾採取不同的策略。身為一家整合元件製造商（integrated device manufacturer，簡稱 IDM），英特爾自行設計及生產晶片。他們的 x86 架構長期主導全球市場，從 1980 年代開始，幾乎每台 Windows 電腦或伺服器都使用這種晶片。2006 年以前，如果你買一台新電腦，很可能會在機器前面看到一張「Intel Inside」的貼紙。後來的新標語「超越未來」（Leap Ahead）就沒那麼深入人心了。

幾十年來，憑著穩固的個人電腦市場，英特爾在晶片產業獨占鰲頭。但隨後東方的挑戰者崛起，帶來了靈活的晶圓代工模式及軍事化的紀律。這些亞洲的競爭對手對智慧型手機革命的反應更為敏銳，這個市場的創新週期遠比英特爾主導的個人電腦市場短。此外，英特爾處理器的節能效果，也比不上後來成為整個行動產業基礎的 ARM 晶片架構。

高通、AMD、輝達等無晶圓廠的晶片設計公司，利用亞洲代

工廠，得以更早取得先進製程。他們還可以依據晶圓需求，每季調整他們下給台積電的訂單。後來，英特爾也終於跟上這股「無晶圓廠」潮流。季辛格上任後成立了「英特爾代工服務」（Intel Foundry Services）部門，開始為其他公司代工生產晶片。雖然它不像台積電是純代工廠，但這步棋確實是必要的：沒有外部訂單，美國廠的規模不夠大，就無法回收投資在最新技術的成本。對一個在轉型上舉步維艱的公司來說，這是重大的文化轉變。

季辛格把公司的未來押在這一步上，但他手上還有一張王牌：英特爾是唯一有機會趕上亞洲競爭對手的跨大西洋晶片製造商。沒有英特爾，要改變晶片產業的勢力平衡將是不可能的任務。由於三星和台積電更想把最先進的晶片留在本土生產，產業重心勢必會繼續留在亞洲。

亞洲晶片公司也分到了這波補助的好處。三星斥資170億美元在德州興建晶圓廠，也考慮在歐洲設廠。台積電則是在日本擴張版圖，而日本政府也透過支持本土半導體的 Rapidus 計畫，大舉挹注補助金。此外，台積電還計劃與歐洲的晶片製造商博世（Bosch）、恩智浦、英飛凌，在德國的德勒斯登（Dresden）合資設廠，這座工廠將獲得五十億歐元的補助。

相較於南韓和台灣在本土的擴廠計畫，這些海外投資的規模都相形見絀。台積電對於在美國生產最先進的晶片技術，態度依然謹慎，因為這可能削弱台灣的矽盾，降低台灣晶圓廠的不可取代性。不過，最後一個解決方案浮出台面：台灣要求美國提供更多的軍援保證，以換取在美國增產先進製程的晶片。2022年9月，也就是裴洛西訪台掀起爭議一個月後，美國批准了價值11億美元的對台軍

售。三個月後，台積電把在亞利桑那州的投資，從 120 億美元提升到 400 億美元，並加入更新的製程技術。晶片是現代武器的核心，而武器也用來保護晶片產線：這就是科技戰的縮影。

亞利桑那州鳳凰城北部的土地尚未破土前，ASML 就已經知道台積電打算在那裡建廠了。ASML 需要時間培訓維修人員，因為學習維護複雜的 EUV 機台要兩年半的時間。ASML 原本在台南提供這類培訓，但後來決定在亞利桑那州設立一個每年可培訓一萬六千人的培訓中心。但有個問題：學校要蓋多大都行，但要找到那麼多學生可沒那麼容易。

技術人才短缺是美國晶片策略的致命傷，美國的教育水準遠不如亞洲。對拜登來說，《晶片法》提供了一個提升美國教育體系的機會。他要求國會撥款數百億美元，協助培養下一代的技術人才。不只是晶片產業，整個國家都需要升級。

2022 年 12 月，拜登親自迎接首批晶片機台進駐台積電位於亞利桑那州的廠房。雖然這是台灣企業的工廠，大樓上還是掛了印著「美國製造」的超大布條。這裡的環境是十足的美國風情：荒漠平原上點綴著仙人掌，鄰近的艾弗瑞射擊場（Ben Avery Shooting Facility）傳來陣陣槍響。這個公共射擊場對所有人開放，連五歲小孩也能在這裡開槍，只要攜帶的槍械是放在可上鎖的容器中即可。

台積電開香檳慶祝。儀式結束後，拜登與一小群貴賓展開閉門會談。在 AMD、輝達、蘋果的執行長注視下，台積電董事長劉德音把一片刻有紀念文字的晶圓送給拜登。這種閃亮的圓盤在晶片產業算是制式贈禮，但還是讓拜登喜形於色。

溫寧克坐在美國總統的右側，這次他們總算把他的姓氏拼對

了。當總統隨行攝影師為推特拍下照片時，溫寧克正站在美國國旗下，他那條橘色領帶筆直地垂掛在星條旗旁。

台積電創辦人與半導體技術的先驅張忠謀也出席了這場典禮。他為新廠舉杯慶祝，但演說語氣隨即轉為沉重：「全球化幾乎已死，自由貿易亦然。」除了政治因素，他認為在全球分散複製晶片生產毫無意義。整條供應鏈勢必跟著搬遷，而張忠謀對西方的工作效率並不抱太高期待。難怪台積電美國廠的啟用進度比預期緩慢。即使有數十億美元的補助，生產回流所帶來的成本卻推高了售價。若製造效率降低，投入創新的資金也會隨之減少。摩爾定律也將走向終結，成為科技戰的犧牲品。

就目前而言，英特爾的命運仍未可知。季辛格恐怕無法看到他的豪賭開花結果：英特爾董事會預計在 2024 年底讓他提前退休。

33
五角大廈的恐慌

夢娜・凱澤（Mona Keijzer）實在不喜歡傳遞壞消息，尤其是在聖誕節前夕。但身為荷蘭經濟部的副部長，這次她別無選擇。她匆匆下車，穿過 ASML 總部的旋轉門。抵達二十樓後，她向 ASML 的董事會透露她無法在電話上傳達的訊息：「我們與美方的關係出了問題，事關邁普公司（Mapper），五角大廈……我們需要你們幫忙！」

2018 年 12 月，美國政府、荷蘭政府、ASML 之間的外交熱線頻繁運作。在美中科技戰全面爆發、登上國際新聞頭版以前，另一場完全不同的角力已在幕後展開，事關可能落入中國手中的荷蘭晶片技術。

這一切都源自總部位於台夫特的邁普公司。2000 年以來，該公司致力開發電子束技術。這項技術能讓電子在晶片上刻畫出精密的圖案，而邁普開發的多電子束技術（multibeam technology）更是技術上的一大突破。然而，這項技術始終難以打開市場。台積電曾在 2010 年試過邁普的機台，但最終認定 ASML 的曝光機更適合用來

量產晶片。與其使用電子，不如直接用光子（也就是光）一次複製整個晶片圖樣。台積電最終選擇了 EUV 技術，並把機台退回台夫特。

邁普被迫轉型，陷入嚴重的財務危機，最終在 2018 年底宣告破產。這使得公司的寶貴技術面臨外流的風險。雖然商業上未能成功，但這項來自台夫特的技術仍有重要的策略價值，這正是美國國防部所擔憂的。

2019 年 1 月 28 日，也就是凱澤造訪 ASML 一個半月後，ASML 收購了已破產的邁普公司的智慧財產權，同時接納了所有因邁普破產而失業的高階研發人員。然而，新聞稿中隻字未提收購金額，更沒有透露這背後驚人的內幕。

而這個故事，得從美國說起。

2018 年，格芯宣布終止 EUV 計畫時，美國的國防專家最擔心的情況終於發生了：美國在最先進晶片領域已經失去主導地位。國防部看到了迫在眉睫的危機，它希望大部分的先進晶片能在美國本土生產，並受美方監管。美方把這項原則稱為「可信任晶圓廠」（trusted foundry），並把它視為攸關國家策略的必要條件。如果 F-35 戰機、先進無人機，或情報單位的設備所需要的晶片都要仰賴國外工廠生產，那很容易遭到破壞或駭客入侵。

格芯終止計畫，再加上英特爾無法追上亞洲的晶片製造商，這讓美國陷入不利的處境，五角大廈無法接受這個局面。2018 年，美國的國防專家與台積電及三星展開協商。這兩家公司都願意在美國建造更先進的晶片廠，但要求 30 億至 80 億美元的政府補助——遠超過五角大廈的預算。就在這個關鍵時刻，國防部意外發現了台

夫特的一項尖端科技：邁普。

邁普的起源可追溯到台夫特理工大學。當時，帶電粒子光學教授彼得・克魯特（Pieter Kruit）要學生設計一套可應用於商業微影的電子束系統。他的兩位學生伯特・揚・康佛比（Bert Jan Kampherbeek）和馬可・維蘭德（Marco Wieland）對這項技術的前景很興奮。畢業後，他們在 2000 年共同創立了公司。維蘭德專注於技術開發，康佛比負責商業營運。和所有的新創企業一樣，籌措資金維持營運成了他們的首要任務。

邁普獲得了荷蘭晶片產業先驅戴普拉多的投資支持。雖然 1998 年他因為資金短缺而被迫退出 ASML，但他對有前景的半導體技術始終保有敏銳的眼光。

邁普採用的方法不需要昂貴的光罩。這項技術直接從電腦記憶體讀取好幾 TB 的晶片圖案，再用電子束在對電子敏感的薄層上重複描繪。這個過程通常需要數個小時，但邁普開發的多電子束技術可用微型透鏡把電子分成一萬三千多束，每束包含四十九道射線。這就像老式凸面電視螢幕的原理，透過電子束在螢幕上以數百條掃描線描繪出圖像。

2007 年，邁普完成首台概念機，並售出兩台原型機：一台賣給台積電，另一台賣給位於格勒諾布爾（Grenoble）的法國半導體研究機構 CEA-Leti。邁普認為，由於 EUV 機台遲遲未能問世，只要他們能把產能提升到每小時十到二十片晶圓，他們的技術就能成為替代 EUV 的理想方案。即使並排使用十台這種機器，成本仍比 ASML 的掃描機便宜──至少當時他們是這樣想的。

但現實遠比預期還要棘手。在台積電退回原型機以後，這家台

夫特的新創公司轉換了方向。既然大規模市場對電子束技術興趣缺缺,他們決定轉向產量較低的先進晶片市場。美國的國防工業成了他們的主要目標:早在 2003 年,美國國防部的研究部門「國防高等研究計劃署」(DARPA)就已經投資了電子束計畫。

為生產新一代的機台,邁普需要更多的資金。2012 年,俄羅斯的國有奈米技術基金 Rusnano 以四千萬歐元入股,取得 14% 的股權。隨後,邁普不僅增添了一位俄籍董事,還在莫斯科科技園區(Technopolis)建了工廠,專門生產用於透鏡的微型機電系統。這種所謂的微系統其實是使用一般微影機生產的一種晶片。為此,邁普不得不向位於維荷芬的競爭對手訂購機台。公司內部的通訊報以「邁普買下 ASML」為標題報導此事,頗有諷刺意味。連戴普拉多也被逗樂了──2013 年他造訪莫斯科時,特地坐在一個廢棄的 ASML 板條箱上,屁股正好跨在 ASML 的標誌上,露出頑皮的笑容。

儘管大股東充滿熱忱,技術上的挫折仍阻礙了邁普的發展。但這不表示這項來自台夫特的技術毫無用處。相反的,這種電子束不只能用來描繪圖案,也能用來檢測晶片的瑕疵。正是這點引起了 ASML 的興趣──這項技術可以完美地配合漢微科公司(HMI)的檢測設備(ASML 於 2016 年收購的台灣公司)。那段時間,布令克和班斯科普頻頻造訪台夫特。他們想說服維蘭德到 ASML 開發電子感測器,但這位創辦人拒絕了邀請,他決心領導自己的公司成功發展。ASML 也曾考慮收購整個邁普公司,但最終並未提出正式的收購方案。

2016 年 9 月,戴普拉多以八十四歲的高齡辭世。這個消息令人

震驚，因為他去世前幾個月仍積極參與邁普的營運。他的驟逝也讓邁普頓失最重要的金主。戴普拉多的家族基金無法繼續資助這家科技公司，因為他在遺囑中指示資金要投入癌症研究。這是他對年輕時罹癌過世的妻子的承諾。

到了 2018 年初，邁普只剩半年的時間可以尋找新的投資人。康佛比說公司快撐不下去了，卻沒人相信——畢竟公司已投入逾兩億歐元做研發，眼看機台就要完工了。另一個困境是，公司的部分股權是由俄國國有基金持有。尤其是在 2014 年克里米亞併吞事件後，再加上馬航 MH17 客機遭俄製飛彈擊落，導致 298 人喪生，西方對俄羅斯極為敏感。

為了尋找資金，他們嘗試了各種管道。康佛比飛遍世界各地，與日本、新加坡、美國的晶片設備製造商洽談，但都無功而返。他一度以為應用材料公司有興趣，但最後對方也縮手了。

邁普只好轉向中國尋求機會。維蘭德前往以熊貓聞名的成都，試圖說服當地投資人和官員開發中國自己的 EUV 替代技術。康佛比則是飛往北京會見投資人。雖然中方展現了強烈的興趣，但邁普已經時日不多，必須盡快達成協議才能避免破產。面對這個突然從荷蘭飛來的機會，中國方面一時之間也無法迅速作出回應。與此同時，邁普為了繼續支付台夫特員工的薪水，不得不把莫斯科的工廠賣給 Rusnano。即便如此，兩百四十名員工的日子也所剩無幾了。

2018 年夏天，邁普向美國的國防部求援。他們從先前的接觸得知，國防部對多電子束技術很感興趣。畢竟這項技術也可用來「寫入」具唯一性的晶片，應用於現代武器系統與情報單位的裝備。這些機構需要確保設備不被駭客入侵，透過每個晶片專屬的編碼，他

們能確認通訊對象身分,避免敵方竊聽。

國防部認為,邁普的技術可以在「可信任晶圓廠」小量生產先進晶片。但俄國投資人的存在成了這筆交易的絆腳石。一名國防部官員試圖說服美國企業收購邁普的股份,擺脫俄國股東,但主要的軍火商都對這項提議興趣缺缺。不過,德州沃斯堡（Fort Worth）的 SecureFoundry 公司也接獲了這個消息。這家公司是由前陸戰隊員及美國網路司令部（Cyber Command）的技術長雷克斯・基恩（Lex Keen）創立的。他在業界依然活躍,專精於半導體領域,致力於從大學收購可應用於國防計畫的高階晶片專利。

國防部沒有直接下令 SecureFoundry（這樣會產生責任義務）,但暗示得很明顯:邁普陷入嚴重的財務危機,如果有人能出手拯救這項荷蘭技術,對美國國防產業將大有助益。基恩二話不說就接下這個任務,這根本是為他量身打造的。

這位前陸戰隊員會見了邁普的團隊,並邀請康佛比到沃斯堡待幾週,共同擬定協議。康佛比住在基恩的財務顧問家中。對方是有荷蘭血統的當地銀行家,每天清晨六點都會和虔誠的家人一起研讀聖經。這正是德州式熱情款待的最佳寫照:櫃子裡滿是步槍與手槍。當他們一家人低頭祈禱時,康佛比心想:「這是最後機會了。」為了拯救公司,他願意拼死一搏。

基恩與康佛比一起和美國國安局（NSA）擬定了計畫。NSA 以兩千萬美元向邁普訂購兩台多電子束機台。如果國防部代表 NSA 立即支付這筆款項,SecureFoundry 將獲得向美國政府機構供應機台的經銷權,而邁普也能獲得新資金繼續營運。國防部同意了這個方案,但首先得處理俄羅斯人的問題。

基恩在阿姆斯特丹會見了 Rusnano 的代表。2012 年以來，俄國已經增持股份至 27.5％，他們對賣出持股毫無興趣：因為這樣只能收回一小部分的投資，還會在國內淪為笑柄。Rusnano 寧願看著邁普破產，這樣還能推卸責任。不過，如果邁普能在未來幾年繼續向莫斯科採購晶片，俄方願意放棄董事席位，並將股份轉給外部信託。基恩爽快地同意了──這看來是個不錯的交易。

SecureFoundry 與荷蘭經濟部密切協調這整件事，因為邁普仍欠多個創新基金總計 3,200 萬歐元的貸款。基恩收到了荷蘭駐華盛頓大使館的經濟公使所簽署的聲明：他獲准投資邁普，而且經濟部不會要求立即償還貸款。看來邁普的轉機來了。

12 月初，基恩在台夫特向邁普的全體員工宣布：交易已經完成，他們終於看到曙光了。他說對了後半句，但原因完全不是他想的那樣。翌日，基恩飛返美國途中、在冰島首都雷克雅維克轉機時，突然接到同事緊急來電：五角大廈毫無預警失去音訊，完全不回應了。

邁普最終淪為五角大廈內鬥的犧牲品，將領們與強大的國防工業集團各自盤算，明爭暗鬥。雖然國防部已經為國安局的兩個機台編列了兩千萬美元的預算，但負責這筆交易的人被調職，他的接任者把那筆資金轉給了英特爾的安全晶片計畫。勢力龐大的英特爾正在經營一座國有民營（GoCo）工廠，在軍方監督下生產處理器。與此同時，美國軍火業的遊說團體也找上了國防部，他們不希望看到荷蘭的競爭對手進入這個領域。

基恩眼睜睜地看著交易像慢動作一樣逐漸瓦解。2018 年底，五角大廈官僚體系的動作比以往還要遲緩。華府因為前總統老布希的

喪禮停擺了幾天,當國防部再次試圖為邁普交易申請資金時,又遇到了新的阻礙。12 月 22 日,民主黨阻擋川普在美墨邊境築牆的計畫,美國政府陷入停擺[8]。這次美國政府停擺持續了三十五天,成為美國史上最長的預算凍結。

對邁普來說,時間實在拖太久了。台夫特的工程師已經好幾個月沒領到薪水,創辦人維蘭德算準了宣告破產的時間點,以確保員工還能領到失業給付。12 月 19 日,邁普申請暫停支付,12 月 28 日正式宣告破產。歷經十八年,多電子束技術的研發就此結束。

當國防部發現他們搞砸了邁普的交易後,頓時陷入恐慌。萬一俄羅斯或中國接手了破產資產怎麼辦?既然美軍已經發現邁普這項發明的潛力,其他強權想必也是虎視眈眈。他們的擔憂並非毫無根據:邁普過去曾與 ASML 的中國競爭對手上海微電子(SMEE)接觸,中國投資者也對多電子束技術躍躍欲試。

美方向荷蘭政府發出警報。12 月,五角大廈緊急致函荷蘭的國防部和經濟部,訊息明確:你們的關鍵晶片技術恐怕會落入敵對勢力手中,需要立即介入。他們甚至透過美國大使館直接聯繫荷蘭首相呂特,懇請他別讓這項技術流向中國或俄羅斯。他必須確保技術留在荷蘭,即使必須銷毀也在所不惜。五角大廈的想法是,邁普如果併入 ASML,多電子束技術等於就此無疾而終。但怎麼樣都比落入中國的手中好。

這就是為什麼 2018 年的那個冬天,凱澤會匆匆趕到 ASML 總

---

8 因參議院未能通過包含美墨築牆的臨時支出法案,總統川普拒絕簽署不含美墨築牆經費的臨時支出法案,導致美國政府停擺。

部對他們宣布：「你們必須買下邁普。」如果中國人打算出手，荷蘭政府也無計可施：當時雖然已經開始起草一項專門用來因應此事的法案，但尚未獲得通過。大家都把希望寄託在 ASML。ASML 對多電子束微影技術並不感興趣，這項技術的可能性有限，而且 EUV 已經在晶片廠投入量產了，但他們看上了邁普的專利和技術知識。關鍵是要說服邁普的工程師放棄生產晶片的舊夢想，改做晶片檢測。

就在邁普申請停止支付的隔天，溫寧克對荷蘭 BNR 新聞廣播電台的記者說：「我們一定會跟他們談。」他像個老練的政治家，巧妙地迴避了後續的提問，但 ASML 看重邁普的技術知識早已不是祕密。2018 年 6 月，布令克還親自頒發了以他命名的「布令克獎」給維蘭德。

同時，破產管理人正準備拍賣邁普的資產，以償還主要債權人：戴普拉多基金和經濟部。SecureFoundry 的基恩果然也在競標者之列。1 月，這位前陸戰隊員迅速組織了一群荷蘭投資人，打算與邁普的前員工一起競標破產的資產。破產管理人也聯繫了邁普工程師曾接觸過的中國投資基金。他原本是想抬高拍賣價格，卻反而帶來麻煩。邁普的技術必須避免流向中國，他卻親自把中國人找來競標。

對政治人物來說，這場拍賣只能有一個結局：邁普的資產必須落入 ASML 手中。ASML 出價 3,500 萬歐元，這時基恩仍能加碼競標。但是當 ASML 加碼到 7,500 萬歐元時，競標就此結束。成交！邁普的資產就這樣易主。

雖然 ASML 付出了高價，但他們願意配合這個計畫。邁普的

專業技術非常寶貴：哪裡可以找到一百位晶片技術專家，而且全在維荷芬的方圓一百三十公里內？公司高層也認為，保住邁普的技術不僅能展現 ASML 對國家的忠誠，也能博取政府的好感，畢竟 ASML 與美國政府和荷蘭政府的關係開始緊張，此刻任何善意都有幫助。

2019 年 1 月，就在基恩告訴邁普員工要來營救他們的六週後，ASML 的一行人來到擠滿員工的邁普會議室。就在他們登上臨時搭建的講台前，一位創辦人湊近 ASML 的人耳語：「你們贏了。」

兩百四十名員工聆聽著保住工作與技術的計畫。每個員工有意願的話，都可以加入 ASML。雖然技術人員必須到布拉邦工作，但工程師可以留在台夫特，以免邁普的企業文化立即消失。有一百多位技術人員加入 ASML，並被編入位於聖荷西的漢微科部門。邁普的創辦人維蘭德並未立即加入 ASML，但經過半年的考慮以及大量的園藝療癒後，他最終接受了 ASML 的邀約。為了表彰他在技術上的開創性貢獻，公司任命他為 ASML 研究員。另一位創辦人康佛比選了不同的路，他和幾位前同事一起創立新公司，開發栽培鬱金香的農業機器人，又是另一項優質的荷蘭出口技術。

邁普的智慧財產權到了 ASML 手中，這讓公司在面對專利訴訟時多了一層保護──ASML 在這方面已經打過太多官司了。邁普所有剩餘的筆記型電腦和硬碟都被謹慎銷毀，以防敏感軟體落入他人手中。

美國國防部與能源部試圖說服 ASML，為麻省一家「可信任晶圓廠」保留多電子束機台的生產線，以便該晶圓廠生產帶有獨特編碼的標準晶片。但 ASML 婉拒了這個提議，並建議美方改用其他

技術。ASML 對於重啟邁普毫無興趣，那只會分散在台夫特工作的人才精力。

2019 年 10 月，邁普的創辦人和利害關係人最後一次聚首。他們圍坐在台夫特一家海鮮餐廳的圓桌邊，回顧十八年來在多電子束技術上的努力。他們承認，儘管公司早已走上關門的不歸路，但五角大廈的交易確實是壓垮他們的最後一根稻草。席間沒有人互相指責或怪罪，只是遺憾無法在戴普拉多在世時讓機台上市。如果能為他完成一件心願，那應該就是這個了。

邁普案凸顯出荷蘭對本土晶片技術的戰略價值認知不足。這項敏感技術差點就輕易被中國拿走，這讓荷蘭終於驚覺事態嚴重。2023 年，荷蘭通過《VIFO 法》，開始審查可能影響國家安全的投資與併購案。該法監管重要的基礎設施供應商，以及「從事敏感技術的企業」（例如半導體產業），效力可追溯至 2020 年 9 月。此外，2023 年，荷蘭政府也編列了一億歐元的預算，用於緊急介入戰略型企業可能落入不當人士手中的情況。當局想藉此避免再次上演類似邁普案的驚魂記。

事實證明，對俄羅斯在邁普的利益感到擔憂，並非杞人憂天。2024 年，一名前邁普的俄籍員工（他後來加入 ASML，接著又去恩智浦），被控竊取雇主的智慧財產與晶片設計。根據荷蘭情報局指出，這名員工透過隨身碟與 Google 雲端硬碟，使用帳號名稱「Focus」，將機密資料轉交給俄羅斯對外情報局 SVR。

邁普案後續仍有一些發展。7,000 萬歐元目前仍在荷蘭拍賣管理人的帳戶中，等待一樁由法國受託人提出的行政訴訟結束後，才會分配給債權人。如果你想近距離觀看多電子束機台，可以到台夫

特理工大學的物理系館。在一台咖啡機的旁邊，有個真空艙，透過它的玻璃窗可以看到機器的內部結構。2023 年初，康佛比與當年啟動整個邁普計畫的克魯特教授一起為這件展品揭幕。

克魯特教授已經從學術界退休，2021 年展開第二人生，領導應用材料公司的電子束部門。這家美國的晶片設備製造商正在開發一款使用電子束的檢測設備，就像 ASML 的設備一樣。他昔日的優秀門生維蘭德如今領導競爭對手的研發，師徒間的高下之爭也即將揭曉。

對基恩來說，多電子束的故事尚未落幕。身為前陸戰隊員，再多的挫折都無法動搖他堅持到底的意志。在新冠疫情肆虐期間，基恩買下了位於法國 CEA-Leti 的邁普機台，把它裝在二十五個板條箱裡運往美國東岸。2022 年起，這台機器就一直放在馬里蘭州的國防公司諾斯洛普格魯曼（Northrop Grumman）的無塵室裡，等著開始生產晶片。邁普的專利現在歸 ASML 所有，基恩必須取得他們的授權才能使用。雖然他還不確定客戶會是誰，但有一件事他很清楚：要是五角大廈再找上門，這次一定要他們先付錢。

第五部

成長的煩惱

「**我**們的財富再也藏不住了。」布令克的語氣透露著一絲無奈。他望向窗外，一座座工廠、辦公大樓、建築起重機綿延至遠方。這些新建築在他眼中已經很時尚了，雖然設計上可以再稍作調整，但他不可能事事親力親為。

從布令克位於二十樓的辦公室向外眺望，ASML 的驚人擴張盡收眼底，或者更貼切地說，是爆炸性成長。總部大樓坐落在一座設施完善的美式園區內，園區裡的配備一應俱全：熱鬧的餐廳、附設空中花園的演講廳、專屬超市、寶藍色跑道、還有讓員工閱讀、打電動或編織的「充電室」。在這裡，員工的食衣住行育樂都能在園區內完全滿足。

2023 年，ASML 已經有超過四萬兩千名員工，名列全球市值前五十大企業，規模較六年前整整多了一倍。目前光是維荷芬總部就有超過兩萬名員工，預計未來六年又會再多一倍。如果把供應商也算進來，這表示整個布拉邦地區會新增七萬個就業機會。這種近乎不可能的成長，對 ASML 來說，比外部世界的政治動盪還更令人憂心。他們有更重要的事要做，沒時間被地緣政治牽著走。公司唯一的方向就是往上衝，沒有延遲的空間。

四十年來，ASML 經歷了驚人的蛻變：從新創企業逐步擴大規模，接著躍升為市場龍頭，最終穩坐壟斷的寶座。即使在美中科技戰升溫之際，其擴張的腳步依然未曾停歇。隨著能源轉型和 AI 革命的來臨，晶片需求暴增，全球只有一個共同需求：更多的晶片機台。像輝達這樣的公司，幾乎完全仰賴台積電代工，卻依然面臨產能吃緊的問題，難以供應 ChatGPT 及其衍生應用程式所需的龐大算力。分析師預測，到 2030 年，全球晶片市場的規模將翻倍，躍

升為兆元等級的產業。而這也直接反映在 ASML 的訂單量上。

這些訂單由業務總監桑妮・史泰納克（Sunny Stalnaker）負責。對於和晶片製造商談成價值數十億美元的大單，她早已駕輕就熟，但連她這樣經驗豐富的談判高手也遇到了前所未有的挑戰。

時間回到 2017 年，布令克要求史泰納克與英特爾敲定一筆 High NA EUV 機台的採購協議。他的「EUV 發展大計」能不能成功，就看這筆訂單了，而史泰納克的任務是：雙方對價格的認知相差五億美元，她必須設法解決這個價差。

這原本應該是不可能的任務。當時 High NA 機台還停留在紙上談兵的階段，ASML 連一般型號的 EUV 機台都還無法穩定運作，史泰納克打趣說：「連我們自己都不知道何時才能真正搞定。」儘管如此，她仍設法說服了英特爾接受提案，其他的晶片製造商也很快跟進。任務完成，未來也就此確定。

然而，就在 EUV 技術方興未艾之際，ASML 卻遇上了新難題。而且令人意外的是，導致 ASML 措手不及的，竟然是 DUV 機台的需求突然暴增。多年來，ASML 每年生產約兩百台 DUV 機台。大家原本預期這些浸潤式掃描機的需求會隨著 EUV 機台問世而下滑，而 ASML 也已經依此重新調配工廠員工的培訓方向。沒想到，現實發展截然不同。2020 年，史泰納克眼看著 DUV 機台的季訂單量暴增到以往的四倍，達到近兩百台。ASML 根本不堪負荷，無法應付如此龐大的訂單，但布令克卻不覺得有什麼問題。「擴大產能有什麼難的？」他對一位同事嘆氣道，「就照原本的流程，只是乘以二或三倍而已。」

訂單激增的原因之一，是中國政府策略的轉變。在美國出口管

制的壓力下,中國決定採用成熟製程,大量使用 DUV 機台。隨著汽車逐漸演變成有輪子的電腦,這些較低階晶片的需求也水漲船高。同時,EUV 掃描機的訂單也持續成長。史泰納克手上的訂單價值已高達數百億歐元,卻仍持續加碼。更棘手的是:生產 EUV 晶片時,也需要更多的 DUV 機台來處理晶片中較不重要的製程步驟。於是,需求不斷攀升。

這場完美風暴,偏偏又發生在疫情正嚴峻的時期,讓 ASML 措手不及。

空前的成功,卻開始成為 ASML 的負擔。2021 年,公司只能交付當年訂單量的三分之二。從擁擠不堪的工廠、超負荷的物流系統,到維荷芬瀰漫的緊張氣氛,處處都能感受到沉重的壓力。儘管每月都有數百名新員工加入,現有員工的工作量依然與日俱增。在 ASML 的海外分部和供應商網絡中,建築起重機變成了大家最熟悉的景象。

ASML 在製造業中的關鍵地位已無庸置疑。這家從飛利浦的灰燼中崛起的新經濟奇蹟,如今已成為荷蘭「智慧港」(Brainport)高科技園區的基石。然而,布拉邦省扛起這番榮景的同時,已開始顯露疲態:無論是在恩荷芬周邊的交通壅塞、快速膨脹的人力市場,或是已飽和的住宅供需,處處都在承受繁榮帶來的壓力。

在晶片微縮技術方面,ASML 已經無需再學什麼了。但要在如此規模下擴張企業而不迷失自我,那又是另一門學問了。

34
唇亡齒寒

如果閉上眼睛只用聽的,你很難分辨是誰在說話。荷蘭布拉邦地區的口音,聲音渾厚,言簡意賅。不過有一點非常明確:他們是一對務實幹練的企業家父子檔。

威姆(Wim)和威廉‧范德萊赫特(Willem van der Leegte)父子倆並肩坐在 VDL 集團(VDL group)的恩荷芬總部。他們的家族打造了荷蘭最大的工業集團,旗下有上百家公司,涵蓋製造業的各個領域:從大型工程到奈米級精密加工,無所不包。

VDL 集團的家族史橫跨三代。公司由彼得‧范德萊赫特(Pieter van der Leegte)在 1953 年創立,他的兒子威姆很快就接掌企業,到了 2018 年,孫子威廉在兄長與姊姊的支持下接任執行長[9]。范德萊赫特家族從高速公路的另一邊親眼目睹了 ASML 的驚人擴張,也適時搭上了這班順風車。

2006 年,威姆從飛利浦的手中收購應用科技集團(Enabling

9　威姆有三個孩子,威廉是么子。

Technologies Group，簡稱 ETG）時，他說：「這下子圓滿了。」他一向對歷史有深刻的情感。1950 年代初期，他的父親就在 ETG 工作，那時廠房的外牆上還清楚寫著「飛利浦機械工廠」（Philips Machine Factory）。威姆以 5,100 萬歐元從飛利浦收購 ETG，事後證明這是一筆非常划算的交易。這個家族企業搭上了 ASML 的順風車，如今旗下的員工逾一萬五千人，年營收近六十億歐元。2015 年，威姆還收購了弟弟傑拉德・范德萊赫特（Gerard van der Leegte）的 GL 精密公司（GL Precision）。這是布拉邦人的作風，一切都是為了凝聚整個家族。

VDL 與蔡司並列為 ASML 最重要的合作夥伴，為 ASML 供應組裝掃描機所需的關鍵零組件。新一代機台是由三十幾萬個零件組成，來自約七百家供應商，這個外部供應鏈占了整台曝光機總成本的約八成。

走進 ETG 位於阿爾默洛（Almelo）的工廠，就能一窺荷蘭製造業的轉型軌跡。在最先進的雷射設備之間，仍然可以看到 1970 年代的苔綠色飛利浦機器，彷彿過去時代的遺蹟。只要這些老機器還能正常運轉，就不會淘汰。

這家位於阿爾梅洛的工廠，負責生產 ASML 曝光機的底座結構。他們從一塊二十噸重的義大利鋁材開始加工，經過精密銑削後，變成一千五百公斤的機台框架。這個過程就像把一輛公車削成 Mini Cooper 金龜車那樣費工。

框架內裝滿了強力磁鐵，如果你靠近它時身上攜帶了金屬物品，很容易被牢牢吸住。這股磁力是用來驅動機台內部的電動馬達，讓晶圓平台像磁浮列車那樣來回移動。

阿爾默洛廠也生產 EUV 機台的真空艙，以及讓蔡司安裝 EUV 反射鏡的模組。這些零組件的製造要求非常嚴格，員工進入無塵室以前，連平時使用的洗髮精和體香劑都必須是指定產品。對蔡司來說，從阿爾默洛廠送來的模組中，任何多餘的游離分子，都是不能容許的誤差。

　　身為一家營收逾十億歐元的企業，VDL 足以因應半導體產業的景氣起伏。這個工業集團還有許多需要先進技術的客戶，因此能夠回收在 ASML 的投資。威廉解釋：「ASML 對品質的要求極高，我們也必須同步升級自己，」他的公司甚至還更進一步：VDL 全權負責 ASML 機台中的一個重要組件。這個名為「晶圓傳送模組」（wafer handler）的機械手臂，能精準地把矽晶圓放置在晶圓台的指定位置，準備進行奈米級的曝光。這個模組從設計到維護，都由 VDL 自行處理，還要確保其他公司供應必要的零件。這讓 ASML 少了一個需要親自處理的環節。曝光機已經夠複雜了，如果有人能把某件事做得更好，ASML 很樂於外包。

　　與其他的供應商一樣，VDL 必須跟上 ASML 的成長腳步。這表示他們必須招募新的技術人員和開發人員、投資新廠房，還要趕建無塵室以應對產能擴張。然而，ASML 供應鏈上的夥伴，並不是所有人都能夠或願意以相同的速度成長。對較小的供應商來說，ASML 是一個他們又愛又怕的客戶。這個需求多變的買方，給供應商帶來的壓力之大，與它能帶來的高度成長同樣驚人。ASML 有嚴格的規範，供應商只能使用 ASML 指定廠商所生產的產品，絕對不能採用其他替代品，任何可能導致晶圓廠運作中斷的因素都必須排除。

ASML 不斷提高標準。每年,供應商都必須做到更精準、更潔淨,還要提供更好的性價比。一個指紋印都嫌多,連眼鏡腳上的防滑膠層都可能是問題,因為它釋放的氣體可能損壞精密的 EUV 反射鏡。

ASML 不只要求嚴格,還難以預測。在成長期,供應鏈的產能與交期永遠趕不上需求。一旦訂單減少,產能又立刻變得過剩,供應商就得承擔大量資本密集的庫存。背負著這麼大的成本壓力,要維持營運並不容易。較小的供應商還有另一個風險:為了 ASML 投資高價值的生產設備後,可能因成本提高,定價過高而失去其他客戶的訂單。

為了降低風險,ASML 要求供應商最多只能有 40% 營收來自 ASML。這項規定是為了避免供應商在半導體產業衰退時,因為過度依賴而倒閉。然而,面對晶片市場看似無止盡的成長及隨之而來的訂單潮,要遵守這個比例說起來容易、做起來困難。遇到這種情況,ASML 的回應通常都是:你們自己想辦法。

採購團隊會仔細記錄造成延誤的廠商。一旦你登上 ASML「前五名觀察名單」,那就相當嚴重了。每當供應商出問題,ASML 就會派人進駐支援,協助解決問題。而且他們做決定毫不猶豫。例如,一家荷蘭供應商因為歐洲缺乏必要的生產設備而陷入產能瓶頸時,ASML 立即安排從美國空運設備過來,毫無討論餘地。為了節省幾週的交期,花幾萬歐元的運費也是值得的。

在 ASML 的組織中,每個供應商都有專屬的負責窗口,被稱為「教父」。但如果問題很嚴重,高層就會介入。2021 年,一家供應商無法解決某個關鍵機電零件反覆出現的問題時,溫寧克堅持

要求該公司撤換管理高層。溫寧克完全不給對方商量的餘地：「我們的專家小組已經完成調查，我就是來宣布判決的法官。」

ASML 有時也會透過資金挹注來協助供應商，就像先前支援蔡司開發 High NA 技術一樣。若情況緊急，ASML 也不排除直接收購供應商，西盟就是一例。當這家美商開發 EUV 光源技術遇到瓶頸時，ASML 就選擇併購這家公司。另一個規模較小的案例，ASML 也在 2012 年收購瀕臨破產的線性馬達供應商 Wijdeven Motion（九十名員工）。

德國家族企業柏林光學（Berliner Glas）也曾面臨無法跟上 ASML 要求的困境。這家公司有一千六百名員工、專門生產用來放置晶圓的超平反射鏡。2020 年，ASML 要求它為下一代的 EUV 技術投資 7,000 萬歐元。德國人對此興趣缺缺，於是 ASML 直接買下該公司，加速進程。如果別人不做，ASML 就自己動手。收購該公司一年內，柏林廠區就出現明顯的改變：柏林光學更名為 ASML 柏林（ASML Berlin），多餘的事業部已脫手賣出，新廠房已經完工，還租下更多的辦公空間。德國人的謹慎作風已完全不見蹤影。

布令克說：「我們什麼都不生產。」這個說法雖然有些誇張，但他想表達的意思很清楚：ASML 只負責組裝曝光機，零組件全靠龐大的供應商網絡提供。這種模式是讓公司維持高效率營運的關鍵。這讓 ASML 在創立初期就具備極強的彈性與回復力，相較之下，那些垂直整合的日本競爭對手還卡在自己製造全部零件的困境中。就像輕量級拳擊手能比重量級拳手更快站起來一樣。

為了保持這種靈活，ASML 盡量避免增加供應商的數量。每個供應商都有專攻的領域，這也是鼓勵他們從其他的客戶那裡回收他

們為 ASML 所做的高科技投資。這也是為什麼 2006 年威姆・范德萊赫特提議與 ASML 合資收購 ETG 並各持五成股份時，ASML 婉拒了他的提案。

雖然微影系統的整體監督和管理權仍在 ASML，但 ASML 也試圖把部分的責任分散到供應鏈網絡。由於機台最複雜的零組件都採單一供應商制（每個關鍵零件都只由一家廠商供應），因此雙方必須培養深厚的信任關係。這與傳統的採購策略大不相同，傳統做法通常是讓供應商相互競爭，來降低成本並分散風險。但 ASML 的模式有其優勢：供應商實際上成為機台的共同開發者，由於深度參與，就算問題不是他們造成的，他們也有能力協助解決。

2010 年，當弗雷德里克・施耐德（Frederic Schneider）出任營運長時，他很訝異 ASML 竟然願意把公司的命運與這些供應商的成敗綁在一起。他原本想為所有的關鍵零組件尋找備用供應商，但董事會決定堅持單一供應商制及相互依存的原則。在整個晶片產業，最可靠的合作關係，往往都是與單一信賴夥伴建立的。范霍特打了比方：「想像一下，如果你跟另一個人建立一樣深的關係，你的配偶會怎麼反應？」

晶片製造商也把命運託付給少數幾個關鍵、極度專業又不可替代的供應商。ASML 本身就是最好的例子：它在微影機台領域的壟斷地位，使它變得無可取代。整個半導體產業是由深厚卻脆弱的連結所組成，就像一條無比珍貴但容易斷裂的鎖鏈。

然而，2018 年 12 月的一場意外，暴露了單一供應商策略的風險。在 ASML 總部維荷芬附近的小鎮松恩（Son），科技公司普驅（Prodrive）發生了火災。該公司是負責提供微影機台馬達的控

制系統，具體來說，就是在大型機櫃上運行的軟體。一夜之間，ASML 這個組件的唯一供應來源化為烏有。

普驅的第一通電話是打給消防隊，第二通就打給 ASML。當天，ASML 立即派出危機處理小組，前往現場評估損害。由於普驅的 IT 系統全面癱瘓，ASML 馬上提供他們五十台高效能電腦。在保險公司前來勘災以前，員工已經從仍在冒煙的廠房中搶救出還能用的設備。其他供應商也紛紛伸出援手。當然，這不是完全出於無私。畢竟，ASML 若交機中斷，整個供應鏈都會受到波及，沒有人能置身事外。

這不是 ASML 最後一次扮演救火隊的角色。2021 年 10 月，VDL 遭到網路攻擊時，ASML 的 IT 專家立刻趕赴現場。當時能做的不多，VDL 別無選擇只能關閉所有電腦，逼出駭客。最後他們花了整整一個月，才讓所有的 IT 系統恢復運作。

不過，供應鏈面臨的最大威脅，其實是來自 ASML 本身。ASML 完全低估了晶片產業的成長速度，以致於疫情期間需求暴增時，供應商也措手不及。來自 ASML 的訂單加碼與變更如潮水般湧來，有時一週內就高達二、三十次，導致供應商應接不暇。事後 ASML 坦承，他們的訂單更新方式確實應該改善。這句話其實遠遠低估了供應商當時所面臨的龐大壓力。雪上加霜的是，疫情也打亂了供應商自身的供應鏈：因為製造機台零件的設備也在等待晶片。整個產業陷入了晶片短缺的惡性循環。

ASML 捲入了一場消除供應瓶頸的持久戰，就像在擁擠的路口指揮車輛的交通警察，看著動彈不得的駕駛猛按喇叭。哪個零件最急迫？誰等最久？該優先處理誰的需求？

更棘手的是，ASML 的不同部門也會同時對供應商施壓。工廠和研發部門經常打架，就像兩隻狗在搶同一根骨頭一樣。技術圖面有時會彼此矛盾，因為不同團隊同時趕工設計，導致內容重疊或出錯。供應商也能一眼看出自己面對的是剛進 ASML 的新員工，這些人是 ASML 為因應快速成長而招募的。這些新人雖然技術理論基礎紮實，但實務經驗不足，面對滿滿縮寫的內部文件也經常摸不著頭緒。

VDL 看得出來，ASML 的團隊正疲於因應公司的極速擴張。威廉‧范德萊赫特表示：「當你在短時間內招募那麼多人時，很難維持企業文化。」他認為 VDL 也面臨相同的困境：「他們遇到的問題就是我們的問題，因為我們相互依存，成敗與共。」

外界看來，ASML 似乎是因為供應商跟不上，而無法處理暴增的機台需求。投資人紛紛抱怨 ASML 的供應鏈管理不善。但他們並不知道，背後其實還有更大的問題。就在公司史上最忙亂的一年，ASML 內部突然爆發一場重大危機，宛如遭遇急性心肌梗塞。

35
歡迎來到 5L 地獄

「……感謝各位今天的參與。」

電話法說會的主持人剛正式宣布會議結束，執行長溫寧克和財務長羅傑‧達森就在 ASML 的會議室裡聊了起來。那是 2021 年 7 月，他們剛結束第二季的財報說明會。在那一小時的法說會中，七位財務專家坐鎮現場，全程關注著達森和溫寧克輪流回答分析師的提問。他們原本是來應付突發狀況的，但一切都很順利。分析師的問題都圍繞著晶片短缺與曝光機產能吃緊的話題。誠如達森在法說會中總結的：「問來問去都是在問產能，只是換了二十種問法罷了。」

這對搭檔相識已久。達森和溫寧克都曾在德勤任職，兩人合作無間，默契十足。

「達森，股價有什麼變化嗎？」溫寧克問道。

「噢，剛掉到 595，又回到 600 了。」達森回答。

溫寧克主持這類法說會已有二十幾年了，「每次上場都像登台表演，那一個小時，你完全暴露在投資人的檢視之下，無所遁形。」

ASML 成長快到整個公司都開始發出聲響了，就像在維荷芬的總部大樓，每當強風吹過，都能聽見鋼骨結構發出低沉的呻吟。「這是正常的啦！」溫寧克一邊安撫地說，還模仿了那個聲音。

不遠處，工人正在為維荷芬園區的物流中心做最後收尾。這座三十五公尺高的先進倉儲設施，總長近一公里，面積相當於十座足球場，不到兩年就蓋好了。頂樓能容納三千名員工辦公，樓下則有三萬個棧板存放空間。

過去，ASML 的物流中心分散在各處。備用零件和新機台的零組件分別存放在不同倉庫，組裝完成的系統則是在另一個廠房包裝出貨。但這棟新大樓把所有的物流作業整合在一起。這就是 5L，是 ASML 的新心臟，負責處理所有進出貨的物流。

這座新物流中心配備移動機器人、自動倉儲系統，以及分送包裹的螺旋滑道，堪稱技術頂尖之作。所有設施都完美連接到主動脈──也就是通往 ASML 工廠無塵室的中央走廊。至少在規劃圖上，一切看起來十分完美。

2021 年 7 月底，5L 正式啟用。但 ASML 這條新命脈一啟動就塞住了。所有可能出錯的地方都出錯了。倉儲管理系統無法與工廠的軟體整合。電路燒壞、現場沒有包裝箱，也沒有標籤。零組件進入 ASML 工廠以前都需要徹底清潔，但現在這個流程也無法完成。進出貨完全癱瘓。

供應商的貨車在倉庫外大排長龍，反映了內部也在大塞車的混亂狀況。有些司機憤怒地上推特抱怨：「在這裡枯等一個半小時了。」有些司機乾脆先去跑其他配送，結果沒多久又被叫回來，因為 ASML 急需那些零件。一位貨車司機在推特上怒罵：「荷蘭最

爛的地方，地址就是 ASML 的 5L。」

史泰納克在度假時收到韓國客戶的訊息：「我們訂的曝光機在哪裡？這時不是應該已經上貨機了嗎？」原來物流中心找不到任何包裝材料，機台還滯留在 ASML。史泰納克希望這只是暫時的壅塞，並在回信中提到「倉庫搬遷出了點小問題」。但一週後她返回工作崗位時，發現 5L 已經完全癱瘓。偏偏這時公司正處於急速成長期，客戶都在拼命催貨。

第一週，沒有人敢向高層報告 5L 已讓工廠停擺的事實。8 月初，溫寧克帶著英特爾董事長歐馬爾·伊什拉克（Omar Ishrak）參觀 ASML 工廠時，眼前的景象讓他們大吃一驚。無塵室裡看不到半個工人的身影。「這是怎麼回事？」他問了一名員工，「人都去哪了？」

「都回家了。我們已經一個多禮拜沒收到任何材料了。」員工回答。

溫寧克用荷蘭語交談，以免讓客人察覺到問題。生產全球最複雜機器的公司，竟然連搬個倉庫都搞砸了。伊什拉克一離開，溫寧克臉上的客套笑容立刻消失。他怒氣沖沖地衝回辦公桌，迅速發出一封電郵：「這到底是怎麼回事？」

在下一季的財報法說會上，達森委婉地表示，ASML 的物流中心遇到了「初期運轉問題」。與此同時，ASML 已經組成一個危機處理小組。5L 的問題導致備用零件無法送達晶片廠，在全球晶片嚴重短缺之際，最不能發生的就是機台大規模停機。ASML 可以感受到整個產業的重擔都壓在肩上。

8 月初，ASML 發出緊急動員令，懇請數千名員工去支援 5L。

電郵中的用詞充滿了急迫感:「你的協助很重要!」不久,來自公司各部門的志願者就湧入現場,忙著處理出貨單和包裝用的氣泡布。由於系統無法使用,他們別無選擇,只能靠人工作業,否則什麼也做不了。

志願團隊穿著黃背心,物流人員穿著藍背心,他們已經給 5L 取了個綽號:「5-Hell」(五地獄)。工廠員工早在幾個月前就警告過,搬遷可能會出問題,但這些聲音始終傳不到高層的耳裡。

5L 的問題造成數億歐元的營收損失,也讓員工壓力爆表。2022 年,員工委員會在評論董事會的薪酬政策時,對這件事表達了他們的深切憂慮。高層的獎金完全沒有反映基層的混亂狀況。工廠的請假人數增加,公司諮商師的預約時間都額滿。在交機壓力下,員工覺得自己不能說不,這讓他們陷入進退兩難的困境。

而公司對客戶從來不會說不。儘管 ASML 的訂單已經爆滿,但「辦得到」的心態早已根深柢固,ASML 使出渾身解數提高產量。他們重複使用零件來擴充產能,甚至開始自己經營快速配送服務。一般來說,機台需要測試兩次:一次在維荷芬,一次在晶片廠組裝完成後。現在他們把部分的維荷芬測試移到客戶端進行,藉此縮短三到四週的交期。晶片製造商立刻接受這個提議,與其等上好幾週才收到完全測試過的機台,他們寧可先收到可能可以運作的機台。畢竟,他們還得應付急著要貨的汽車製造商和氣急敗壞的政治人物。

5L 造成的嚴重延誤足足持續了三個多月。事後的深入調查指出,這完全是一場管理疏失。管理階層嚴重低估了風險,他們原本以為只是工廠的小型搬遷專案,沒想到卻演變成全公司的心臟手

術。更慘的是，他們完全沒有準備應變計畫。連 ASML 的營運長施奈德也被這場危機搞得措手不及。

這次危機爆發後，有些管理者被調職，但沒有人被開除。懲處從來就不是 ASML 的企業文化。史泰納克嘆言：「缺乏問責制度也是我們的一個弱點。」但溫寧克有不同的看法：「當然，我們都很生氣。在其他公司，負責人可能早就被開除了，但我覺得我也該負責任。在這種時候，我們每個人都應該好好自省。」

物流中心的志願行動雖然促進了同事情誼，卻也讓 ASML 不得不面對一些殘酷的事實。人資長貝利艾（Peter Ballière）解釋：「我們不懂得如何成長。我們太專注於客戶和產品，反而忘了照顧自己。」

2018 年，貝利艾加入 ASML 時，他以為自己即將進入一個流程完美的高科技天堂。但現實恰恰相反，ASML 嚴重落後。一家大公司該有的制度和流程，這裡幾乎都沒有。

貝利艾曾在汽車產業工作多年，汽車產業凡事講求最佳化，每分錢都要精打細算。但他發現，ASML 有自己的遊戲規則。準時交貨最重要，獲利反而成了次要考量。

ASML 已經發展到必須改善流程的規模，「但不能變成官僚體系。」貝利艾補充道。如果說有什麼字眼最能惹惱 ASML 的人，那肯定是「官僚」兩字。

公司在推動組織變革時，舉步維艱。技術人員要求的自由度，往往與後勤部門強調的制度規範產生衝突，導致「牛仔派」和「制度派」之間的矛盾日益加深。這種對立在 ONE 計畫（Our New Enterprise，我們的新企業）的執行過程中最為明顯。

ONE 是 ASML 改善庫存管理的長期計畫。每台掃描機都是由數十萬個零件組成，這項任務對任何人來說都不是件簡單的事。這些零件來自數百家不同的供應商，而且規格持續變動——幾乎沒有兩台機器是完全相同的。公司的企業資源規劃系統（ERP）仍在使用 Y2K 時代的軟體。原本預計日後會全面升級，但最終當然沒有下文。

於是，這就成了溫寧克口中的「科學怪人」，拼拼湊湊的庫存系統就此應運而生。這套系統至今仍在 ASML 勉強地運作，靠著螺絲、補丁和一堆讓人摸不著頭緒的操作介面維生。

當晶片廠的機台停機時，備用零件必須現場就有，或立刻緊急空運過去。每當發生這種情況時，ASML 通常會花大錢搶先使用商業貨機的載運空間，其他的貨物常常被迫讓出空間。但 ASML 的包裹寄送常出問題——例如內容物不對、寄錯東西，甚至還有空箱被空運到世界各地的鬧劇。這些問題簡直是一場惡夢，就像科學怪人一樣令人頭痛。

在其他的改善方案都失敗後，ASML 把希望寄託在 ONE 計畫上。2019 年，ASML 的威爾頓分部成為第一個測試系統的單位。但美國員工很快就撞上了官僚體制的高牆：有些零件明明在倉庫裡，卻因登錄錯誤而無法出貨。他們每次得到的回應都一樣：系統說不行。

ONE 計畫與公司長年累積的工作習慣與應變捷徑產生嚴重衝突。一位員工氣急敗壞地抱怨：「一邊的人催你趕快送料給急需件的晶片廠，另一邊的人又要你遵守所有規定。」她還很倒楣地必須向布令克解釋：由於 ONE 系統的行政程序出了一些問題，要等

上幾週才能拿到威爾頓的原料。布令克一聽氣炸了：「你瘋了嗎？現在就開車去倉庫把零件拿出來。」

就像 ASML 生產的機台一樣，ASML 的規劃也充滿不確定性。新蓋的廠房和辦公室經常很快就不敷使用，物流中心才剛啟用就顯得擁擠不堪。這種情況一再重演。2013 年，ASML 斥資六億歐元蓋了一座 EUV 工廠，但事後發現，實際需要的電力和氫氣遠遠超過規劃。為了修正錯誤，ASML 不得不重新安裝管線，白白浪費了數百萬歐元。

但這種靠猜測的做法似乎難以避免。工廠必須在確定機台如何運作、有多少客戶下單以前，就必須先蓋好。ASML 唯一確定的是：如果要把所有的風險都考慮進去，就永遠無法準時交機。建造新的無塵室時，每一週的工期都關鍵無比。在荷蘭全國性為期三週的建築工期休假期間，維荷芬的承包商若願意繼續趕工，就能獲得豐厚的獎金。

ASML 也接受組織運作無法隨時處於最佳狀態的現實。范霍特甚至為此發展出一套理念：「當然，重複上千次的事情就該標準化。但如果排除一個低效率問題要花太多時間，反而耽誤了其他更重要的事，那就該學會先容忍那種低效率。講究效率與完美的人可能會問：『難道不能事先防範嗎？』但我們的態度是：就讓它去吧，別再糾結了。」

這種做法，只有營運良好的公司才能擁有的餘裕。以 2021 年為例，ASML 的獲利近六十億歐元，比前一年成長了 70%。

但那一年接二連三發生的組織問題，也迫使 ASML 不得不面對殘酷的現實。「我們對物流上的重大疏失有個盲點，」溫寧克

解釋，「我們能做出 EUV 機台，就以為什麼事情都難不倒我們了。」這些技術高手可以一眼看出曝光機的技術問題，物流問題卻要等到客戶打電話來問：「嘿，我的機台在哪裡？」他們才驚覺事態嚴重。

這個問題促使 ASML 於 2023 年增聘韋恩・艾倫（Wayne Allan）為董事。艾倫有豐富的營運經驗，負責改善採購及管理供應網絡。這項任命改變了董事會中「牛仔派」和「制度派」的勢力平衡。布令克一直以來都是 ASML 自由技術文化的捍衛者，他堅信這種文化絕不能被程序和流程所束縛。在會議中，只要一提到 KPI（關鍵績效指標），他就會憤而離席。他認為那根本是在浪費時間：「我要去隔壁房間討論實質內容，想討論 KPI 的人就留在這裡吧。」

但 ASML 清楚知道，它必須改造組織架構，否則整個營運體系可能再次崩潰。經歷了 5L 事件的慘痛教訓後，維荷芬啟動了一個「改良版」的改善計畫。BPI（Business Performance Improvement，商業績效改善）這個新縮寫其實是在處理一個老問題：如何在數百家供應商所組成的網絡中，妥善管理那些不斷變動的產品物流。

BPI 打算用 ASML 製造機台的方式來管理庫存：採用嚴格的專案管理制度。這樣一來，再棘手的問題都能分解成小部分，並設定明確的里程碑。至少理論上，這是馴服這頭怪獸的一種方法。

BPI 專案是從機台設計的基本面著手，因此由 ASML 的技術長布令克管轄。說到底，他也想整頓這片混亂，但還是希望能保留一點點混亂的空間。

36
先看清楚細則

現場陷入一片混亂,但主人卻樂在其中。

2016 年夏天,ASML 一年一度的高層烤肉聚會,竟變成了一場泥巴大戰。聚會在布令克位於偏僻地區的私人住所旁,那條路甚至還沒鋪好柏油。來賓把車子停在附近的空地,沒想到一場傾盆大雨過後,整片空地成了泥沼。五十多輛車全陷在泥濘裡動彈不得,連布令克從鄰居那裡借來的拖拉機也深陷其中。他只好再請來另一輛拖拉機救援。

布令克趕緊換上舊衣服,再穿上他最愛的格子襯衫,心想這下有趣了。

布令克並不是在幸災樂禍,而是在觀察這場在布拉邦的泥地真實上演的社會實驗。ASML 的高層都急著脫困,在自己的車旁手忙腳亂,有人還跟伴侶起了爭執。人在壓力下最容易顯露本性──這反而成了深入了解同事真實面貌的最佳時刻。

法籍董事施奈德的 Renault Espace 休旅車深陷在泥沼中動彈不得,梅林開著他的四輪傳動 Volvo 從旁輕鬆超車。梅林不只選車選

得巧,給的建議更是一針見血:「停車一定要倒車入庫,而且要確保退路暢通。連原始人都懂這個道理。」

幾個 ASML 的員工試著從另一個出口離開,卻被零散的樹樁卡住。一位特斯拉車主的系統怎樣都無法切換到越野模式,只能眼巴巴看著同事埋頭研究使用手冊,束手無策。

一輛 Saab 轎車被拖拉機拖得更深陷泥沼。財務長沃夫岡・尼克爾(Wolfgang Nickl)不放心讓別人碰他的車,更別說用拖拉機了,他決定自己來。他太太穿著高跟鞋、白色晚禮服,在後面幫忙推車,而他坐在駕駛座上。「一、二……推!」車子猛然向前衝,他太太也隨之撲倒,整張臉栽進泥巴裡。最後,他們花了四個多小時,才把所有的車輛都救出來。

在布令克的眼中,ASML 就是一個大型的社會實驗。他喜歡製造點混亂,故意挑戰別人,只是想看大家在壓力下怎麼反應,會不會慌亂。他就像貓逗老鼠一樣,透過挑釁測試別人的反應。不過,只要發現有人遇到困難或技術問題時,布令克就會鼓勵其他人伸出援手:「看到他在那裡卡關了嗎?快去幫他。」

和他共事過的人說,布令克有過人的洞察力,彷彿能看透人心。他能察覺出不對勁的地方,但從來不會直接告訴你該怎麼做。在他面前,你要敢於與他交鋒,為你的立場據理力爭,而不是對他言聽計從。研發長班斯科普對此深有體會:「在布令克面前,最糟的就是說:『噢,長官英明,您的計畫太棒了!』」

在這種混亂、吵雜的技術辯論中,往往能激發出最有創意的解決方案。這也是發現問題的最佳方式。畢竟,曝光機只要有一個環節出問題,即使只是一顆螺絲鬆了,整座晶片廠也會停擺。

因此，連 ASML 的領導高層也得清楚掌握技術細節。「這其實有時候會讓人覺得很煩，」范霍特解釋：「好像我們總覺得自己比較懂，但其實不是這樣。我們需要掌握細節，才能明白問題出在哪裡。我們必須深入挖掘，弄清楚某個錯誤是一年才發生一次，還是會經常出現。」

布令克的領導方式為 ASML 獨特的企業文化奠定了基礎。他努力在這家全球科技巨擘中，保留新創公司的熱情。有人可能會說這是不可能的任務。確實，這一路走來經歷了不少風風雨雨。

ASML 有許多主管想模仿布令克的風格，公司裡甚至為這種行為取了一個名稱：布令克模仿症（荷文是 Brink Imitatie Gedrag，縮寫成 BIG）。這種直來直往的風格，在技術團隊特別流行。同事之間毫不客氣地互嗆，即使是以荷蘭人的標準，高層之間的互動也是火藥味十足。財務長達森打趣地說：「來這裡工作以前，應該先看清楚說明書上的細則。」這份工作的副作用包括心臟變堅強、臉皮變厚。

2019 年，達森推動 ONE 系統卻處處遇到困難時，同事對他的批評毫不留情。他心裡明白他們是對事不對人──畢竟，大家都知道那是棘手的任務。但大家砲轟他的強度，還是令他難以招架。他剛加入 ASML 時就發現，這裡的人總是劍拔弩張。「剛開始我心想：『天啊，這是怎麼回事？』但一走出會議室，這些人又會互相拍拍肩膀，一起去喝咖啡或啤酒。」

在 ASML，挑錯已成為大家的頭號任務，而且不只侷限於技術層面。貝利艾發現，連簡報用錯字型這種小事，同事們也會嚴格指出來。2018 年，貝利艾接手人資部門時，就經歷了這種嚴酷的洗

禮。他首次向董事會報告歐洲複雜的隱私法規時，還沒講完就被打斷了。他對法規細節的掌握不夠透徹，而在這個層級，那是高層無法接受的。董事會告誡他：「在 ASML，你必須時時刻刻都能掌握細節。」你可不是來這裡愜意地喝下午茶，而是在打硬仗。這位新上任的人資長走出會議室時，以為自己馬上就要被炒魷魚了。

許多 ASML 的員工都有類似的九死一生經驗。你必須熬過這些折磨，自己重新站起來，然後在一些戰役中獲勝。這是考驗一個人是否適合這裡的方式：你要有真本事，但不能自視甚高。在 ASML，你會經常遇到完全不懂的事情，所以根本不會去炫耀自己懂的東西。溫寧克說：「ASML 的人一眼就能看出誰有真材實料。」他們欣賞那些把公司利益擺在個人利益之前的人。

ASML 這種不斷挑錯的風氣，往往導致新人被各種嚴格的規定搞得焦頭爛額，或是直接被嚇跑。ASML 一向很難留住「空降部隊」，尤其是管理職。公司裡甚至為這些新同事取了個綽號：「空降領帶族」（荷文是 Horizontaal Instromende Stropdas，簡稱 HIS）。在公司創立的前三十年，關鍵職位幾乎不用外來的人，這導致 ASML 始終與外界有點隔閡。

2013 年，溫寧克和布令克一起升任總裁時，ASML 開始為員工提供「文化意識」培訓，讓他們了解這種直來直往的風格在其他國家的同事眼中是什麼樣子。第一課是：「說話或做事前，先設身處地為他人著想。」但對許多 ASML 的員工來說，這種同理心是單向的，是要別人來遷就他們。他們認為所有人都應該盡量像荷蘭人那樣——直截了當，有話直說，這樣才對。

然而，不是每個人都在荷蘭這種直接的文化中長大。ASML 在

全球各地雇用了來自一百四十四個國家的員工,而且整體的教育水準都很高。九成的員工都有大學或更高學歷,從物理學家、機械工程師,到軟體開發人員、電腦專家都有。他們都是因為對科技的熱情而齊聚一堂。不過,總部維荷芬和海外分部的理工背景員工,在文化上差異很大。在亞洲,ASML的風格比當地企業的嚴格階級制度寬鬆得多。在亞洲,就算老闆再怎麼無能,你也不能公開批評他。為了讓國際員工安心,ASML設立了一個名為「勇於表達」的匿名申訴管道,讓員工能夠檢舉主管的不當或不道德行為。這是讓員工發聲的一種方式。

對美國的七千多名ASML員工來說,荷蘭人的直率往往顯得強勢又咄咄逼人。聖地牙哥分部的員工表示:「我們美國人絕對不會這樣對待彼此。」

2001年,ASML收購位於威爾頓的SVG時,當地員工起初覺得荷蘭同事很強勢、咄咄逼人。而且文化差異還不止於此:美國員工不太願意把問題直接攤開來說。這跟美國人追求完美、強調勝者心態的文化有點衝突。

為了幫威爾頓的員工克服這種顧慮,ASML安排了培訓。ASML把這個課程比喻成管理荷蘭的海埔新生地。海埔新生地需要興建堤防來擋水,每個人都必須相信其他人有確實檢查好自己負責的那段堤防。這種比喻的寓意是:別遮掩自己的不足,要讓別人知道你需要什麼幫助。就像荷蘭著名童話《漢斯耶‧布林克》[10]

---

10 《漢斯耶‧布林克》的故事是描述一個叫布林克的小男孩用手指堵住正在滲水的堤壩,暫時阻止了可能發生的洪水災害。

（*Hansje Brinker*）所說的，別想靠一己之力拯救世界——如果你只用自己的手指堵住堤防的破洞，最後大家都會淹死。

在荷蘭這種低地國，頭銜不怎麼重要。你是靠真本事贏得尊重——最好的點子就是這樣產生的。

奈米微影精密研究中心（ARCNL）的前所長弗倫肯（Joost Frenken）認為，這是科學的理想狀態。他與 ASML 密切合作多年，他說：「沒有人命令別人該做什麼，如果你有好點子或發現錯誤，就說出來。即使是剛來一週的新人，也被期待要參與討論，提出看法。」他認為這是荷蘭人的特色，「在其他國家，階級制度成了絆腳石，高層的自尊心扼殺了集體思考的力量。」

在維荷芬，職位高低雖然沒那麼重要，但這片叢林仍有其生存法則，溫寧克對此瞭若指掌：敢說敢言，有話直說，準備大量的投影片，用滿滿的數據來轟炸你的同事。

在 ASML，每天都充滿競爭：誰能展示最多數字？誰能在別人的簡報中挑出最多錯誤？前研發長赫曼·布姆（Herman Boom）說：「總會有人跳出來說你的東西不對。工程師要消化好幾週才能接受自己錯了。至於讚美那個指出錯誤的人？別想了。」

工程師是分組研究不同的解決方案，相互競爭，看誰的構想最終能用在機台上。最後的成果通常是彙集幾個方案的組合：很少發明能追溯到單一創始者。

在 ASML，大家很關注錯誤，但鮮少給予讚美。一位管理者透露：「我有一個同事在信箱裡特地開了一個資料夾，專門存放他收到的讚美。」為了鼓勵荷蘭人多給點讚美，ASML 還特地開發了一個叫「表揚工具」的應用程式。同事可以透過這個程式，在線上給

予彼此一個肯定。集滿一定的點數，就能獲得 50 歐元或 250 歐元的線上購物禮券。

技術上的里程碑，通常只會低調慶祝，可能就是發個 T 恤或拍張團體照。ASML 注重的是交付，永遠都有下一個截止期限在等著。不管是光源功率創下新紀錄、DUV 機台年產一兩百萬片晶圓、還是交付第兩百台 EUV 機台，ASML 的反應都一樣：頂多就是對你比個讚。范霍特說，千萬別急著慶祝第一次成功：「你永遠不知道第一台機器能不能穩定運作，說不定隨時都會燒壞。」

在 ASML，最棘手的問題總是最受關注，「簡單的問題」不夠有趣，也無法證明你是現場最聰明的人。這種現象催生了 ASML 特有的「救火文化」。一有狀況，員工就立刻跳出來處理，但對於如何預防問題發生，卻興趣缺缺。有位管理者這麼說：「ASML 崇拜英雄。如果你搭飛機去解決緊急狀況，你就是英雄。如果你只是按時完成承諾的事，大家不會有任何反應。」然而，這種救火文化也可能養出縱火犯——有人會故意製造問題，然後再「英勇地」解決，藉此出風頭。

ASML 就像一個被迫跑馬拉松的短跑選手。自 2009 年最後一次嚴重衰退以來，公司就一直大幅成長，根本沒時間停下來思考該如何改善組織。2023 年，晶片產業暫時放緩、客戶開始延遲訂單時，你幾乎可以感受到 ASML 有一點如釋重負的感覺，但也僅僅是「幾乎」而已。

此時，ASML 正忙著消化大量的新進員工。2023 年，三分之二的員工在 ASML 的年資不到五年，有四分之一的員工甚至年資不到一年。公司光是 2022 年就招募了一萬名新人，比原定計畫多了

六千人。有兩年以上資歷的員工，都被徵召成為教練和夥伴，協助新人適應ASML這個獨特的環境。這個做法似乎很有效，新進員工在入職一年後的留任率高達95％，這在科技業界可說是前所未見。但培訓新人需要時間，資深員工的工作負擔也因此增加了。

然而，最大的問題在於，ASML的管理者往往缺乏同理心和待人處世的技巧。即使你不把他們的咆哮或直接的行為當成針對你個人的攻擊，這種行為還是讓人難以消受。ASML的老員工或許已經習慣這種管理風格，但在其他企業，這種劍拔弩張的方式很容易讓人覺得太超過了。

2023年，人資長貝利艾說：「ASML渴望改變。」在他眼中，ASML就像個急需成長的青少年。這就是為什麼公司每年要舉辦一千五百多場領導力培訓課程，還要讓所有的管理高層參加研討會，為公司的未來做準備。隨著貝利艾即將在2024年退休，ASML必須加速成長。

即將到來的世代交替令人憂心。除了溫寧克和布令克，許多創業初期的工程師也將陸續離開ASML。這些元老擁有無價的技術知識，但ASML很快就無法再仰賴他們了。他們的知識是在任何手冊中都找不到的：全靠口耳相傳，從第一線實戰經驗中慢慢摸索出來的。這些老將對公司的運作瞭若指掌：他們知道需要時該找誰幫忙，或在茶水間該找誰聊天。隨著大批新人湧入，這些集體記憶正在消逝，老將也漸漸退場。過去自然而然發生的事情，現在都得寫成文件，訂成規則，否則就可能永遠失傳。

但ASML的人向來不愛受規矩束縛。大家都喜歡用自己的方式做事，這經常引發衝突。比如工廠和研發部門的員工就曾因爭奪

資源而起衝突。兩邊的主管只好祭出小學生那一套,決定在同一間辦公室裡工作,為員工樹立榜樣,藉此提醒大家其實都是為了共同目標打拼。

5L 癱瘓事件的核心也是源於同樣的問題。溫寧克對於 ASML 最需要什麼,自創了一個名詞:橫向忠誠度。他解釋:「新人一進來就只顧著鑽研自己的工作,這幾乎就像自然定律一樣。這種態度或許能把個別任務做好,但對整體來說並不是一件好事。」

ASML 需要更有經驗的領導者,來幫這些專精於特定領域的專才建立連結。它想培養出「T 型」主管──在某個領域有專長,又對周邊領域有足夠了解的人。要成為「T 型人」,你得在公司裡待上一段時間,歷練過不同的職位。

溫寧克也認為 ASML 的員工需要多走出自己的小天地。一如既往,這位執行長率先以身作則,調整自己的晨間習慣,讓自己更平易近人。每天早上七點半,他都會在 ASML 園區的 Plaza 餐廳喝咖啡,配上可頌和優格麥片。這個想法很簡單:「任何人想跟我聊天,都可以來找我。」每當有年輕的外籍員工鼓起勇氣,主動上前找他攀談,總是讓他心情愉快一整天。

ASML 文化與世代交替轉型

與此同時,ASML 在各方面的多元化都持續提升,不論是性別、性傾向、國籍,還是神經多樣性。1984 年 ASML 草創時那群蓄著鬢角、穿著白袍的嬰兒潮世代,如今只是公司裡的一小部分。目前的員工主要是 X 世代和 Y 世代,平均年齡三十九歲。

ASML 一直致力於提升女性員工的比例，因為目前女性僅占全體員工的兩成。有次電視台播出一部 ASML 的紀錄片，畫面中出現不少年輕的女性員工，布令克不禁打趣說，每天他周遭幾乎都是體重超重的白人男性。畢竟，公司高層的女性人數仍然有限，管理職中的女性比例只有約 11％。

　　但在史泰納克看來，公司並沒有系統性地貶低女性意見：「我以前讀物理系，早已習慣在女性稀少的環境中工作。在 ASML，只要談到專業內容，同事都會認真看待我的意見。我的性別並沒有影響他們，就算偶爾有影響，我也不在意。」有一次，其他部門的人轉向她的男同事，確認她在技術問題上的說法是否正確，她立即回應：「不好意思，我剛剛不是已經告訴你就是這樣了嗎？」

　　ASML 的自閉症或注意力不足及過動症（ADHD）的員工比例，遠高於一般企業。ASML 的工作性質非常專業化，需要長時間專注於複雜問題中的細節，這正好適合有自閉特質的人。布令克本人也坦言自己有閱讀障礙，並積極主張招募這類神經多樣性的人才。他們正是 ASML 需要的分析型和創意型人才，但往往也比較難設身處地為他人著想。

　　要把這麼多性格各異的新面孔融入運作順暢的組織中，是一大挑戰。如何在四萬多名充滿主見、學歷優秀的員工之間維持和諧？ASML 宣稱它提供的工作環境可讓員工自由展現與眾不同的一面，但它同時也要求員工顧及同事的感受。2020 年，ASML 提出了三大核心價值，所謂的「三 C」：Challenge（思考辯證、勇於表達）、Collaborate（團隊合作、共創雙贏）、Care（關懷傾聽、尊重包容），這三 C 正好反映了上述的矛盾。ASML 已經把合作精神納

入獎勵制度中,只顧自己的工作而不願與他人合作的員工,獎金較少。在 ASML,從來不缺思考辯證,但關懷傾聽這點還有待加強。

就在新冠疫情爆發之前,ASML 發給所有的員工一副卡牌遊戲,目的是強化三 C 精神。這款遊戲類似「字母類別遊戲[11]」(Scattegories),但卡牌上印了數十個個人問題,例如:「本週你為同事做了什麼?」或「上次有人請教你的意見是什麼時候?」這個遊戲在疫情期間幫大家維持了同事間的情誼,但在疫情過後,工作量暴增,大家就無暇玩卡牌遊戲了。

貝利艾認為,這三大核心價值反映了布令克的處事方式:「大家不該模仿他的行事風格,而是要學習他的初衷和價值觀。了解布令克的人都知道,他其實很關心大家。他確實作風強勢,但那不是為了他個人或政治考量。」

布令克的領導風格在晶片產業並不罕見。一位監事會的成員指出,這種風格在媒體產業也很常見,常由一位有遠見又講究細節的領導者掌舵,對團隊的投入程度要求極高,就算偶爾必須用吼的。ASML 的工作現場也是一樣的組合:微觀管理加上緊迫時程。如今的 ASML 像一支隨時待命的部隊:事情最好昨天就完成,不然明天就落伍了。布令克形容他在會議中的火爆作風是「以論據為基礎的公平論戰」。不過,隨著任期增長,他的處事方式也逐漸圓融,「我大吼不是因為知道對方怕我,還想讓他更怕。我是為了推動事情,讓事情動起來,這是我帶著情緒說話的原因。不過我也不是對

---

[11] 玩家需要在限定時間內,根據指定的字母來列舉符合特定類別的詞語。比如,如果類別是「水果」,而字母是 B,玩家可能會寫下 Banana(香蕉)。

每個人都一樣,對不同的人,我會用不同的方法。」

疫情期間,當全世界都改用 Teams 和 Zoom 開會時,要拿捏適當的「情緒」強度變得很困難。他回憶道:「視訊會議讓我失去了八成的即時反饋。」布令克需要觀察對方的肢體語言,但是當大家都變成螢幕上的一個小方格時,這很難做到。

即使在旅行限制下,他仍堅持親自與亞洲客戶面談。2021 年 9 月,布令克和溫寧克一同飛往台灣,在新竹的英迪格酒店與台積電的高層會面。他們抵達時發現,整間飯店完全一分為二:一半給 ASML,另一半給台積電的人員。

溫寧克和布令克全程都受到監督。每當他們離開房間,就有人帶領他們沿著預定的路線,前往飯店中央的一間大型會議室。會議室的中央有一道分界線,與會者隔著壓克力板,彼此相距四公尺而坐。現場還有警衛駐守,確保所有人都戴著口罩,連用餐時也不例外。與會者幾乎都聽不清楚對方說話,必須使用麥克風溝通。「儘管如此,那仍是一場精彩的會議。」布令克事後總結道。壓克力板或許能阻擋病毒的傳播,但擋不住他解讀他人的目光。

37
我家後院免談！

弗里茲・飛利浦（Frits Philips）若在天有靈，想必會感到驕傲。此刻，在恩荷芬市立音樂廳、以這位工業傳奇人物命名的飛利浦演奏廳裡，現場樂團表現得精彩絕倫。其他場地傳來的聲音也融入其中，跟印尼流行樂融合成一體：有印度舞蹈節奏、南非搖滾，再加上巴西嘉年華的熱鬧收尾。這些表演者有個共通點：他們都是ASML的員工。這家高科技公司已經把恩荷芬及周邊地區打造成一座薈萃全球人才的國際化都會。這是一年一度的「ASML音樂節」（ASML On Stage），歡迎所有ASML的親友與鄰居前來共襄盛舉。

2023年3月，ASML已成為萬眾矚目的焦點。不是它刻意要出風頭，而是公司的規模已經大到無法躲在其他布拉邦企業的背後了。長久以來，這家位於維荷芬的晶片設備製造商一直與達富重車（DAF Trucks）、飛利浦、晶片製造商恩智浦、VDL集團，並列為當地的「五大」製造企業。但自從2020年曝光機的需求暴增以來，ASML便一舉超越所有對手。它不僅是成長最快的企業，更

是最大的雇主，也是研發投入最多的公司，2023 年的研發經費高達 40 億歐元。布拉邦的東南部已然成為荷蘭高科技產業的智慧中樞，那裡也因此有「智慧港」之稱。

ASML 的總部坐落在 A67 高速公路和肯本班大道（Kempenbaan）這條路之間的狹長地帶。想親眼目睹這家公司的快速擴張，可以從 N2 高速公路的維荷芬南出口下交流道，或是從恩荷芬中央車站搭乘開往德倫工業園區（De Run industrial park）的公車。

1980 年代那棟「白色帽子」造型的舊總部大樓，在 2022 年被拆除。不久後，一座能容納上萬名員工的全新辦公大樓群就在原址拔地而起。舊大樓的一小塊外牆被特地保留下來，作為創業初期的紀念。說到往事，還有個有趣的插曲：1986 年 12 月 12 日週五，高齡八十多歲的飛利浦先生堅持親自開車來參觀 ASML 總部。結果他不小心開到另一棟白色建築物──辦公家具製造商 Ahrend 的所在地。當然，他們不會錯過這個機會，立刻熱情地帶這位德高望重的企業家參觀。與此同時，ASML 的管理高層則是越等越著急。經過幾通市內電話的聯繫後，他們總算找到這位迷路的貴賓。他當天稍晚終於抵達正確的白色大樓，對眼前的一切留下深刻印象。離開時，他低聲留下了一句智慧的叮嚀：「諸位，要堅持下去。」他們確實做到了。

如今的 ASML 總部一眼就能被認出來。位於德倫工業園區的廠區不斷擴建，這家晶片設備製造商在擴張過程中，不斷吸納周邊的土地、道路、商家和民宅。他們甚至買下了整條街道，包括十三戶民宅和附近的一座運動中心，打算日後拆除重建。就像在玩大富

翁遊戲。不過，這家科技巨擘更像是在玩扭扭樂[12]（Twister）。為了取得任何可用的土地，他們使出渾身解數，還得小心避免在快速擴張的過程中失去平衡而跌倒。但事情不可能盡如人意。比如，2023 年，ASML 不得不拆除部分辦公室和研發部門的建築。雖然這樣做是浪費資產，但工廠迫切需要空間來擴建無塵室。他們根本沒有猶豫的餘地，只能拆除重建。

附近居民看著這個龐大的鄰居不斷地改變地界、建新大樓，常常看得一頭霧水。2023 年，ASML 在所有據點的新建工程上投入了逾十億歐元。

每當涉及變更地目時，維荷芬市政府總是強調這家晶片設備製造商在「全球、全國、全區域」層面的經濟重要性。換句話說：必須允許它繼續長大，就算必須「往上長」也沒問題。標準型 EUV 系統有三到四公尺高，新型的 High NA 系統更高達五到六公尺。再加上吊運零組件所需的空間，以及專門用來處理無塵室空氣的樓層，最終工廠的高度會達到二、三十公尺。即使種植再多的環保綠地，設置再多的隔音牆，也遮擋不住這座建築在該地區的龐大身影。

隨著設備變得越來越複雜，ASML 希望工程師團隊能夠緊密合作。研發部門不鼓勵遠距工作，而是希望數千名技術人員都聚在一起。這樣不僅方便討論各模組之間的介面連接，也有助於加強與工

---

[12] 這個遊戲要求玩家按旋轉指針的指示，把手腳放在遊戲墊的四色圓點（紅、藍、黃、綠）上。玩家需要依指示移動指定的手或腳到對應的圓點，過程中需要保持平衡，避免身體的其他部位觸地。遊戲挑戰身體的靈活性和平衡力，逐漸增加的困難度會使玩家扭曲成各種姿勢。最終，維持到最後不跌倒的玩家獲勝。

廠的協作效率。就像布令克在他的互動理念中強調的，面對面交流能讓 ASML 員工更容易「解讀」彼此的想法。這確實減少了溝通誤會，卻也增加了通勤人潮。

對布拉邦東南部的通勤族來說，這真是一段艱難的時期。多數人開車上班，導致肯本班大道的聯外道路和周邊的高速公路天天塞車。儘管 ASML 不斷地蓋停車場，卻似乎永遠都不夠用。

2019 年，ASML 投入 1,250 萬歐元，協助改善當地道路、增設接駁巴士，並推動單車替代方案。他們甚至參與了政府主導的「交通行動服務」（Mobility as a Service，簡稱 MaaS）試驗計畫，希望藉此鼓勵員工改變開車通勤的習慣。然而，當維荷芬周邊的交通壅塞恢復到疫情前的水準時，政府發現這個紓解車流的方案並不管用。大家覺得 MaaS 計畫「過於複雜」，所以計畫在 2023 年被迫喊停。取而代之的是公司開始提供員工免費搭乘大眾運輸工具，並增設單車停放櫃。如今，維荷芬園區約有四成員工騎單車通勤，超過了全國平均水準。

但改善園區交通的計畫往往受到在地居民的阻礙。恩荷芬的居民反對在德倫與高科技園區之間開闢一條四公尺寬的快速自行車道。ASML 打算在周邊地區興建大型停車場的提案也收到類似的抗議。沒有人希望在自家後院看到能停放兩千五百輛汽車的大型停車場。

事實上，ASML 的擴建計畫幾乎從來沒被拒絕過。偶爾可能需要改一下設計圖，或像蓋那棟二十二層總部大樓時那樣，補償一些抗議的居民，因為當初根本沒申請建照。「這裡可不是新加坡。」一位省政府的專案管理者這麼說。就算是全球型的企業，在維荷芬

也得遵守規則。然而，要把 ASML 所有的擴建計畫都塞進這座小鎮，就像摩爾定律一樣，難度與日俱增。

多年來，智慧港地區持續四處湊資金，希望改善基礎建設。然而，為了因應 ASML 預計翻倍的規模成長，這裡需要更龐大的預算。由九個市鎮組成的恩荷芬大都會區，到 2040 年將需要增加約六萬兩千戶住宅及七萬兩千個就業機會。若把整個智慧港地區的二十一個市鎮也納入計算，又需要再增加十萬戶住宅。如此龐大的成長規模不能完全歸咎於 ASML，但它確實是主要推手。根據智慧港的估算，ASML 每增加一個工作機會，就會在該區額外創造 1.5 個就業機會。ASML 認為那個數字其實還太保守。高科技業也會帶動營建、醫療、教育等領域的工作機會，如果把這些都納入考量，實際數字可能是額外創造出兩三個工作。

智慧港基金會（Brainport Foundation）是該區的神經中樞，當地政府、企業、教育機構齊聚於此共同合作。他們團結一致，形成統一戰線，向中央政府爭取更多的財政支援。但無論這些市鎮的市長和企業如何到中央政府敲門請願，南部的高科技製造業依然得不到多少實質援助。這觸及一個敏感的歷史議題。布拉邦位於「蘭斯台德」（Randstad）之外——這個匯集了荷蘭所有主要城鎮、聚集了全國半數人口的都會區域，長期以來掌握著政治權力、文化資本、國家補助，使南部地區處於不利地位。然而，智慧港基金會指出，布拉邦的研發投資已經超越蘭斯台德。此外，由於 ASML 及其供應商網絡的貢獻，恩荷芬周邊地區的人均附加價值已經超過鹿特丹或阿姆斯特丹。

中央政府對智慧港地區的請求總是左耳進、右耳出。在多數政

策制定者的眼中，ASML 生產的設備太過艱深難懂，它面對的市場也同樣令人摸不著頭緒——大概跟晶片或電腦有關，但他們也說不太清楚。2018 年，呂特內閣更關心如何透過廢除股息稅來留住大型跨國企業。然而，他們耗資數十億歐元的計畫，最終以失敗收場。聯合利華（Unilever）於 2020 年離開荷蘭，殼牌石油（Shell）則是在 2021 年把總部遷往英國，完全脫離荷蘭，成為純英國企業——當英國選擇脫歐時，殼牌反而選擇「投奔」英國。林堡省（Limburg）的食品公司 DSM 也跟進，成為第三家出走的跨國企業。飛利浦雖然留在荷蘭，但已今非昔比，市值遠不及 ASML。

直到晶片嚴重短缺，加上地緣政治的緊張局勢急遽升溫，中央政府才終於醒悟。ASML 不僅是荷蘭最大的跨國企業，更是重要的就業創造者。它需要協助，才能持續發展及帶動周邊地區前進，但相關部會的行動依然緩慢。多年來，財務長達森與智慧港基金會的其他管理高層一直向政府爭取財政支援。巧合的是，那通關鍵電話打來時，達森正好在附近——只不過是在幾千英尺的高空上。

2022 年 6 月，經濟部長亞德良森與外貿部長施萊內馬赫搭乘荷蘭政府專機，前往柏林參加會議。財務長達森也在場，他和其他科技公司的代表一同坐在機艙的後方。當飛機進入德國領空時，亞德良森致電基礎設施部長馬克・哈柏斯（Mark Harbers），詢問他是否願意考慮撥款給智慧港地區，哈柏斯同意了。於是，2022 年底，荷蘭政府透過一項多年期的基礎建設與交通計畫，為智慧港地區的基礎建設和住房改善撥款 16 億歐元，其中三分之一的費用是由地方政府和省政府負擔。同時，在企業界的資助下，將打造一條從恩荷芬中央車站通往德倫工業區的優質大眾運輸路線。然而，這

些措施仍然不夠。維荷芬周邊需要建立新的交通樞紐來緩解壅塞。此外，還有住房問題，這裡有大量的住房需求。根據各方的預測，未來二十年恩荷芬的人口將從二十三萬增加到三十萬。當然，許多ASML員工都想住在市區，但建設進度緩慢，新進員工不得不在周邊城鎮尋找住處，這又加劇了交通壅塞的問題。

外籍新進員工在住房市場上享有優勢。他們在荷蘭的最初五年可享租稅優惠，而且薪資的30％免徵所得稅。這讓他們在購屋出價時擁有更大的彈性，卻使一般收入的民眾望房興嘆。當荷蘭的政治人物提議取消這項租稅優惠時，ASML和其他的科技公司立即表達強烈反對。他們認為這項優惠對於吸引及留住國際人才非常重要，有助於荷蘭的經濟成長。然而另一方面，荷蘭嚴重的住房危機，正迫使許多收入一般的年輕人與父母同住。這個問題短期內看不到解決的希望。

在布拉邦，大家常懷念飛利浦當年處理住房短缺的方式。1930年代，這家電子公司建造了一個完整的社區：德倫茲村（Drents Dorp），專門安置來自北部的移工及其家屬，裡面有數千戶住宅。在那個年代，婦女和孩子都到工廠工作，他們的手比較小，最適合組裝設備，男人則留在家裡種菜。因此，德倫茲村的房子都有特別長的庭院。

ASML並沒有打算蓋一座自己的村莊，但確實透過智慧港的名義，投入數百萬歐元設立住房基金。目標是讓中價位住房能夠維持在一般民眾（包括科技業以外的工作者）可負擔的範圍內。ASML不想成為另一個飛利浦，恩荷芬也不想變成另一個舊金山──舊金山只有少數人買得起房子，街頭充斥著無家可歸的人。

在維荷芬與恩荷芬定居的外籍員工持續為這個地區注入新活力，也為當地增添了全新的文化色彩。這些國際人士會相約在下班後一起運動。每個週末，印度與巴基斯坦籍的運動愛好者，都會在當地的 VV 赫斯特爾足球俱樂部（VV Gestel）打板球。目前恩荷芬周邊約有兩千到三千名印度人在此生活與工作，其中一條街住了十三戶南印度家庭，被當地人暱稱為「咖哩巷」。這個暱稱比「鍋城[13]」（Wokhoven）稍微友善一些，鍋城這個詞是用來戲稱定居在美荷芬（Meerhoven，恩荷芬機場與維荷芬之間的新社區）的國際社群。委婉從來就不是荷蘭人的強項。

然而，智慧港地區仍需要更多的技術人才。可用人才供不應求，而 ASML 更是吸納了其中很大一部分。即使在 2023 年晶片產業需求開始放緩之際，ASML 仍以每月新增四百人的速度持續擴編。

這個人才爭奪戰使 ASML 與布拉邦其他企業的關係漸趨緊張。ASML 的薪資水準比其他智慧港的企業高出約兩成，而且 ASML 的優渥分紅與獎金制度更是難以匹敵。這種情況也帶來風險：如果供應鏈上的企業無法招募到新員工，最終也會影響到 ASML 自身的發展。然而，ASML 也無法阻止其他公司的員工想到 ASML 應徵。

ASML 不願與當地企業搶人，轉而向國外大學等其他管道尋覓新人。但和所有的製造業一樣，ASML 也需要熟練技師來組裝晶片

13　Wok 是炒鍋，西方人常用這個字來代表亞洲料理，hoven 是荷蘭地名常見的字尾，所以 Wokhoven 是指住了許多亞洲人的社區。

設備。這類技術十分稀缺，因此 ASML 很努力想招募汽車技師。但這項行動並不成功，而且「告別髒亂車庫，進駐潔淨無塵室」這個帶有貶意的徵才標語在布拉邦也引發反感。這與 ASML 精心營造的形象大相徑庭：他們原本應該是親民的好鄰居，為當地居民舉辦溫馨的開放參觀日，還為了蓋物流中心 5L 而為拆遷老屋的老奶奶立了一小塊紀念碑。

ASML 在維荷芬可說是如魚得水。你可以經常看到平易近人的溫寧克在當地超市採買日用品，或等著領取優惠券——畢竟他也是鎮上居民。但 ASML 早已不再是個「普通鄰居」。它是歐洲最有價值的科技公司，必須以超越小鎮格局的標準來衡量。因此，當 ASML 試圖擺脫金屬電機產業（Metalektro）的集體勞資協議時，引起工會強烈不滿也就不足為奇了。ASML 認為，現行的員工集體薪資制度已不符合一家高科技跨國企業的需求。而它確實是跨國企業——在園區走一圈，就能感受到這股跨國企業的氛圍。隨著 40% 的員工來自國外，維荷芬正蛻變成國際村。

多年來，ASML 的管理團隊曾經歷過好一段掙扎求存的日子，每天都在思考如何度過下一週，甚至是下一天。如今，隨著公司的蓬勃發展，外界對 ASML 的看法也有所轉變。ASML 也意識到它必須跳脫原有思維，以更成熟的眼光看待世界。有鑑於此，監事會敦促公司改變年報的呈現方式，不要只列出枯燥的數字，而是要講述引人入勝的故事，讓人產生共鳴。過去，ASML 的年報就像是一疊裝訂在一起的數字清單，這種平鋪直述的作風正是 ASML 的特色。誠如前執行長麥瑞斯愛開玩笑說的：「乾脆直接印在衛生紙上好了。」

ASML 做事向來徹底，不做半套。如今的年報已發展成一份鉅細靡遺的龐大報告，詳實地記錄過去一年的所有承諾。2023 年的年報長達三百多頁，其中半數篇幅專門討論永續發展、多元化，以及企業的社會責任。ASML 的目標不只是製造更好的晶片，更想改善整個世界。這樣的承諾是為了吸引新一代的高科技人才，讓他們看到這家公司不只關注獲利。

2023 年，ASML 啟動了「社會與社群參與」計畫。目標是從 2025 年起，每年投入至少一億歐元在社群專案上，這些專案不但符合 ASML 的利益，更以推廣技術教育為重點。例如，ASML 成立了少年學院（Junior Academy），讓布拉邦東南部的六萬名小學生有機會接觸科技。目前智慧港地區急需更多的人才，以免製造業（尤其是 ASML）陷入困境。目前科技產業有數千個職缺待填補，產業成長和荷蘭的勞力老化更加劇了這個問題。但是光靠加強小學教育，還不足以填補七萬多個職缺。

附近的恩荷芬理工大學（TU Eindhoven）、蒂爾堡的方提斯應用科技大學（Fontys in Tilburg）、蘇瑪學院（Summa College）等大學院校無法培育出足夠的科技人才。恩荷芬理工大學計劃在 2032 年前把學生人數從一萬三千人擴增至兩萬一千人，但受限於住宿問題，不得不拒絕部分有興趣的學生。此外，儘管業界需求殷切，技職教育體系中選擇科技相關科系的年輕人卻越來越少。

因此，ASML 在布拉邦省的成長極限已逐漸浮現。預計到 2030 年，ASML 的員工將達到八萬人，其中半數將在維荷芬工作。ASML 為地方帶來的繁榮，與周遭環境的平衡發展，正走向臨界點。這家巨型企業不斷擴張，不僅吸納了區域內的科技人才，也主

導了供應鏈的發展。然而，它同時也是荷蘭的知識經濟中最大的就業創造者，這樣的角色令外界難以拒絕。

恩荷芬地區深知把所有的籌碼都押在單一大企業上的風險。1990年代飛利浦的裁員風暴，不僅重創了這座城市，也打擊了當地的勞工士氣。飛利浦的解體過程仍在持續：2023年夏天，ASML突然從恩荷芬的飛利浦接收了一百位面臨裁員的專家。

智慧港希望維持產業多元化，讓ASML以外的科技企業也有充足的發展空間和人才。該基金會的目標是讓恩荷芬及周邊地區的不同企業專注於新興關鍵技術的發展，包括醫療、能源轉型、量子晶片和光子學（這種半導體能產生及引導雷射光）。一旦這些新技術可以擴大工業生產規模，就可以擴展到比利時法蘭德斯（Flanders）或林堡省（Limburg）等鄰近地區。這是一種對飛利浦舊模式的現代詮釋──當年飛利浦在全國各地設廠，但創新中心NatLab始終保持在核心地帶。

由於維荷芬已不堪負荷，ASML開始利用衛星辦公室，包括恩荷芬的高科技園區、登博斯（Den Bosch）的「居家辦公室」，以及台夫特原本的邁普部門。部分研究實驗室也遷移到一個與恩荷芬理工大學共用的場地，在這場巨型「扭扭樂」遊戲中，這裡是最後幾塊空地之一。這項投資雖耗資數億歐元，但對ASML來說卻是不可或缺的喘息空間。

不過，ASML的擴張並不限於布拉邦。海外分部也得跟上腳步：2022年，ASML在韓國京畿道和台灣新北市都做了額外的投資，每項擴建計畫都花費數億美元，而且需要招募數千名新員工。康乃狄克州的威爾頓部門也大幅擴張，把這個只有18,503名居民的

小鎮（人口數摘自 2020 年的人口普查），轉變成一個充滿活力的高科技重鎮，甚至還鋪設了寬敞的自行車道，讓員工能像在荷蘭一樣通勤。ASML 也在丹伯里路（Danbury Road）的路邊大打廣告，招募新員工：「加入我們，參與一切」（Be a part of the company that is part of everything）。新英格蘭地區的林地有充足的空間可以容納這樣的成長，至少當地政治人物很樂於提供這些空間。ASML 繳納的房地產稅占市政預算的 2％。擴張越多，威爾頓的公共服務就能獲得越多資金。我們提供製造晶片設備的空間，你們提供建造遊樂場與運動場的資金。對威爾頓來說，這是不錯的交易。

如果維荷芬的產能達到極限，公司可以考慮在海外組裝一些標準型號的機台。雖然這樣做可以更接近晶片廠，但 ASML 仍盡量避免這種作法。供應商網絡很難搬遷，而且最新一代的掃描機必須在研發部門的附近生產。這就是 ASML 的作風：縮短距離能加快學習速度，更容易發現與解決問題，加速進展。

ASML 曾考慮把部分的生產線遷離維荷芬。1997 年，ASML 曾認真計劃與合資夥伴在台灣設立新廠。當時台積電正快速崛起，維荷芬想要跟上腳步。計畫似乎已經準備就緒：新竹的廠址已選定，工程師也挑好了，正準備遷移。但亞洲金融風暴突然爆發，只好擱置計畫。

維修老舊機台一直是 ASML 內部的熱門話題。數十年前布令克開發的 PAS 5500 系列機台，至今依然堅固耐用。截至 2023 年，全球仍有近兩千台這種機台在運轉，而使用這種「成熟技術」製造的晶片依然需求強勁。ASML 在恩荷芬機場附近及台灣的林口設有專門翻修這些機台的部門，員工把這個部門暱稱為「二手店」。但

這些機台的耐用程度遠超乎預期,毫無老化跡象,ASML 不得不思考:是否要無限期地提供維修服務?

這些機台看似堅固耐用,但仍需要更換零件。然而,ASML 的供應商都忙著處理新型掃描機的訂單,製造這些過時零件的收費也很高。

因此,2018 年左右,ASML 開始考慮把這些機台的技術,授權給中國的競爭對手上海微電子(SMEE)。如果讓他們接手生產這些機台和零件,ASML 就可以把資源集中在更新、更複雜的技術上。這項協議也能把 SMEE 限制在 ASML 不感興趣的低階利基市場。但這個計畫最終沒有實現,布令克否決了這項提議。他希望繼續掌控「現有的客群」,也就是全球五千多台運轉中的 ASML 系統。這個「二手店」正是用來牽制競爭對手的利器。

事後證明這個決定很明智。幾年後,若要向美國和荷蘭政府解釋它與中國競爭對手的密切合作關係,對 ASML 來說絕對是一場夢魘。

38
拼圖的一塊

　　司機把車子停在五角大廈的北側。從這裡望去，可以看到波托馬克河對岸直上雲霄的華盛頓紀念碑。河的這一岸是維吉尼亞州的阿靈頓郡（Arlington），也是美國最大部會——國防部的所在地。

　　ASML 的執行長溫寧克走向貴賓入口，此行他是來會見國防部研究與工程次長徐若冰（Heidi Shyu）。

　　時值 2022 年夏天，限制對中國出口的談判正如火如荼地展開。溫寧克只有三十分鐘可向美方說明，對中國晶片產業採取嚴厲措施可能帶來的風險。不過，徐若冰更關心其他的風險：中國人難道不能直接拆解 ASML 的機台之後仿製嗎？

　　溫寧克回答：「其實不行。」中國雖然試過，但 ASML 的硬體設備只是整體的一半。真正的關鍵在於如何把所有零組件整合起來。沒有 ASML 專家的專業知識，中國根本不可能複製出這些機台。

　　徐若冰還想知道一件事。她在台灣出生，而台灣正面臨晶片人才被中國高薪挖角的壓力。 ASML 難道不怕有中國籍員工把技術

帶走，進行企業間諜活動嗎？

這次，這位執行長無法否認。

2022年的年報道出了實情。那年稍早，一名中國的前員工帶著總部維荷芬的商業機密潛逃。雖然ASML從未公開證實，但據傳那個人後來帶著這些資料加入了華為。自科技戰開打以來，這家電信巨擘就致力於發展自有晶片技術，2022年底甚至取得了一項名為「EUV微影」的專利。這雖然不能證明華為確實有能力製造這種機台，但足以說明他們的野心。

這起竊密事件已違反出口管制規定，迫使ASML必須公開揭露。偏偏這個時機非常糟糕：正值出口管制談判最關鍵的時候，ASML被迫承認自己有多脆弱。然而，溫寧克在ASML的法說會上保證，這場風波並未造成實質損害。被竊取的資訊「只是一幅巨大拼圖中的一小片，連拼圖外盒上的圖案都沒得參考」。換句話說，那些資料根本沒有用。

但這已不是ASML第一次遭到產業間諜入侵，也絕不會是最後一次。地緣政治的緊張局勢讓維荷芬這座小城躍上國際舞台，也讓ASML成為各方瞄準的目標。光是2022年，ASML就記錄了兩千八百起網路攻擊事件，從勒索軟體攻擊到竊取智慧財產權，各種手法都有。駭客來自內部與外部，目標都是ASML的這幅拼圖。

ASML的技術知識分散在公司內部以及供應商網絡中眾多不同的環節裡。微影機台在設計、生產、操作等各層面都極其複雜，不可能只靠單一藍圖就製造出一台可運作的機器。沒有人完全了解這些機台的運作原理，連擁有四十年資歷的微影系統總指揮布令克也不例外。

多數工程師都只專注於某個小組件，對自己負責的那一小塊拼圖瞭若指掌。范霍特對此有個充滿哲理的比喻：「懂得怎麼做的人，通常不知道為什麼要做；知道為什麼要做的人，往往不懂怎麼做。」

ASML 過去在保護敏感資料方面投入甚少。以前就算你不是相關部門的人，也可以輕易看到設計圖或技術資料。即使是現在，網路上依然可以找到 EUV 光源運作原理的研究論文。ASML 奉行開放創新的文化，打造了龐大的知識網絡，讓資訊能在研討會上，或是在客戶、合作夥伴、研究機構之間自由流通。ASML 內部缺乏的專業知識，很快就能從外部引進。工程師認為，在自由流動的資訊中築起堤防，只會拖累發展的速度。在這樣的環境，不容有任何的不信任。「我原則上信任每個走進我辦公室的人，」布令克說，「否則我根本沒辦法做事。」

這種樂觀的態度，在監事會眼中卻太過天真。他們不斷警告，ASML 必須為公司的智慧財產築起更高的圍牆。然而，大家往往不經一事，不長一智。2015 年的駭客入侵事件，成為 ASML 徹底強化資安的轉捩點。2015 年以後，原本只有十人的資安團隊已擴充到三百多名專家。

從那時起，ASML 的資安專家就肩負起一項艱鉅的任務：說服同事更謹慎地保護手中的敏感資訊。這不是在做表面功夫，而是必須為之。由於制裁規定，來自伊朗、敘利亞等國的員工不得參與部分技術開發，ASML 依法必須對這些人設限，使他們無法接觸特定資訊。員工不再能接觸微影機台的所有部分，現在他們只能查閱與自己負責的部分密切相關的資訊。如果你是負責晶圓平台的工程

師，就不需要知道聖地牙哥的團隊如何處理錫滴，或是台夫特的團隊如何操作電子束。

ASML 也從內部資料遭竊的事件中記取了慘痛教訓。2014 年，矽谷分部的一群中國籍員工帶著優化軟體離職，自行創立競爭公司 Xtal，但很快就被逮到了。

要防止心懷不軌的員工竊取資料，最有效的方法就是在他們進公司前就先過濾掉。2018 年貝利艾接任人資長時，赫然發現 ASML 竟然沒有對新進員工做任何背景審查。就連一些涉及關鍵職責的職位，應徵者也完全沒經過任何背景查核。2021 年，ASML 終於改變立場。擔任關鍵職位的人現在必須提供良民證，某些職位甚至需要經過荷蘭情報局（AIVD）的安全調查。這類調查就如同機場安全管制區的工作人員所接受的安全審查。儘管 ASML 一再要求採取這些嚴格的管控措施，荷蘭政府卻始終無動於衷。AIVD 根本沒有能力審查那麼多人。

ASML 也試圖與其他國家的政府合作，對非荷蘭籍新進員工進行背景審查。自從躍上世界舞台後，ASML 每年收到的求職申請暴增至三十萬份。「要是我們還默默無聞就好了，」一位 ASML 員工感嘆，「現在我們也吸引到一群完全不同類型的人。」

荷蘭情報局多年來一直警告，像 ASML 這樣的公司是經濟間諜活動的目標。AIVD 現在還建議攜帶敏感資料出差中國的員工，在回國後應該將設備資料清除，甚至乾脆銷毀裝置。但 ASML 的管理者認為這樣做太麻煩了，他們對待個人裝置的態度相對寬鬆。一位管理者坦承，有時確實太鬆懈了。他們認為，筆電裡除了一些銷售計畫或是客戶回報機台故障的郵件以外，沒什麼機密內容。但

情報單位可不這麼想。AIVD 甚至偶爾會利用出差的 ASML 員工當誘餌，看中國是否會暗中在預先準備好的手機上植入間諜軟體。雖然沒發現異常，但這並不代表間諜行為不存在。

身為全球最複雜機台的獨家供應商，ASML 深信沒有任何公司有能力完整掌握這項技術的所有環節。就算這種不太可能的情況真的發生了，ASML 大概也只會祝你好運。這台機器對外人來說實在太複雜。就像不會開車的人坐上 F1 賽車，上場就注定會翻車。

這種對自身實力無限自信的態度，在外人眼中可能會覺得天真或傲慢。智慧財產遭竊在短期內似乎影響不大，但長期後果不容小覷。ASML 採取的是非常務實的做法。要在技術競賽中取勝，唯一的方法就是跑得比對手快。不要天真地以為你的資安永遠滴水不漏，或是中國永遠會尊重你的專利。產業間諜活動本來就是這場遊戲的一部分，隨時都有人在盯著你的一舉一動。不如盡可能賺錢，然後把資本投入研發，保持領先。想贏過競爭對手，就必須在創新上超越他們。

然而，這套策略的經濟邏輯正逐漸被科技戰削弱。中國越是被逼入絕境、被切斷取得先進製程的管道，就越不在乎它用什麼手段來獲取技術。此外，中國政府似乎投入了無限的預算，來發展自主的晶片產業。當對手的財力如此雄厚時，要打贏這場仗談何容易。

在 ASML，中國籍員工是第四大族群，僅次於荷蘭、美國、台灣。目前 ASML 約有一千五名員工在中國工作，矽谷分部也有約半數員工是中國籍。不過，持中國護照的員工因美國出口管制規定，無法接觸部分資訊，也不能進入荷蘭維荷芬的某些無塵室。同樣的，美籍員工也不得為中國晶片公司工作。

這種區隔不僅存在於 ASML 內部，也延伸到 ASML 合作的機構，例如理工大學和荷蘭應用科學研究組織（TNO）。荷蘭政府正在擬定法案，以防敏感的技術知識透過留學生外流至中國或俄羅斯等國。這自然包括半導體和晶片機台的相關研究。

　　荷蘭各大學偶爾也會請荷蘭情報局（AIVD）審查申請博士後研究的中國籍候選人。其中，來自中國「國防七子」院校的學生更是遭到全面禁止。這七所院校與中國軍方關係密切，其學生或家屬可能被要求為中國政府蒐集情報，有些獎學金甚至明訂必須分享所學知識或研究成果。ASML 目前也逐步減少與這些學校的合作，但仍歡迎中國科技人才加入。

　　雖然中國人才無可替代，排斥特定國籍也違反公司政策，但 ASML 仍須顧及地緣政治的界線。以奈米微影精密研究中心（ARCNL）為例，這是 ASML 與阿姆斯特丹大學合作成立的機構，裡面有幾位研究奈米微影技術的中國博士生，現在已無法參加某些與 ASML 的會議。俄羅斯則是另一個敏感地區：莫斯科南方的 ISAN 研究所原本協助研發 EUV 機台的電漿光源，那裡還設置一個 EUV 光源的微型版本，讓俄羅斯的電漿物理學家做實驗。他們的貢獻，以及那些移居維荷芬的俄羅斯研究員的研究，對 EUV 技術的發展功不可沒，但 ASML 後來仍中止了與 ISAN 的合作。

　　人資長貝利艾強調：「我們包容開放，但不再天真。」ASML 也察覺到公司內部可能有風險，開始監控員工在內部網路的行為。公司安裝了先進的偵測軟體，一旦有人異常地複製文件或把檔案寄到私人信箱，就會立即觸發警報。這套系統確實發揮了作用，偶爾會攔截到企圖竊取檔案的人。貝利艾表示，一旦被抓到，公司必定

嚴懲，殺雞儆猴。

他最不希望在公司內部形成一種恐懼氛圍。員工之間必須能完全信任彼此，否則大部分的工作都無法進行。儘管如此，資安措施還是在不斷升級。現在廠區和研發實驗室的員工都必須通過偵測閘門以防止物品外流。公司內部網路的管制也升級了：不能再隨意從系統下載技術圖；原本讓工程師分享技術小技巧的「內部維基」網站，也搬進了更嚴格的資安架構中。業務總監史泰納克指出，ASML也在晶片廠區部署了最嚴格的安全措施：「我們必須遵守越來越多的新規定，這些都很重要，但我們還是得想辦法擠出時間完成工作。」

員工也開始接受釣魚信件防範訓練。如果收到莫名其妙的面試邀請信，就得格外小心，因為面試時最容易不經意透露太多公司資訊。有些面試根本就是假的，完全是為了套取內部情報。

有現場經驗的技術人員，特別容易成為釣魚攻擊的目標。在晶圓廠調校晶片機台的工程師不僅實務經驗豐富，還經常接觸英特爾、三星、台積電等客戶的敏感資料。

這些資料對釣魚駭客來說非常珍貴，因為全球最大的晶片製造商台積電對外的防護幾乎是密不透風。台灣人深知「防人之心不可無」的道理。台灣境內因中國產業間諜滲透嚴重，全面實施「零信任」的網路安全政策。這麼做有其必要：2018年到2020年間，一個中國的駭客組織潛入新竹七家以上的晶片公司，竊取晶片設計。

這個駭客組織還曾在ASML附近的晶片製造商恩智浦的內部網路潛伏兩年沒被發現。他們主要鎖定晶片設計，還偷走了內部信箱和其他敏感資料。2020年初恩智浦發現後，立即通知並提醒

ASML。所幸，這次 ASML 的系統並未受到威脅。

連台積電的資訊系統也不是固若金湯。2018 年 8 月，一名供應商的員工在用筆電登入系統時，不慎散播了一種類似 WannaCry 的電腦病毒，導致多座晶圓廠被迫停工。

2022 年 9 月，台灣數位發展部的部長唐鳳在全球網路安全高峰會上提到這件事，台積電的全球安全管理資深處長屠震也在台下。在台灣，政府與科技業向來合作無間，為了保護晶圓廠，所有能派上用場的資源都會投入第一線。

接著，螢幕上出現了一張荷蘭面孔。這是 ASML 的資安長阿諾・雷默（Aernout Reijmer），他特地在深夜從維荷芬連線，做「信任圈」（Circle of Trust）的簡報。信任圈是荷蘭十大企業的資安長之間的合作機制，成員間可以即時分享資安漏洞和駭客組織的警訊給供應商，也能分享來自情報安全部門的資料。由於荷蘭目前缺乏正式的經濟安全保護機制，這項倡議成了變通方案。在荷蘭，決策者往往低估了製造業的策略重要性。

2021 年 10 月，VDL 遭到網路攻擊而被迫停擺，這個事件凸顯出供應鏈的脆弱。當時 ASML 為了預防風險，一度暫時關閉對外網絡。一年後，VDL 的威廉・范德萊赫特偕同情報安全總局（AIVD）的代表來到 ASML 園區，向近兩百位智慧港地區的企業家分享經驗。VDL 提出的觀點很明確：如果連荷蘭最大的工業公司都被網路攻擊打倒，ASML 的中小型供應商更應該立即強化自身的資安防護。只要一次勒索軟體攻擊、一個小漏洞，就足以影響整個供應鏈。

機台設計並非 ASML 經手的唯一敏感事務。ASML 也密切追

蹤全球幾乎所有主要晶片廠的營運狀況，並從自願分享生產資料的製造商那裡即時接收微影系統的最新動態。多數廠商都樂於配合，這讓 ASML 不但能更快解決技術問題，也能追蹤總產能。如此一來，晶片製造商也能更準確地評估，需要追加訂購的機台數量。訂購太多機台將導致產能過剩，過多的晶片可能引發市場崩盤，這不是任何製造商所樂見的。你可能以為 ASML 想要每年盡量賣出最多的機台，但他們其實更希望看到市場長期平衡穩定。

　　ASML 是在 2009 年經歷重大危機後，才開始推動這種做法。合作製造商只能看到自己目前與預測中的全球晶片產能占比。這表示 ASML 獨家掌握了整體晶片產業的生產全貌。這些極機密的資料受到嚴格管制，能接觸這些資料的 ASML 員工屈指可數。這套系統還經過客戶審查，其安全等級甚至比 ASML 自己的設計藍圖還要高。

　　ASML 終於明白：要保護歐洲最具價值的科技公司，就必須強化資安。但有些事情還是老樣子。2023 年初，布令克把手機遺落在台北計程車的後座一小時，沒人感到意外。雖然任何人都可能拿走他的手機，但他一點也不在意。他相信手機終究會物歸原主──這種事情向來如此。他身邊的人都知道，布令克的腦袋裡沒什麼空間容得下日常瑣事。畢竟，要在腦中勾勒十五年後的願景，並非易事。

39
布令克定律

　　布令克有個習慣，每當他想跟你談事情時，總是習慣先拋出一個不相關的問題。

　　「托馬斯，你預計什麼時候退休？」布令克問道。

　　「大概十年後吧。」蔡司的技術長斯坦姆勒回答。那是2021年夏天，兩人正在慶祝蔡司與ASML簽下新的商業合約。當時他們暢飲著啤酒，美食當前，正是展望未來的好時機。

　　「那我們來規劃一下未來吧，就規劃到你退休後五到十年。」

　　過去四十年來，ASML的機台能印製的線條寬度，從一微米縮小到只有幾奈米，整整小了一千倍——這段歷程從肉眼看不見，進展到幾乎無法測量的境界。每當大家認為不可能再把光子更精準地投射到矽晶圓的感光層上時，ASML總能突破極限。但這樣的技術突破，究竟還能持續到什麼程度？

　　隨著High NA機台即將投入生產，布令克的退休日期也逐漸逼近。但布令克決心不讓這種機台成為他在ASML的最後代表作。「你不能在做完最後一件事就停下腳步。我想留下一個我

看不到終點的傳承。」但那個遙遠的目標已經有了名字：Hyper NA（超高數值孔徑）。這種機台是否真能問世還不確定，但在ASML，又有什麼事情是確定的呢？

2021年與斯坦姆勒談話過後，ASML詢問蔡司是否能設計出一個光圈更大的EUV光學系統。如果High NA機台的光圈是0.55，那麼Hyper NA就要突破0.7，這項突破將能印製更精細的晶片結構。透鏡是最佳選擇，但若要加大反射鏡的尺寸，整台掃描機就得跟著放大，但目前這台機器的體積已經夠龐大了。

High NA機台的設計過程已經比預期還要複雜。廣角鏡本來就很難掌握，晶圓還得以更快的速度移動，反射鏡更需要精準到能擊中月球上的高爾夫球。然而，在克服了這些技術難關之後，蔡司已有餘力迎接新的挑戰。從技術角度來看，這個新目標似乎是可以達到的。蔡司預期Hyper NA不需要任何全新的測量技術，這將節省寶貴的時間。唯一不確定的是，誰願意掏錢購買這些機台。

身為EUV微影技術的壟斷者，ASML似乎能夠主導新一代微影技術的發展方向。但有一個變數是ASML無法忽視的：經濟因素。

摩爾定律已經難以為繼。按照目前的進展速度，每兩年就讓電晶體數量翻倍的速度根本無法持續下去。ASML的研發長班斯科普認為，限制進展的是經濟因素，而非物理定律。若不考慮經濟因素，他估計還需要四十年時間，才會達到原子無法通過晶片線條間隙的物理極限。

半導體製造商的行銷部門總是宣稱，晶片圖案仍在快速微縮。最新的潮流是用埃米（ångström）來描述他們的技術，也就是十分

之一奈米。然而,這樣的術語掩蓋了一個事實:晶片產業正在迅速接近一個臨界點,那就是進一步縮小尺寸所需的投資將難以回本——這才是真正的極限。如果晶片製造商無法從 Hyper NA 機台中創造更多的價值,ASML 生產這些機台也毫無意義。說白了,就是成本太高。

目前只有少數幾家大型晶片製造商還負擔得起最先進的晶片機台。如果英特爾在與三星和台積電的競爭中落敗,就只剩下兩家領先者了,而台積電更是遙遙領先。不過,只要整體市場如預期般持續成長,ASML 並不在意剩下幾家晶片製造商。而這點其實無須擔心,因為資料中心、通訊網絡的深層資料處理、智慧工業和醫療、能源轉型,以及讓 AI 變得更聰明等領域,都需要更強大的算力和儲存空間。這個世界已經離不開資料,而且這種依賴似乎難以改變。

這類晶片的製造商都想要 Hyper NA 機台所承諾的功能:在奈米尺度上印製更精細複雜的結構,獲得更強大的效能。舉例來說,一種稱為「環繞式閘極」(gate-all-around,簡稱 GAA)或奈米片(nanosheets)的新一代高效電晶體,已經取代了舊有的鰭式場效電晶體技術。這種開關不再是鰭狀,更像是被擠壓的微管,在 0 和 1 的切換過程中能減少能量損耗。

ASML 也正在努力說服記憶體晶片製造商訂購 Hyper NA 機台。不過,用於資料儲存的快閃記憶體晶片(NAND)已經不需要這麼精細的線條了。NAND 晶片是由數百層堆疊而成的 3D 結構,細節較粗糙。而用於工作記憶體的動態隨機存取記憶體晶片(DRAM),也可能採用堆疊方式。如果一切都往上堆疊發展,往

下微縮的步調就會放緩。但讓布令克意外的是，在與製造商討論後，他發現 Hyper NA 機台在製造更小的記憶體單元方面，還是很有吸引力。「不過，每次我讓客戶對某項技術感到興奮之後，我一離開，就開始懷疑自己。如果我們決定開發 Hyper NA，十年後完成時，情況可能已經完全不同了。」

布令克可能已經把 ASML 打造成壟斷企業，但他始終強調 ASML 非常依賴晶片製造商：「不管我們賺多少錢，都離不開客戶。一旦忘記這點，就會出問題。」

但晶片製造商也完全依賴 ASML。以 High NA 機台為例，出貨時根本還不能運作，客戶就得先付四億歐元。他們唯一能依靠的，就是 ASML 承諾「一定會讓它成功運作」。ASML 有限的產能，也成了晶片製造商之間競爭的籌碼。英特爾買下第一批 High NA 機台時，他們很清楚這麼做會讓三星和台積電必須等待更久才能拿到機台。英特爾此舉正是他們要重返龍頭地位的第一步行動。

有些晶片製造商刻意選用 ASML 的舊型機台，因為這些系統還有日本品牌的替代品。這不僅讓他們有了議價籌碼，當他們對 ASML 不滿時，這也成了反制的手段。

正因為站在市場制高點，ASML 必須隨時保持警覺。這也是為什麼布令克處處強調謙遜的重要。他最擔心的是，ASML 龐大的市場影響力會助長傲慢或自滿的心態，就像 1990 年代的尼康那樣。當時日本廠商主導微影設備市場，但他們未能滿足晶片製造商的需求，才為新的競爭者創造了進入市場的契機。每當微影設備出問題時，ASML 總是勇於承擔責任並設法解決。相較之下，尼康缺乏靈活度，最終只能眼睜睜地看著市場從手中溜走。

對於那些不懂謙遜理念的同事，布令克會親自指導。ASML 的員工不僅要解決客戶的痛點，更要能感同身受。例如，一位工程師說某家晶片製造商遇到的晶圓變形問題是他們自己造成的。布令克一聽立刻挑眉，冷冷地說：「當然，這完全是他們的問題，跟我們無關。既然這樣，我們乾脆直接不要用晶圓好了，這樣問題就解決了吧。」

一位主管說，如果一個小動作就能讓客戶心情好一點，那根本不用考慮，直接做就對了。「就算你送出一顆價值幾百萬歐元的鏡頭，也不會有人怪你。但如果客戶打電話給布令克說你不配合，你就等著被修理吧。」

公司每在巔峰上多待一天，就越難想像未來可能失敗。雖然這樣的領先地位看似理所當然、不可動搖，但布令克清楚知道，現實世界不是這樣運作的。他也理解為什麼年輕一代不容易體會這種不確定性：畢竟他們沒有經歷過真正的晶片危機或大規模裁員。「有些人以為一切都會自然發生，我們想出來的每個點子都會成功。成功過兩次之後，第三次當然也會成功。」

他珍惜自己的憂患意識，覺得危機就潛伏在每個轉角。即使和工程師討論未來發展方向時，他心中依然充滿疑慮。「如果我們決定向右轉，回家後我還是會整晚睡不著，一直在想：我們真的需要往右轉嗎？」

布令克並不畏懼風險：畢竟，1990 年代初期 ASML 投入數十億美元，發展當時看似不可能的 EUV 計畫，完全是一場豪賭。但同時，他也極度害怕走錯一步，對他來說，這兩者並不矛盾。「我從來不會為了賭博而拿公司冒險，我們總是準備好另一套能持續賺

錢的策略。」

未來十到十五年，ASML 的方向不僅限於線性微縮——也就是增加每平方毫米的電晶體數量。晶圓廠的效能提升，還會依賴最佳化軟體與精密量測技術，這些技術即將透過整合邁普的技術而提升。有了這些技術，就能確保晶片各層之間能更精準地對齊，減少偏移。這些量測資料都會輸入微影機台中，這也使得這項技術更難被複製：這是用來確保遙遠未來的保障。

現在 EUV 機台比較穩定後，開發人員開始著手升級其他的掃描機。汽車產業需要的晶片是用較簡單的 DUV 機台製造，甚至是用更老舊的 PAS 系統（1980 年代的「老古董」機型）。這是一個快速成長的市場，ASML 當然不會讓它溜走。

與此同時，工程師也正努力提升現有 EUV 機台的良率和可用性。光源仍是一個限制因素，ASML 最終想把液滴的頻率從每秒五萬次提升到十萬次。布令克說，只要不會爆炸就好。

液滴的分解效率還可以進一步提升。目前液滴噴射後會形成類似錫餅的形狀，雷射需要擊中它兩次。但那個錫餅不是完全扁平的，與其說它像可麗餅，更像有厚邊的披薩。這表示並非所有的錫都有被充分利用，但如果再加上一道額外的雷射脈衝，就能將錫滴徹底粉碎。不出所料，這種三段式的爆破產生的能量更強。

能源效率將是未來十年的核心議題。微縮的步調可能放緩，但晶片的耗能會持續下降。為了達到降低耗能這個目標，晶片製造商正在嘗試各種新材料與金屬，這些材料的名字恐怕連你的高中化學老師都會聽得目瞪口呆。另一個技巧是把一顆晶片中的多個專用組件（亦即所謂的小晶片〔chiplet〕），組合成一個更強大的處理器

系統。把這些半導體組成單一封裝很複雜,但台積電計畫每兩年把能源效率(energy-efficient performance,簡稱 EEP)提升成三倍。要達到這個目標,ASML 必須提供關鍵的設備支援。2021 年,布令克提出這個能源效率預測作為未來十年的指導方針。摩爾定律也許逐漸放緩,但布令克定律仍在穩步前進。

EUV 掃描機的效率仍是一個弱點。雷射系統的耗電極高,其中大部分的能量都浪費了。這個問題的解決方案在德國南部斯圖加特市(Stuttgart)附近的迪欽根鎮(Ditzingen)。創浦就在那裡生產為 EUV 機台注入生命力的雷射。

相較於 ASML 的樸實建築,創浦工廠就像一座現代美術館。它以鋼材、木材、混凝土打造出優雅的線條。地下走廊的網絡把一塵不染的生產廠房與圓形的藍泉餐廳(Blautopf)連接在一起,一到正午,餐廳就開始供應熱騰騰的午餐。在德國的巴登─符騰堡邦,午餐時間向來準時,就如同他們的雷射一樣精準。

在附近的測試室裡,一位創浦工程師正在測試三重雷射放大器。二氧化碳、氦氣、氮氣的混合物發出刺耳的嘶嘶聲,產生威力堪比噴射引擎的雷射光束。現場有十五座大型電腦機櫃圍繞著它,專門用來控制功率。這台龐大的機器極其複雜,裡面塞滿了精密的反射鏡、管路、濾器、感應器,連專家也可能花上好幾週才能找到錯誤所在。

測試結束後,這台重達十七噸的雷射設備會被拆解,手工清潔,然後運送到晶片廠的附屬廠房安裝。在那裡,它會透過一個潛望鏡連上微影機台,開始執行雷射轟擊液滴的任務。創浦花了好幾年的時間,與西盟及 ASML 一起將雷射系統調整到符合 EUV 的要

求。但這些辛苦都沒有白費:迪欽根廠有一千五名員工專門負責 ASML 的雷射設備,每年為公司創造八億歐元的營收。收入甚至足以把工廠改建成一座現代化的建築藝術品。

EUV 雷射的威力超乎所有人的想像,但何必就此打住呢?在迪欽根廠的無塵室裡,德國團隊正努力榨出每一分剩餘效能。其中一個更有效運用能量的方法,是使用另一個固態雷射來觸發第一次溫和的打擊。這樣就不需要消耗氣體,可以留下更多的能量做最後的重擊。

節能是必要的做法。創浦算過,在 2022 年,迪欽根廠為 ASML 供應了超過七十組雷射系統。當這些系統全力運轉時,一年的耗電量相當於斯圖加特全市六十三萬居民的用電總和。

這不是值得驕傲的事。根據綠色和平組織的估計,全球晶片產業的用電量將在 2030 年增至 2,370 億度,是 2021 年的兩倍,這個數字已接近整個澳洲的用電總量。綠色和平組織也預估,全球最大晶片製造商台積電在同期間的用電量將增至三倍。對台灣來說,這個預測令人憂心,因為晶片產業已對當地的基礎設施造成沉重的負擔。台積電消耗了全台逾 6% 的電力,某些地區甚至用掉 10% 的可用水資源來冷卻設備。

雖然 EUV 機台的耗電驚人,但它生產的晶片比前一代更節能。由於 AI 資料中心耗電量驚人,每一分效率的提升都極為關鍵。長期來看,這反而能為全球節省能源。不過,創浦的工程師也知道,只要提高液滴頻率,就能大幅提高生成 EUV 光的效率。雷射系統產生的大量熱能,目前也是用水來冷卻,這些熱能其實可以為附近的住宅和社區供暖。台積電和英特爾都很歡迎任何能把餘熱

轉換成可用能源的方案。他們很在乎如何減少對環境的影響，而客戶的需求就是 ASML 必須實現的目標。

創浦已經著手處理這個問題，從設計一個新的冷卻系統開始，讓雷射系統冷卻到適合家庭再利用的溫度。對曾經是區域供熱系統專家的布令克來說，這已經成為他個人的使命。一個新目標已浮現在眼前：善用 EUV 光產生的廢熱。

不過，未來也有可能出現新的 EUV 技術。例如，自由電子雷射（FEL）具備提升光源效率的潛力。早在 2014 年，ASML 就曾評估使用電子加速器來取代錫滴雷射電漿光源的可能性。布令克當時認為 FEL 在短期內並不可行，因為這種大型且複雜的光源系統會佔據整棟建築，還要提供足夠電力來驅動多個系統。他不喜歡這種單點故障的風險：只要光源出問題，整座晶圓廠就可能停擺。因此他決定終止 FEL 的研究：「只要我不需要它，我就不會用它。」

40

迴避右側

在 ASML 的四十年職涯中,布令克塑造出一個比真實自我更為傳奇的形象。在他的帶領下,ASML 成為一家對機器專注到極致的公司,彷彿其他一切都可以忽略。他經常被與蘋果的創辦人賈伯斯相提並論:兩人有相似的性格與策略眼光,也都注重細節且善於行銷。就像賈伯斯,布令克不會一味迎合客戶的要求,而是告訴他們真正需要什麼。客戶也完全信任他的判斷。從 ASML 的策略中處處可見蘋果的影子:整合硬體、軟體和服務,甚至在布拉邦設立了類似 Genius Bar 的服務中心。

「這些都是胡說八道,」布令克不以為然地說:「這家公司的成敗不在於某個人。」他認為他對 ASML 的影響全是因為時機。他自認很幸運,能在飛利浦那些前輩打下的基礎上繼續推進:在他的心中,ASML 的歷史已有五十年,不只是四十年。此外,他是管理高層中最後一位精通曝光機所有技術的人。這自然使他的職責範圍不斷擴大:管研發、管專利、和晶片廠談合作,甚至有空還會自己發明東西。2022 年,布令克註冊了一項機器學習專利,這是他

為 ASML 的矽谷「巫術」軟體所做的個人貢獻。ASML 的技術領域已經非常廣泛，要全面掌握確實充滿挑戰，但他想要理解最複雜技術的熱情始終不減。

2022 年，溫寧克與布令克共同掌舵八年後，決定續約兩年。當時公司面臨爆炸性成長、新冠疫情、物流惡夢、地緣政治動盪等多重挑戰，他們都不願在 ASML 備受關注之際離開。誠如溫寧克所說的：「就像一輛貨運列車突然朝你衝過來，摧毀沿路的一切。」

這兩位領導人告別這段職涯時，誰將接棒填補這個空缺呢？

近年來，ASML 已培養出新一代的管理團隊。財務長達森接手了溫寧克的部分職責，包括代表智慧港區、與荷蘭政要會面。比利時和荷蘭國王訪問魯汶的 imec 中心時，代表 ASML 出席的就是達森。達森不只是善於交際：2021 年，他與負責 EUV 產品線的法籍董事克里斯托夫・富凱（Christophe Fouquet）一同主導了與蔡司公司的商業談判。富凱於 2008 年加入 ASML 以前，曾在應用材料及科磊任職。

除了溫寧克以外，布令克現在也會帶其他主管一起散步談事。這是他在不受干擾下，分享知識、交流想法的獨特方式。輪到富凱時，他甚至會在清晨七點的傾盆大雨中走上兩小時。外界也逐漸認識這位法籍高管：2023 年 6 月，《日本經濟新聞》和《金融時報》刊登了對他的專訪，他在訪談中闡述了對全球晶片產業「不可能」脫鉤的看法。

然而，再也不會有第二個布令克。前研發長布姆認為，要接替他的職務，ASML 需要一個團隊才有辦法。布姆曾領導研發部門，後來又領導 DUV 產品線，同事稱他為「小布令克」，他也十分欣

賞布令克的領導風格。「我從未見過他直接下達命令，他會讓你自己意識到該做什麼。」

史泰納克表示，布令克的說服力來自他那孩童般的熱忱。「這就像某種現實扭曲力場。布令克能夠改變你的觀點，讓你相信不可能的事情也能成為可能。我就是因為他才在公司待了三十年。」

史泰納克說，這份熱忱也會表現在肢體動作上。千萬不要坐在布令克的右手邊，如果真的坐到那個位置，要有心理準備，一定會出事。溫寧克也很清楚這點。有一次，他在韓國參加一場在史泰納克的飯店房間裡舉行的工作會議，當時只剩下布令克右邊的座位是空的。布令克講到激動處，打翻了一杯冰水，那杯水全灑在溫寧克的筆電和褲子上。溫寧克一邊低聲咒罵，一邊把筆電側放，讓水流出來。

溫寧克在辦公室裡解釋，布令克有點笨手笨腳。他模仿布令克走路的樣子：雙腳外八，步伐搖晃，看起來有點不太協調。那雙腳根本就是意外製造機。某週六早上，他們在保時捷的經銷商巧遇（他們都在那裡買車）。兩人邊喝卡布奇諾邊欣賞跑車時，布令克看中了一輛敞篷車。他走過去時不小心踢到輪胎，整個人撲倒，咖啡直接灑滿了真皮內裝。他低聲說了一句：「慘了！」

每隔四年，布令克就會把他那輛滿是凹痕和刮傷的保時捷 Cayenne 開去經銷商換新。「其實這台車太招搖了，跟很多同事開的車一樣。二十年前我們就說過：公司經營不順時，開這種招搖的車不太恰當。」

但汽車確實是 ASML 管理高層最愛的玩具。溫寧克喜歡低調地收藏保時捷，達森對義大利跑車的熱愛則是眾所皆知。「達森在

這方面比較高調，」布令克停頓了一下，斟酌著接下來的用詞遣詞，「但這只是生活的一個面向而已。應該欣賞彼此的共通點，而不是因為別人做了你不會做的事就去批評。」

他不想說教，但他認為 ASML 的員工應該既謙遜又樂於助人。在這種時刻，布令克的成長背景顯露無遺。雖然他已不再信教，但在荷蘭聖經帶的成長經歷，對他留下了深刻的影響。

要調和他的個人財富與這種崇尚節儉的天性，對他來說並不容易。ASML 管理高層的薪資與國際科技公司看齊，每年收入動輒數百萬歐元。布令克很清楚這是一筆龐大的收入。1995 年起，他的股票投資組合就不斷上漲。「我從不覺得這是個有趣的指標。我知道，能有這種煩惱是一種奢侈。」

有錢不可恥，但炫富就顯得失禮了。這也是為什麼他當年很不情願在 2001 年的員工雜誌上刊登他與愛駒的合照。「騎馬是很貴的休閒活動啊！我要怎麼跟人解釋我過著這麼優渥的生活？大家會認為我目中無人，把自己看得比公司還重要。」

ASML 的員工如果被財富沖昏頭，一點也不令人意外。每年 3 月分紅時，布拉邦的商家都會明顯感受到 ASML 員工突然多出了數萬歐元的消費力。再加上短期與長期的獎金制度，收入更是可觀。正是這些優渥的薪資，讓在 ASML 工作的人稱 ASML 為「黃金鳥籠」。從外表看不出這點：那些樸實、方正、稜角分明的建築物，處處彰顯出實用至上的理念。只有 Plaza 餐廳的設計較為活潑（公司總要有個讓人感到溫馨的地方）。總裁辦公室的牆上多年來掛著同樣的藝術品，但似乎沒有人在意。

如果你是 ASML 的出差族，你會不斷飛往世界各地。公司會

保證行程安排妥善，但僅止於此。工程師搭乘豪華經濟艙；長期駐外時，每天可獲得 60 到 100 歐元的津貼。副總級以上才能搭商務艙，其他員工只有在洲際航程間隔不到六十天時才能升等艙位。一下飛機，就得立即投入工作。即使你必須在防疫旅館強制隔離一兩週，你也只能認了，這就是工作的一部分。這項規定連監事會和執行董事也不例外。他們一同前往美國拜訪客戶時，通常都住在很普通的旅館，裡面鋪著 1980 年代的地毯，天花板是那種便宜的懸吊式設計。晶片產界講求的是良率，不是奢華的排場。

這種荷蘭式的節儉作風，一直是這家晶片設備製造商的特色。二十年前，如果你是來訪的客戶，ASML 只會招待你起司三明治配一杯牛奶。他們認為製造商是衝著機台來的，不是為了為了享用美食。現在他們稍微大方了一點，多了可頌麵包的選擇。

ASML 雖然誕生在分隔荷蘭國土的河流以南，卻是在北方加爾文教派[14]（Calvinist）的精神薰陶下成長。這與 ASML 期望扮演的角色不謀而合：不是一家追求最大報酬的高傲科技公司，而是引導供應商為晶片產業創造價值的企業。

公司目前的隱憂是，當這些最具代表性的文化傳承者離開時，公司的規範和價值觀可能會逐漸淡化。布令克的離開將留下很大的空缺，這不僅是因為他身兼數職而已。在他離開後的真空期，那些他以前刻意遏止的想法和動機將有機會死灰復燃，這正是 ASML 最擔憂的：更多的政治算計和個人野心可能會逐漸滲入組織。布令克倒不太擔心這點。他認為，公司從創立之初就吸引了那些天性把

14　加爾文教派是基督教改革宗的一個主要分支，倡導樸實無華、勤勉節儉的生活方式。

技術和公司擺在個人前面的人才，他們甘願為團隊付出，不崇尚個人英雄主義。溫寧克也有相同的看法，他說：「沒有誰有多重要，只有職位帶來的重責大任。」對一家年營收高達 270 億美元的公司老闆來說，這話說起來似乎很容易。當妻子問他是否意識到大家對他的看法已經與二十年前不同時，溫寧克承認他很難感受到這種改變。

如果你只跟公司裡的技術人員聊，可能會低估他的角色：畢竟他沒有技術背景，說話方式也不像布令克那樣直率。然而，正是溫寧克善於經營的能力，讓公司裡那些「牛仔派」有足夠的發揮空間，甚至讓一些個性火爆的關鍵人物願意留下來。有一次談話時，他走向辦公室牆上掛的一幅裱框漫畫，那是一位協助 ASML 管理高層的顧問送給他的禮物。上面簽著「Petriduct」——這個字巧妙地結合了他的名字 Peter 和「管道」（duct），獻給彼得這位搭橋者。

ASML 的員工通常會把工作和私生活分得很清楚。在一個對事不對人的公司裡，這是常見的現象。不過，布令克是溫寧克離職後一定會繼續聯絡的同事。「他為人真誠，從不虛偽。在這個並非純然美好、常常需要妥協的世界裡，這很難得。」

這正是溫寧克最擅長的——在各方之間扮演緩衝的角色。每當布令克對某事或某人感到不滿時，就會直接衝進溫寧克的辦公室。溫寧克總是靜靜地聽他發洩。「我就等他氣消了。我想知道是什麼事情讓他這麼生氣——如果背後有什麼根本的問題，我得幫他解決。」

布令克需要這樣的緩衝人物。早年他剛加入 ASML 時，有幸

遇到了願意提攜他的維特科克。「他是我的良師益友。我常常怒氣沖沖地跟他抱怨『這簡直是垃圾』、『那根本不行』，但維特科克就只是讓我坐下來沉澱一下。每次我都能平靜下來，他特別懂得安撫我的情緒。」

但他從來不會坐很久。只要是能工作的每一分鐘，布令克都在工作。即使是在 ASML 的會議中，當大家都該專注於簡報內容時，他總是在筆電上忙個不停。沒有人敢質疑他。投資人簡報會或股東大會？太好了！正好可以處理一些工作。要不然，他就會在觀眾席間找個位子坐下來，埋頭研究技術圖。他的評論總是很詳盡。這就是他能持續掌握複雜技術的祕訣：純粹靠強大的腦力。

在一場簡報會後，一位退休的投資人走向溫寧克，用一種刻意的語氣問道：「布令克先生該不會是在做會議紀錄吧？」溫寧克回憶起那一幕時，笑到眼淚都流出來了。接著，他壓低聲音說：「對我來說，布令克是個特別的人，我們的交情很深。」

「他們就像一對老夫老妻。」史泰納克笑著說。開會時，每次布令克講得太亢奮或開始發牢騷時，她都會看到溫寧克翻白眼。「又來了！」溫寧克嘆氣道，試圖讓他冷靜下來，「好了，好了⋯⋯」

在國際舞台上奔波，真的讓人精疲力盡。

「你最近有稍微放慢腳步嗎？」布令克問他的搭檔。

這是 2023 年春天，兩人在 ASML 總部的二十樓偶遇，當時溫寧克剛從中國回來，布令克則是剛從美國回來。布令克接著說：「我看你比以前更忙了。」

布令克知道溫寧克喜歡在外界曝光。但他也看得出來，經過這

兩年的折騰，溫寧克已經疲憊不堪。

他不確定溫寧克是否聽進了他的關心，他說：「一旦涉及到他自己，溫寧克不會那麼容易承認他聽進去了。」接著，他輕聲補充道：「溫寧克不太會拒絕別人，所以常被各種承諾搞得焦頭爛額。」

他們已經四週沒見面了，這在近年來很少發生。他們平常見面的頻率高很多，尤其現在 ASML 正快速成長，還要為新的領導階層做準備。這種時期，他們更需要經常碰面討論。打電話是行不通的──布令克通電話時總是三言兩語就結束，他喜歡面對面交談。

「我們確實好久不見了。」溫寧克說，該去坎皮納自然保護區散步了。

5 月的某週五晚上，ASML 總部大樓幾乎已經空無一人。溫寧克鎖上門，祕書都已經回家了，走廊對面的辦公室也熄燈了。他提著那個已經看不清 ASML 商標的老舊公事包，走向電梯。

自 1995 年公司上市以來，ASML 走過一段漫長的路，最終成功開發出全球最複雜的機器──EUV 曝光機。這趟旅程，溫寧克和布令克一路相伴而行，就像高科技界的陰與陽一樣合作無間。

布令克只有一件遺憾的事──大約十年前，他拒絕了一位想要紀錄 EUV 曝光機開發過程的紀錄片導演。當時他不敢冒這個險：「那時我擔心，萬一 EUV 曝光機研發失敗，大家都會笑我。」

但最終成功了，ASML 也因此寫下了一段全新的荷蘭現代童話。這不是關於漢斯耶用手指堵住水壩的那種童話，而是關於布令克的故事，那個花了四十年，專注指出每一個問題、不斷解決它們的工程傳奇。

後記

ASML 之道

在 ASML 早期的老照片中，可以看到工程師跪著或蹲在微影系統的旁邊工作。有些人甚至身體大部分都鑽進掃描機裡，在金屬結構間做事。為了讓員工能夠專注工作，不受外界干擾，ASML 特地打造了一座封閉式的圓頂工廠。這座工廠彷彿與外界隔絕，但員工都很珍惜這個宛如平行宇宙般的工作環境。

從一開始，專注於單一產品的策略就是 ASML 的制勝法寶。這個策略讓 ASML 得以維持驚人的研發速度，讓日本競爭對手望塵莫及。畢竟，哪家公司會在設備尚未完成時就開始供貨？ASML 之所以能夠迅速發現並解決問題，關鍵就在於他們與晶片製造商的緊密合作。這種深度合作確保掃描機能夠準時投入生產，源源不絕地製造出晶圓。

美國微影設備的製造商始終停滯不前，原因其實很簡單。市場龍頭英特爾在高階晶片的生產上採取保守策略，這也連帶影響了美國的機台供應商。供應商必須確保英特爾產能過剩的工廠能維持穩定的產出。美國微影設備的製造商在設計機台時，只想到最大客戶

的需求，這導致他們在亞洲市場逐漸失去競爭力，因為亞洲的晶片製造商都在加碼投資更快速的生產技術。這個趨勢反而成就了ASML，早在第一台EUV曝光機問世以前，美國機台供應商的命運就已經註定了。

長期以來，ASML總是把所有的注意力都放在急迫的期限上，而忽視了其他面向，包括直來直往的企業文化對員工的影響、緊繃的物流系統、敏感資料的安全隱憂。在重整內部組織架構時，ASML的做法也顯得雜亂無章。這反映了一種慣性：在維荷芬，往往要等到問題變得嚴重，才會著手改善。這種救火式的文化已根深柢固，誠如前執行長馬里斯1999年卸任前接受荷蘭《人民報》（de Volkskrant）的訪問時所說的：「這裡每天都在處理各種突發狀況。」

ASML的目標導向方針不僅侷限於工程領域，在策略決策上也設定明確的目標，透過一連串大膽的併購、深度合作，以及放眼十到十五年後的投資，逐漸成長。他們要求客戶支付訂金或同意投資，藉此避開重大的經濟風險，同時在面對每次的收購威脅和專利攻擊時都變得更加堅韌。

ASML今日的成就，是承襲飛利浦工程師留下的基業，歷經數十年實驗與工業化淬煉而來。ASML的工程師不斷地改良設計，讓曝光機的性能跟上摩爾定律的腳步。即便不斷挑戰極限，設備依然能維持穩定運作，展現出驚人的韌性，就像一條拉到極限卻永不繃斷的橡皮筋。

ASML的創新能力也擴展到供應商網絡。這個龐大的智慧集合體是由布令克凝聚在一起。每個加入ASML的人都對他建立的直

來直往文化感到震驚,但正如他們常說的:「沒有摩擦,就沒有光芒。」於是,一種自然篩選機制應運而生:怕熱就不要進廚房,承受不了壓力就請離開。

一位 ASML 的管理者說:「沒有布令克坐鎮,什麼事都做不成。」但如此依賴這樣一位全能型的領袖也有風險。ASML 正迅速成長,需要一種新的領導方式。事實上,布令克從未真正管理過大企業,他一直用帶領新創公司的方式在經營 ASML,彷彿在管理一個徒有成熟跨國企業的外表但桀驁不馴的孩童。若不是採用獨特的雙首長制,這種作法可能會釀成災難。所幸會計師出身的溫寧克成了他的最佳搭檔,他深諳進退分寸,知道何時該出手,何時該退居幕後。他打造了一個能夠適度約束布令克的衝動性格,又不壓抑其本性的組織架構。

ASML 已邁入新階段,監事會要負責選出未來的領導團隊。2023 年,丹麥籍的尼爾斯・安德森(Nils Andersen)接任董事長。任命他是為了展現 ASML 的歐洲企業特質。在歐洲,丹麥人和荷蘭人的文化最接近,而且安德森之前也曾在聯合利華和阿克蘇諾貝爾[15](AkzoNobel)擔任監事,相當熟悉荷蘭企業文化。

2023 年底,ASML 選定富凱接替即將在 2024 年 4 月底退休的溫寧克和布令克。雖然法籍的富凱已在荷蘭生活及工作了十五年,但在他的領導下要維持公司獨立進取的文化仍是一項挑戰。ASML 的策略沒變,它的坦率風格也一樣沒變。某次意外提早公布財報

---

15 荷蘭的跨國塗料公司,產品為專業漆品製造,包括市面上建築用漆、罐頭用漆、防霉用漆等。

後,富凱聳聳肩說:「你完全想像不到,要搞砸多少次,才能造出全世界最複雜的機器。」

荷籍領導人一向與維荷芬地區有深厚的淵源,但如果未來換成來自其他國家的高層,可能就不會太介意把部分業務移出布拉邦。隨著 ASML 的成長規模早已突破國界,這個議題變得越來越迫切。2023 年 11 月,荷蘭政府的多個部會組成跨部門小組,專責因應 ASML 在荷蘭境內的擴張需求。他們還為這項計畫取了代號「貝多芬」,預計投入 25 億歐元,提升荷蘭對科技企業的吸引力。

目前董事會中,達森是唯一的荷籍成員,管理高層比以往更加國際化。就像溫寧克鍾愛的波爾多混釀葡萄酒一樣,ASML 的企業文化也薈萃全球人才:套用這位品酒家的說法,其中 40% 是歐洲式的社會資本主義,40% 是亞洲的紀律,20% 是美國的自由精神。這樣獨特的文化特質,融合了利害關係人的價值觀、創新精神、思想自由,在這片擁抱世界貿易的國度中成長茁壯,並帶點荷蘭人特有的直率作風。

某種程度上,ASML 保有傳統的荷蘭企業風格,但其規模遠遠超出荷蘭企業的常態。印有藍色商標的白色貨櫃堆在世界各地,管理高層的投資動輒數十億元,並輕鬆接下其他大企業望塵莫及的訂單。這些交易在半導體製造業這個封閉的圈子以外鮮為人知,很少登上媒體頭條。這種低調其實不難理解:身為微影技術的市場龍頭,ASML 的客戶屈指可數,也不直接面對一般消費者。但 ASML 對此毫不在意,他們對自身潛力充滿信心,不需要外界的喧囂與干擾。

知道這些背景後，ASML 願意敞開大門讓人寫這本書，或許令人意外。不過，講述這個故事是有原因的。長久以來，ASML 在這個領域的非凡成就，始終未能得到政界與社會的肯定。大家認為晶片技術太艱深複雜。政治人物從未思考過，荷蘭身為一個非常仰賴貿易和服務業的國家，是否該更加重視製造業的發展。ASML 常覺得他們受到荷蘭政府的忽視，但他們很需要政府支持，才能避免因過度擴張而失控、對當地環境造成難以承受的負擔，或在強權的角力中遭到夾擊。雖然布拉邦地區已經孕育出一家科技巨擘，這種備受忽視的處境仍讓 ASML 在國家政策的舞台上顯得微不足道。

中立不再是選項，ASML 被迫選邊站

直到全球意識到晶片的重要，大家才恍然大悟：世界經濟竟然如此依賴 ASML。在半導體市場占據主導地位，意味著肩負龐大的責任。這也是為什麼這家幾乎壟斷市場的公司給自己設下嚴格的規範：客戶不分大小，都要一視同仁，也不會趁機哄抬價格。

布令克始終堅持，維持謙遜低調的態度。他深知，濫用公司的壟斷地位只會自取滅亡。正因如此，當 ASML 同意限制對中國客戶的銷售時，許多人都覺得不尋常。這些荷蘭製造的晶片機台是為了服務全球市場，推動科技進步，造福人類。獲利只是附帶效果，而非終極目標。

這種觀點反映了 ASML 的世界觀。外界把晶片視為科技戰中的武器，但 ASML 的看法不同。他們認為科技應該是無關政治的。科技是連結世界的橋樑，能讓世界變得更好、更環保、更健

康、更有效率。ASML 將自己定位成一家中立的公用事業公司，為所有的晶片製造商提供服務。溫寧克認為這樣的比喻很貼切：「但遺憾的是，公用事業通常受到嚴格的監管。那麼，誰來監管我們呢？是荷蘭？歐盟？還是全世界？」

目前，美國主導遊戲規則，這對布拉邦人來說實在難以接受。回顧過去，ASML 的崛起恰逢地緣政治的黃金時期。1989 年鐵幕倒塌後，西方資本主義似乎成為唯一可行的經濟體制。在那個年代，誰能生產出最好的晶片和製造設備，完全取決於經濟邏輯和產業創新能力。但是，當習近平領導的中國開始挑戰美國的主導地位時，地緣政治的對立再度全面升溫。冷戰時期有鐵幕，如今的科技戰則出現了「矽幕」。

習近平認為，美式民主正在衰退，中國提供了更具前景的未來發展模式。美國方面則把中國科技的崛起視為大規模毀滅性武器的擴散，不僅要遏制中國的晶片研發和生產，還要盡可能逆轉其發展。這場科技霸權的爭戰日益升溫，ASML 正好淪為夾心餅乾，陷入兩難。

這種持續的威脅正在重塑全球格局。為了降低出口管制的風險，美國的先進晶片設備供應商紛紛把生產和研發據點分散到新加坡等地。ASML 也在考慮把威爾頓和聖地牙哥部分的生產線複製到其他地方，好讓公司能夠繼續供應所有客戶。這樣做雖不符合效率，卻是大勢所趨。

在供應鏈分崩離析之際，新的政策開始出現。美國和歐盟加強審查外資對中國敏感科技的投資，荷蘭則是計劃審查來自中國的科技留學生。這些政策正好打中了 ASML 的要害：資金和技

術。ASML 不得不根據國籍來區別對待員工，但要維持創新步伐，ASML 又急需來自一百四十四個國家的科技人才。

荷蘭政府宣布對中國的出口管制措施後，溫寧克與達森對 DUV 曝光機的談判做了事後檢討。他們難以接受的是，政府中竟然沒有一個人明確負責保護國家的高科技產業。表面上，2023 年 7 月下台的第四屆首相呂特應負起這個責任。但呂特把職責推給他的部長，那些部長又把責任推給下屬官員。最後，責任在各部門之間互相推來推去，像燙手山芋一樣，找不到一個真正該負責的人。

政治遊戲的規則向來模糊不清。對一家習慣以精密標準來處理事務的科技公司來說，這種政治運作模式特別令人無所適從。

當殼牌和聯合利華等跨國企業紛紛撤離荷蘭後，ASML 成了荷蘭政府在國際舞台上展現影響力的重要籌碼。2023 年 1 月，時任首相的呂特在獲得拜登邀請訪美之前，曾自豪地表示，荷蘭是「晶片科技領域的世界強國，能夠以平等且自信的姿態面對美國」。事實上，這番說法未免過於自信。ASML 這樣的科技巨擘雖讓荷蘭在科技領域上看似舉足輕重，但在外交舞台上，荷蘭和其他大國相比仍顯得微不足道。呂特的地緣政治顧問團隊寥寥可數，而美國在各部門和國安會中卻有數十位經驗豐富的專家。更何況，美國經濟規模是荷蘭的二十倍。荷蘭不僅無力在政治角力中保護自家的科技巨擘，也未能團結歐洲的夥伴以尋求更多的支持。

考慮到這點，海牙的談判代表對美國強勢施壓荷蘭一事，其實不該感到意外。2023 年 10 月 17 日，美國單方面宣布「堵住漏洞」的措施，試圖減緩中國晶片產業的發展。這些出口管制措施是針對 ASML 那些對準精度達 2.4 奈米的機台，而荷蘭方面設下的限制是

1.5 奈米。這些限制主要是鎖定先進製程的晶片廠，預計將使中國的晶片技術落後全球領先水準約五代。

美國正一步步地收回二十年前主動放棄的微影技術掌控權。把「微量原則」從 25％下調至 0％，正是迫使企業就範的利器。美方更持續向荷蘭政府施壓，要求禁止 ASML 為中國晶片廠的設備提供維修服務。

迎戰下一場科技與政治的雙重試煉

由於歐洲各國對以色列與哈瑪斯之戰的立場不一，他們對上述管制措施的外交抗議相當克制。當歐盟國家各執己見時，美國航空母艦正駛向以色列海岸。美國再次展現其軍事實力的重要性，就如同俄羅斯入侵烏克蘭後，美國立即軍援烏克蘭那樣。在這樣的形勢下，控制 ASML 對中國的出口似乎成了籌碼──就像歐盟為換取美國的安全庇護而不得不付出的保險費，即便在川普再度當選總統後，這些保障本身也變得搖搖欲墜。

儘管溫寧克稱 ASML「只是個影響者」，但這家公司的地位顯然不止於此。它是晶片法案網絡中的關鍵核心，更是一個舉足輕重的產業巨擘，有能力協助歐洲應對美國的高科技霸權和中國的擴張野心。溫寧克強調，這樣的戰略定位必須著眼於長期。就像南韓正致力取代台灣、躋身全球最重要晶片中心的地位一樣。尹錫悅總統甚至把 ASML 的產品型錄背得滾瓜爛熟，讓溫寧克大感意外。然而，荷蘭人仍低估了本國科技產業的重要性。誠如溫寧克在恩荷芬的一場演講中所嘲諷的：荷蘭人「驕縱又愚昧，還沾沾自喜」。

2023年4月,法國總統馬克宏訪問荷蘭期間,特地要求與溫寧克一對一會談。他剛結束中國訪問行程,曾在北京與習近平會面。會後,他向《政客》雜誌(Politico)表示,歐洲必須成為強大的世界角色,不該捲入任何有關台灣的衝突。這番言論無異於一顆政治震撼彈,這位法國總統過去就常拋出這種驚人之語。

在阿姆斯特丹大學科學園區(Science Park of the University of Amsterdam),馬克宏與溫寧克深入討論地緣政治和台灣議題近四十五分鐘。法國人對於荷蘭如此輕易就屈服於美國、同意限制ASML的出口感到詫異。他們宣稱,法國絕不會做出這種事。溫寧克覺得,馬克宏和其他的法國政界人士是真心希望打造一個強大的歐洲高科技產業,並把ASML視為這個目標的關鍵推手,看來終於有人願意傾聽了。

荷蘭證明了自己是美國忠實的跨大西洋盟友,但若能獲得歐盟強國的外交奧援,荷蘭本來可以採取不同的立場。然而,只要出口管制仍是各國自主決定的事務,任何歐盟成員國都可能優先考慮自身的利益。

法國不願放棄對自身事務的主導權,畢竟他們的軍火出口規模龐大。德國只要ASML持續全速運轉,也不願讓出口管制影響其經濟。然而,德國同樣在它與中國的關係上左右為難。這種各自為政的心態,讓歐盟成員國無法認清ASML的整體價值。結果就是,在這場科技戰中,歐洲發揮的影響力遠低於應有的實力。

ASML描繪的未來願景是:世界將永遠需要更多、更精密的晶片。這不禁令人深思:晶片產業還能依賴這家公司的技術創新多久?只要經濟引擎持續運轉,ASML的領先優勢似乎難以撼動。就

像火箭一旦加速到時速四萬公里、擺脫地心引力後,就不再受到任何阻力一樣。

ASML 的設備遍布全球的各大晶片廠。這個由數千台「智慧型」機台所組成的網絡,收集大量資料來改善生產流程。這使 ASML 的生態系統成為整個產業不可或缺的一環。但這種優勢能維持多久?

新技術的崛起,或是更平價的競爭對手都可能帶來挑戰。以佳能為例,他們開發出採用奈米壓印微影技術(nano-imprint lithography,簡稱 NIL)的晶片製程設備,但這項技術的商業價值仍有待證實。另一方面,中國企業在太陽能面板、通訊網路、電池和電動車等領域都已有很大的市占率,未來也可能在晶片設備市場中成為主要競爭者。ASML 對此相當謹慎,他們的回應一貫是:「自然法則放諸四海皆準。」布拉邦能做到的,北京一樣做得到。

目前 ASML 是歐洲的王牌武器,也是全球不可或缺的重要工具。這表示,歐盟自然會全力保護這家本土的科技龍頭,除了防範不公平的貿易行為和智慧財產權遭竊以外,也致力解決工程人才嚴重短缺的問題,確保 ASML 未來的成長動能。就像過去一樣,維護 ASML 的永續發展是各方的共同責任。若沒有德國、比利時、法國夥伴的支持,以及歐盟的振興計畫,ASML 也不可能在荷蘭創造出這樣一個高科技的傳奇故事。

後記附註：

　　隨著退休的日子即將到來，溫寧克講起話來也比以往更加直言不諱。他公開表達對荷蘭政治人物的失望，批評他們「缺乏遠見和領導力」，阻礙了 ASML 在荷蘭的發展空間。這番話顯然是針對當時正在爭取北約（NATO）領導職位的首相呂特。2023 年 12 月，呂特率領荷蘭代表團訪問亞利桑那州的半導體產業時，溫寧克並未同行。他反而選擇前往華盛頓，去會見美國國安會和商務部，試圖說服他們放寬管制措施。他始終認為這些對話從不是徒勞無功，2024 年 2 月他回顧這件事時表示：「若沒有做這些努力，情況可能更糟。」

　　從 ASML 卸任後，溫寧克期待展開人生的新篇章。他將加入荷蘭海尼根（Heineken）啤酒公司的監事會，同時也投資了一座法國葡萄園，滿足他對美酒的熱愛。臨別贈禮已開始陸續湧入他的辦公室，在辦公桌上堆積如山。有位投資人送了他一組亮橘色的保時捷 911 樂高模型，這位執行長笑著說：「我自己就有一輛真的。」

　　布令克的心情則較為沉重。他最後一次向 ASML 高層簡報公司的未來發展時，難掩激動之情。在結束簡報、換富凱上台發言以前，他沉默許久才緩緩說道：「這份藍圖，現在就交給你了。」在場的同事都圍在他身旁，默默地看著彼此。

　　ASML 的故事在此刻寫下了圓滿的一章。布令克即將加入先藝（ASM）的監事會，先藝是 1968 年由戴普拉多創立，並於四十年前與飛利浦共同創立了 ASML。不過，他在辦公室透露，他仍會以兼職顧問的身分繼續為 ASML 效力。

　　即便如此，放手依然痛苦。「這真的很難。」布令克說著，拭

去眼淚,走向辦公室角落的咖啡機。一如往常,他沖了一杯卡布奇諾,深深吸一口氣後說道:「對我來說,這從來不是一份工作,我從來沒有在工作的感覺。」

謝辭

如何描繪 ASML 的世界？這家位於荷蘭布拉邦省鄉間小鎮維荷芬的公司，製造著世界上最複雜的機器。

一切始於大量的研究。這本書凝聚了我十幾年來三百多次訪談與報導的心血。近三年來，我有幸深入 ASML 內部，實地接觸第一手資料。期間我走訪了亞洲與美國，多次與總裁布令克和溫寧克以及其他 ASML 的高層對談。

此外，我也採訪了許多 ASML 草創時期的開拓者，實地走訪供應商與客戶網絡，並與華府、歐盟、荷蘭當局的利害關係人交談。他們幫我從內部的視角，重建了 ASML 身處的地緣政治角力。我非常感謝他們願意與我分享這些敏感資訊。

為求資料的客觀準確，我也和不同層級的 ASML 員工及相關人士做了背景訪談。書中還原的每段歷史，都經過多方獨立消息來源的核實。部分內容曾在荷蘭《新鹿特丹報》（NRC）發表，為了方便閱讀，正文中僅標註外部資料來源。

這本書是一項獨立的寫作計畫，部分經費來自荷蘭深度新聞基金會（FBJP）的資助。ASML 並未提供任何資金，但願意配合這項獨立採訪工作。畢竟，這家公司為其成就感到自豪，也不懼任何形式的挑戰。ASML 鼓勵我如實地描繪其內部運作，以及它所處的獨特產業生態。

在採訪與企業參訪的安排上，ASML 的團隊提供了許多協助，

但他們從不干涉訪談內容或文字撰寫。雖然 ASML 後續協助核實資料的正確性，但書中若有任何錯誤，仍由我個人承擔全部的責任。在此特別感謝莫尼克・莫爾斯（Monique Mols）、萊恩・楊（Ryan Young），以及前董事范霍特，他們不僅為我開啟了 ASML 的檔案庫大門，更以淺顯易懂的方式為我解說複雜的技術內容。

感謝所有試讀者的細心指正，也感謝羅爾・范德博斯（Roel Venderbosch）設計的資訊圖表。同時，我要向巴蘭斯出版社（Balans Publishers）的亨克・范倫森（Henk van Renssen）、伊戈爾・達門（Igor Damen）、卡琳・克勒克（Karin Kreuk）表達謝意。感謝《新鹿特丹報》的編輯讓我有機會深入鑽研這個題材，全心投入。此外，許多同事也幫我釐清思路，在此感謝蓋瑞・范平克斯特倫（Garrie van Pinxteren）、克拉拉・范德維爾（Clara van de Wiel）、馬丁・辛克爾（Maarten Schinkel）、米歇爾・克雷斯（Michel Kerres）、史泰因・布朗茲瓦爾（Stijn Bronzwaer）。

英文版的翻譯方面，我要特別感謝馬克・惠特爾（Mark Whittle）以及「粉紅筆俠」多利恩・穆伊澤（Dorien Muijzer）的協助。最後，感謝我的最佳拍檔蘿特（Lotte）的一路相伴支持，沒有她，這個計畫絕不可能完成。

2024 年 3 月　寫於荷蘭烏特勒支

國家圖書館出版品預行編目（CIP）資料

造光者／馬克・海因克（Marc Hijink）著；洪慧芳譯 . -- 臺北市：天下雜誌股份有限公司 , 2025.09
376 面 ; 14.8×21 公分 . --（天下財經 ; 577）
譯自 : Focus : the ASML way.
ISBN 978-626-7468-82-1（平裝）

1. CST: 艾司摩爾公司　2. CST: 半導體工業
3. CST: 企業經營　4. CST: 傳記

484.51　　　　　　　　　　　　　　　　　114002200

天下財經 577

造光者
FOCUS: THE ASML WAY

作　　者／馬克・海因克（Marc Hijink）
譯　　者／洪慧芳
封面設計／Javick工作室
內頁排版／邱介惠
責任編輯／許　湘

天下雜誌創辦人暨董事長／殷允芃
出版部總編輯／吳韻儀
出　版　者／天下雜誌股份有限公司
地　　址／台北市 104 南京東路二段 139 號 11 樓
讀者服務／（02）2662-0332　傳真／（02）2662-6048
天下雜誌GROUP網址／http://www.cw.com.tw
劃撥帳號／01895001天下雜誌股份有限公司
法律顧問／台英國際商務法律事務所・羅明通律師
製版印刷／中原造像股份有限公司
總　經　銷／大和圖書有限公司　電話／（02）8990-2588
出版日期／2025 年 9 月 3 日第一版第一次印行
　　　　　2025 年 10 月 7 日第一版第二次印行
定　　價／620 元

Copyright © Marc Hijink/Uitgeverij Balans
Translated from the English language:
Focus. The ASML Way
First published by Uitgeverij Balans, Amsterdam, 2024
Complex Chinese Translation copyright © 2025
by CommonWealth Magazine Co., Ltd.
ALL RIGHTS RESERVED

書　號：BCCF0577P
ISBN：978-626-7468-82-1（平裝）

＊誠摯感謝荷蘭文學基金會給予本書的支持。　Nederlands letterenfonds dutch foundation for literature

直營門市書香花園　地址／台北市建國北路二段6巷11號　電話／02-2506-1635
天下網路書店　shop.cwbook.com.tw　電話／02-2662-0332　傳真／02-2662-6048
本書如有缺頁、破損、裝訂錯誤，請寄回本公司調換

天下雜誌出版
CommonWealth
Mag. Publishing